教科書ワーク

わくわく ポイント確認カード

アプリでバッチリ! ポイント確認!

サクラ

春のようす

夏のようす

秋のようす

冬のようす

❶

ヘチマ

春のようす

夏のようす

秋のようす

冬のようす

❷

ツルレイシ

春のようす

夏のようす

秋のようす

冬のようす

❸

ヒョウタン

春のようす

夏のようす

秋のようす

冬のようす

❹

夏の大三角

㋐ ㋒

㋐の星の名前は？

㋑の星の名前は？

㋒の星の名前は？

❺

星ざの観察

㋐

星ざの名前は？

㋐の星の名前は？

❻

月の形

㋐の月の名前は？

㋑の月の名前は？

❼

月の位置

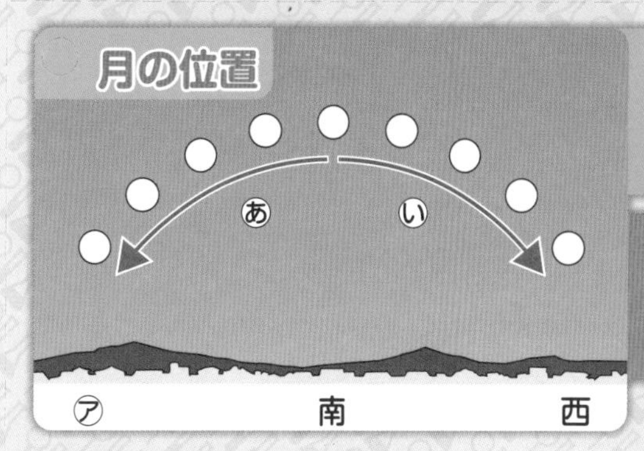

位置の変わり方はあ、いどちら？

㋐の方位は？

❽

気温の変化

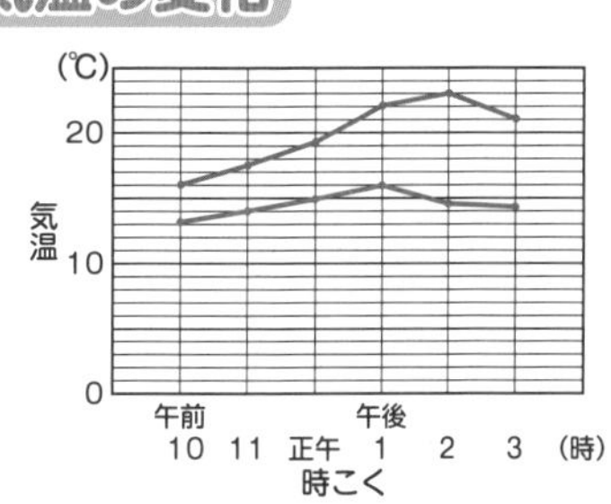

晴れの日のグラフは？

くもりの日のグラフは？

❾

かん電池のつなぎ方

直列つなぎ　へい列つなぎ

モーターが速く回るのは？

電流が大きいのは？

❿

アプリでバッチリ！ポイント確認！

おもての QR コードからアクセスしてください。

※本サービスは無料ですが、別途各通信会社の通信料がかかります。
※お客様のネット環境および端末によりご利用できない場合がございます。
※ QR コードは㈱デンソーウェーブの登録商標です。

使い方

- きりとり線にそって切りはなしましょう。
- 写真や図を見て、質問に答えてみましょう。
- 使い終わったら、あなにひもなどを通して、まとめておきましょう。

ヘチマ

春   たねをまき成長したら植えかえる。

夏  成長して花がさく。実ができる。

秋 実が大きくなり、かれ始める。

冬  たねを残してすべてかれる。

❷

サクラ

春  花がさき、葉が出始める。

夏  緑色の葉がたくさん出ている。

秋  葉の色が変わる。

冬  葉が落ち、えだに芽をつける。

ヒョウタン

春  たねをまき成長したら植えかえる。

夏  成長して花がさく。実ができる。

秋 実が大きくなり、かれ始める。

冬  たねを残してすべてかれる。

❹

ツルレイシ

春  たねをまき成長したら植えかえる。

夏  成長して花がさく。実ができる。

秋  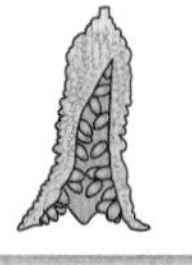 たねが落ち、くきや葉がかれ始める。

冬 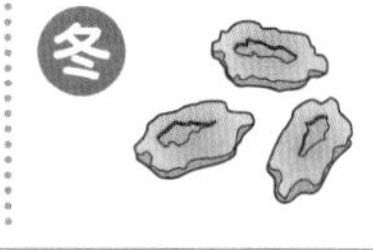 たねを残してすべてかれる。

星ざの観察

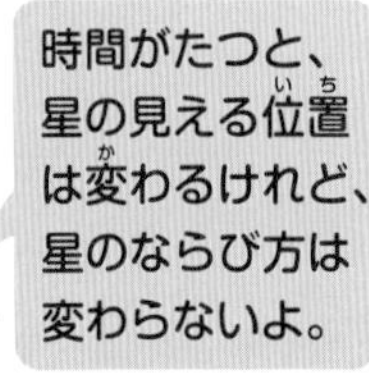

時間がたつと、星の見える位置は変わるけれど、星のならび方は変わらないよ。

星ざの名前
オリオンざ

星の名前
ベテルギウス

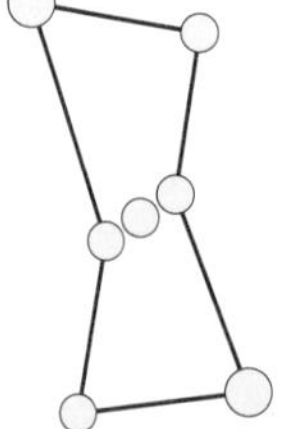

❻

夏の大三角

3つの星を結んだ三角形を夏の大三角というよ。

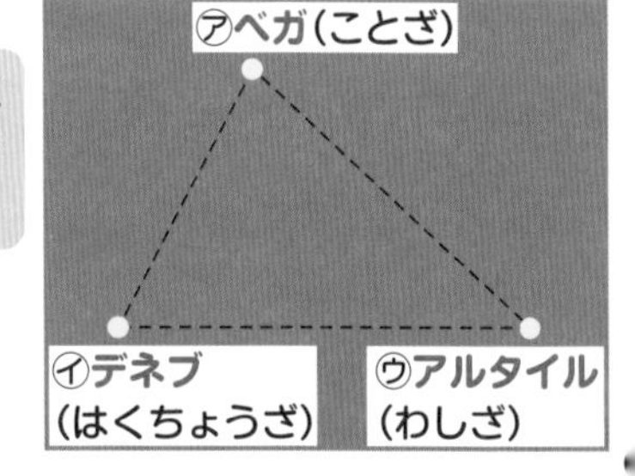

月の位置

月の見える位置は、東のほうから、南の空を通って西のほうへと変わるよ。

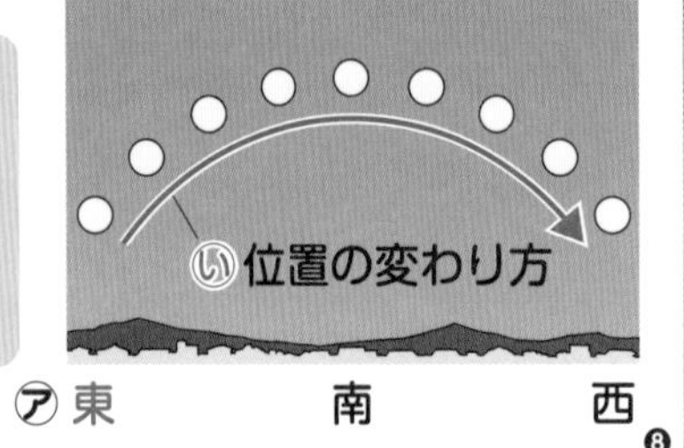

㋐東　南　西

❽

月の形

月は、日によって見える形が変わるよ。

㋐ 半月

㋑ 満月

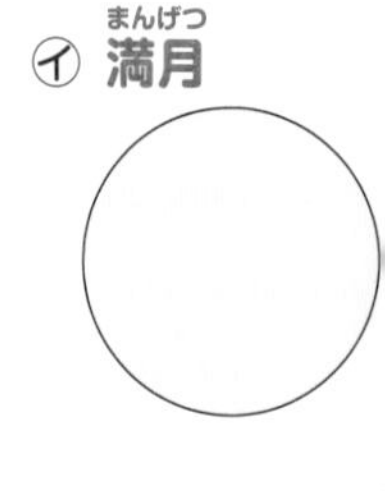

かん電池のつなぎ方

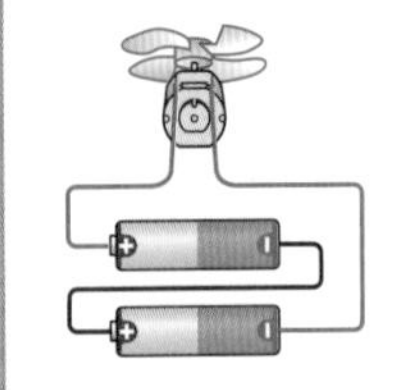

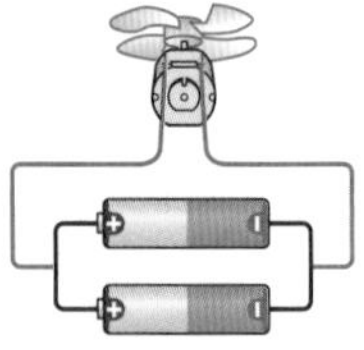

直列つなぎのほうが、モーターが速く回る。

直列つなぎのほうが、流れる電流が大きい。

❿

気温の変化

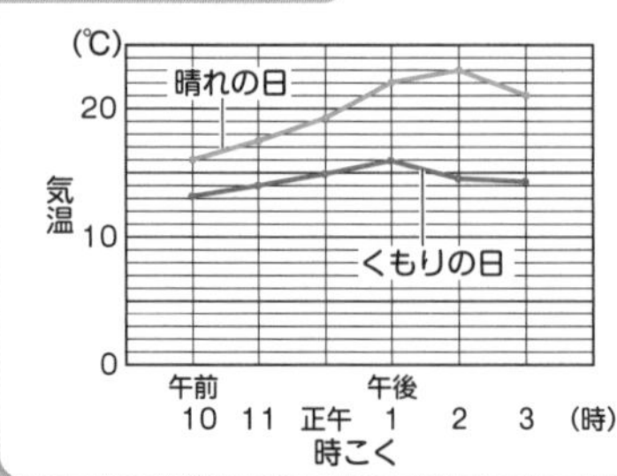

晴れの日
1日の気温の変化が大きい。

くもりの日
1日の気温の変化が小さい。

ツバメ

春のようす

夏のようす

秋のようす

冬のようす

⑪

ナナホシテントウ

春のようす

夏のようす

秋のようす

冬のようす

⑫

オオカマキリ

春のようす

夏のようす

秋のようす

冬のようす

⑬

ヒキガエル

春のようす

夏のようす

秋のようす

冬のようす

⑭

空気の体積

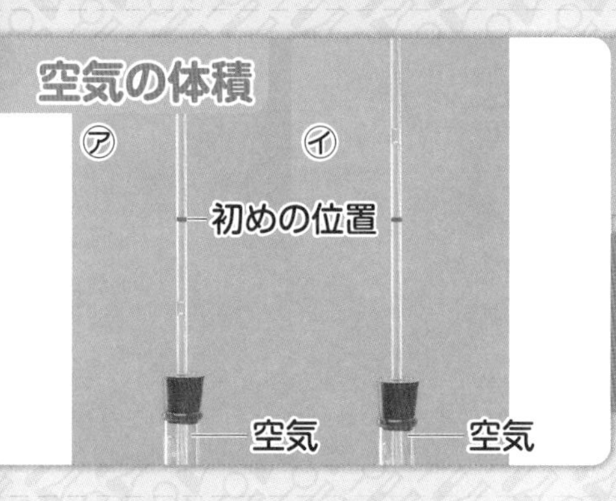

あたためた空気は？

冷やした空気は？

⑮

金ぞくの体積

熱すると玉は輪を通る？

冷やすと玉は輪を通る？

⑯

とじこめた空気と水

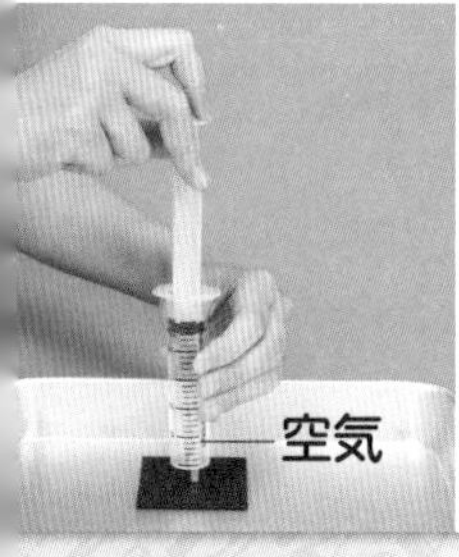

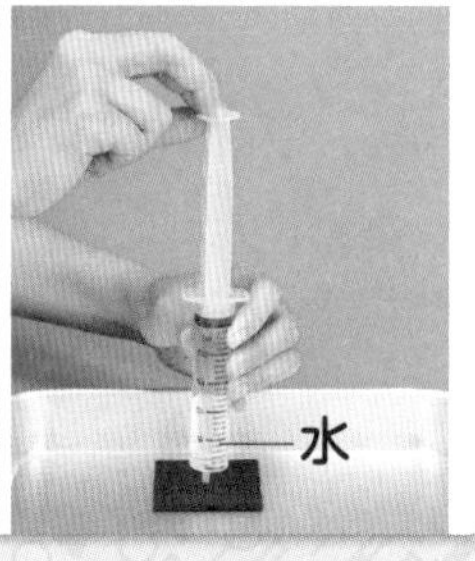

空気をおすと？

水をおすと？

⑰

水のすがた

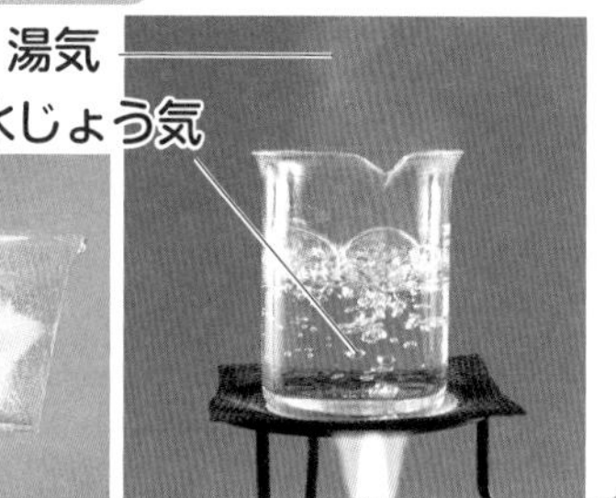

固体は？

気体は？

えき体は？

⑱

熱した水

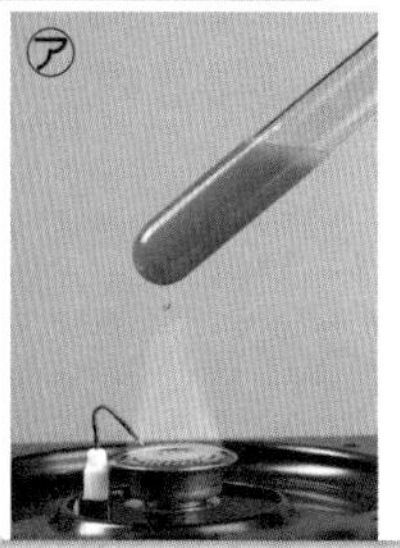

㋐のあたたまり方は？

㋑のあたたまり方は？

⑲

人の体のつくり

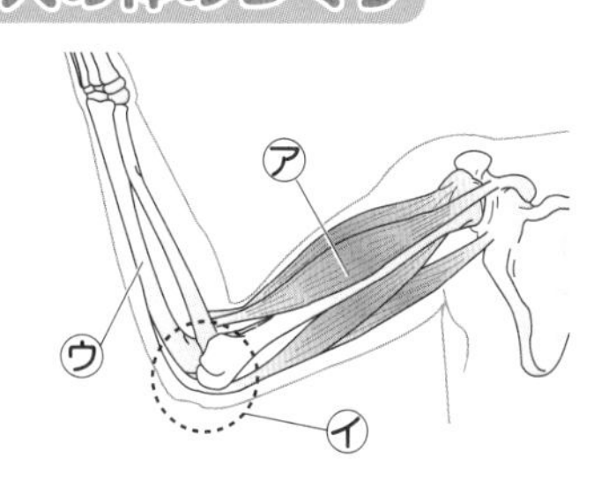

きん肉は？

関節は？

ほねは？

⑳

水のしみこみ方

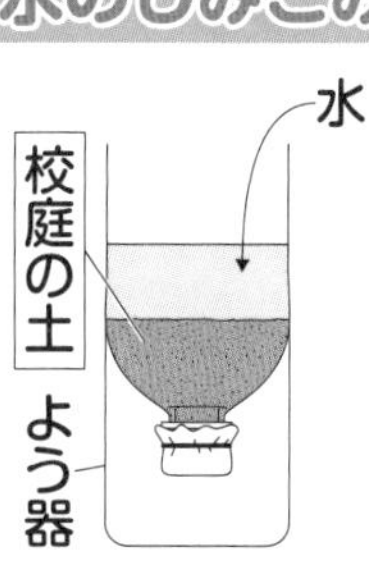

つぶが大きいのは？

水がしみこみやすいのは？

㉑

水のゆくえ

高いところにあるのは？

水がたまりやすいのは？

㉒

ナナホシテントウ

春
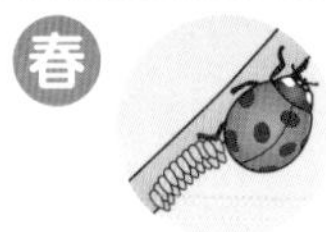
成虫（せいちゅう）が、たまごを産む。

夏

よう虫がさなぎになり、成虫になる。

秋
たまごから成虫になる。
※1年に2回たまごを産む時期があります。

冬
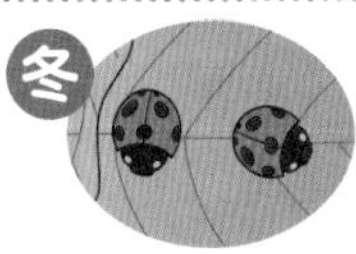
成虫のまま冬をこす。

⑫

ツバメ

春

巣（す）をつくり、たまごを産む。

夏

産まれたひなを育てる。

秋

南の国へわたっていく。

冬
南の国ですごす。

ヒキガエル

春

たまごからおたまじゃくしがかえる。

夏

陸（りく）に上がって生活する。

秋
寒くなるにつれて、活動がにぶくなっていく。

冬

土の中で動かずにすごす。

⑭

オオカマキリ

春

たまごからよう虫がかえる。

夏
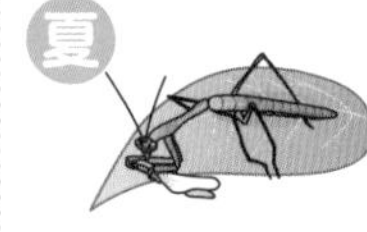
よう虫が成長し、成虫になる

秋

成虫がたまごを産む。

冬

たまごのまま冬をこす。

金ぞくの体積

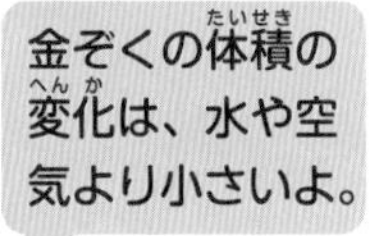

熱する
輪（わ）を通らなくなる。

冷やす
輪を通るようになる。

⑯

空気の体積

あたためる
体積が大きくなる。
…㋑

冷やす
体積が小さくなる。
…㋐

水のすがた

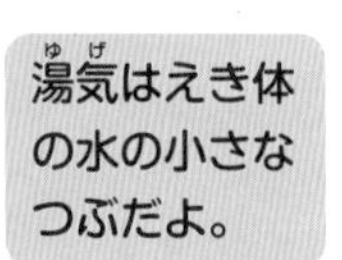

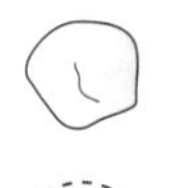

固体 氷

気体 水じょう気（すいじょうき）

えき体 湯気

⑱

とじこめた空気と水

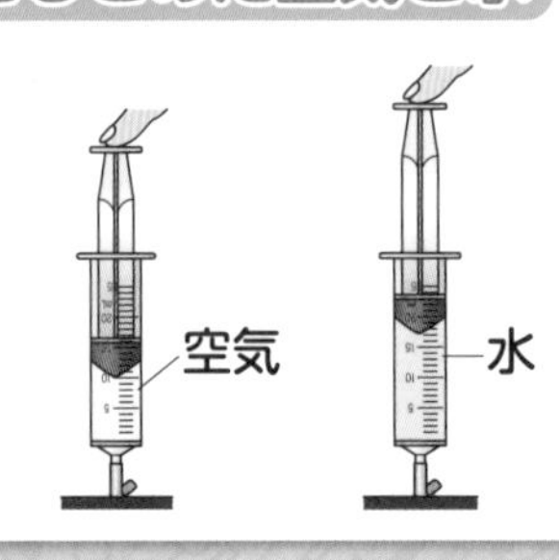

- 空気をおすと、**体積が小さくなる。**
- 水をおしても**体積は変（か）わらない。**

人の体のつくり

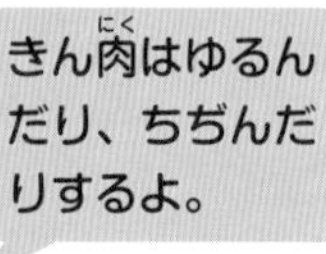

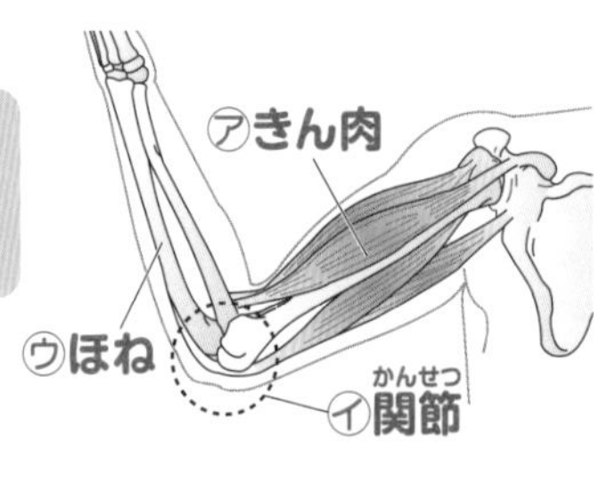

⑳

熱した水

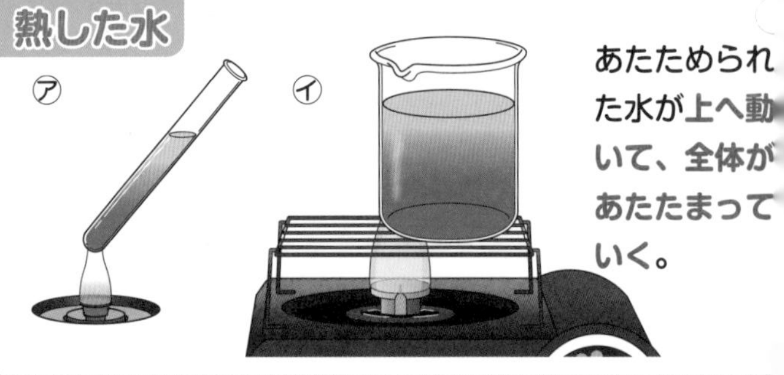

あたためられた水が上へ動いて、全体があたたまっていく。

水のゆくえ

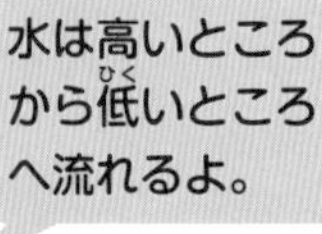

- ㋑のほうが高いところにある。
- ㋐のほうが水がたまりやすい。

㉒

水のしみこみ方

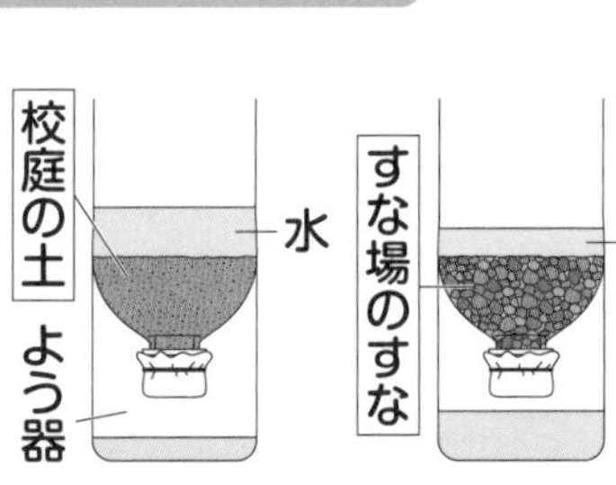

すな場のすなのほうが、つぶが大きく、水がしみこみやすい

わくわくシール

まんてんシール

★1日の学習がおわったら、チャレンジシールをはろう。
★実力はんていテストがおわったら、まんてんシールをはろう。

チャレンジシール

わくわくポスター 理科 4年

星のふしぎ

教科書ワーク

星ざのしゅるい

●さんかくざ
●かみのけざ
●けんびきょうざ
●コンパスざ
●きりんざ
・
・
・

星ざのしゅるいは88しゅるいときめられていて、外国でも同じ名前だよ。

オリオンざ！

星の色

★赤い星：さそりざのアンタレスなど
★黄色い星：こいぬざのプロキオンなど
★青白い星：オリオンざのリゲルなど

このほかにも、オレンジ色の星や白色の星などがあるよ。

流れ星

流れ星は、うちゅうのちりが地球に落ちてきたときに、もえて光って見えているんだね。

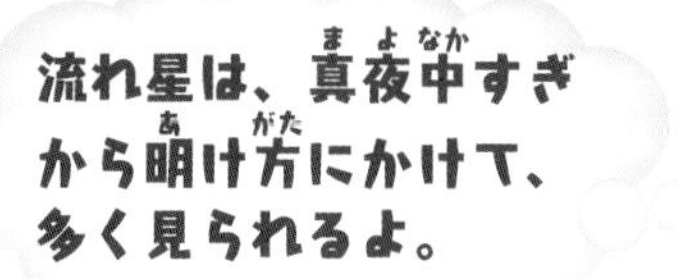

流れ星は、真夜中すぎから明け方にかけて、多く見られるよ。

星がたくさん見えるとき

夜空にはたくさんの星が見られるけれど、明るい場所からはあまり見えなくなるよ。

いろいろな星ざ

春の星ざ

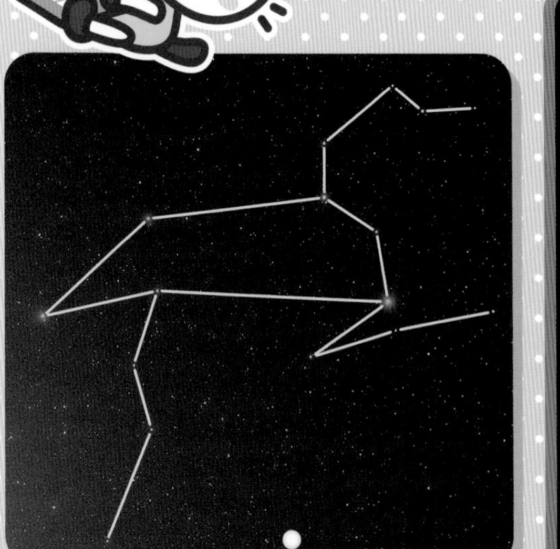

ししざ

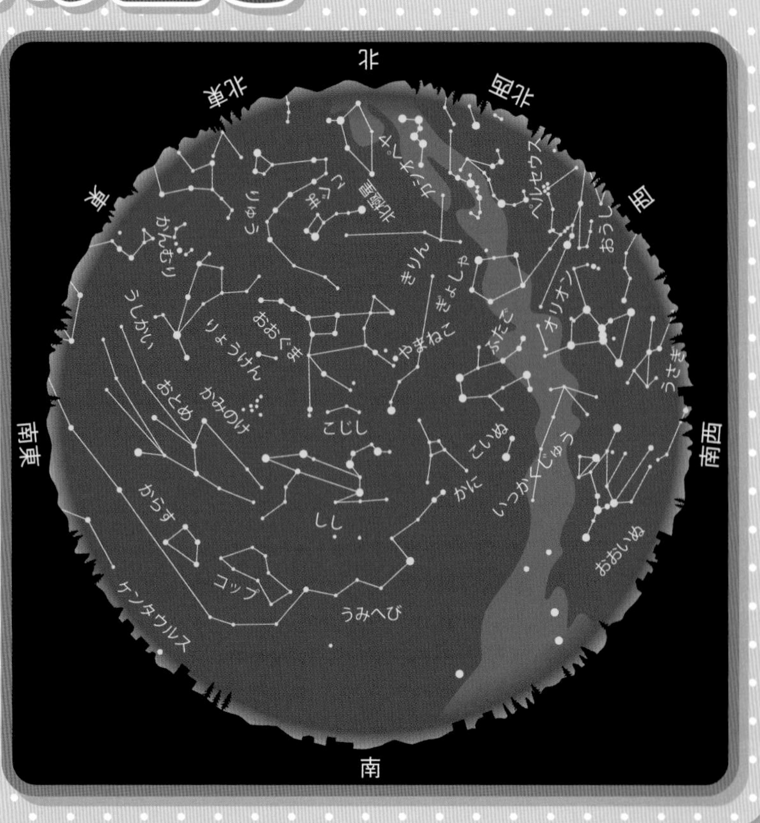

1等星のレグルスがあって、とても見つけやすい星ざだよ。

夏の星ざ

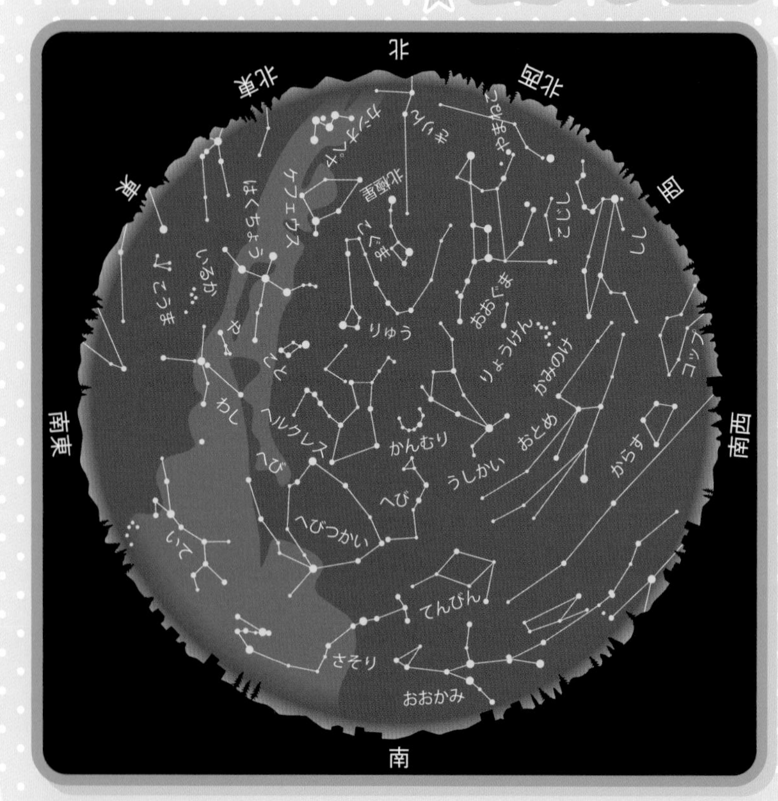

アンタレスは、赤色のとても見つけやすい星だね。

さそりざ

秋の星ざ

大きな四角形が目立つ星ざだね。

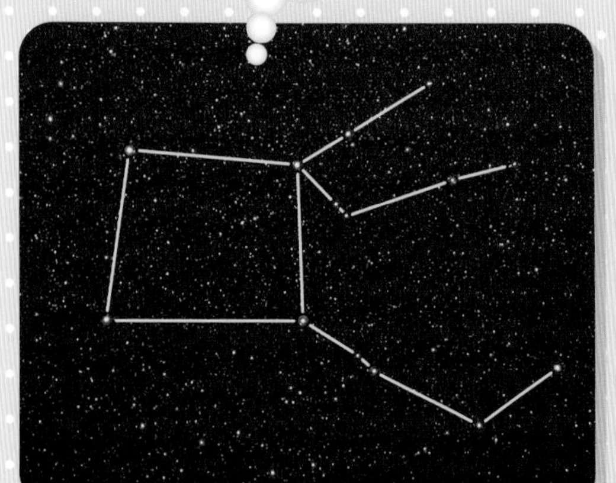

ペガススざ

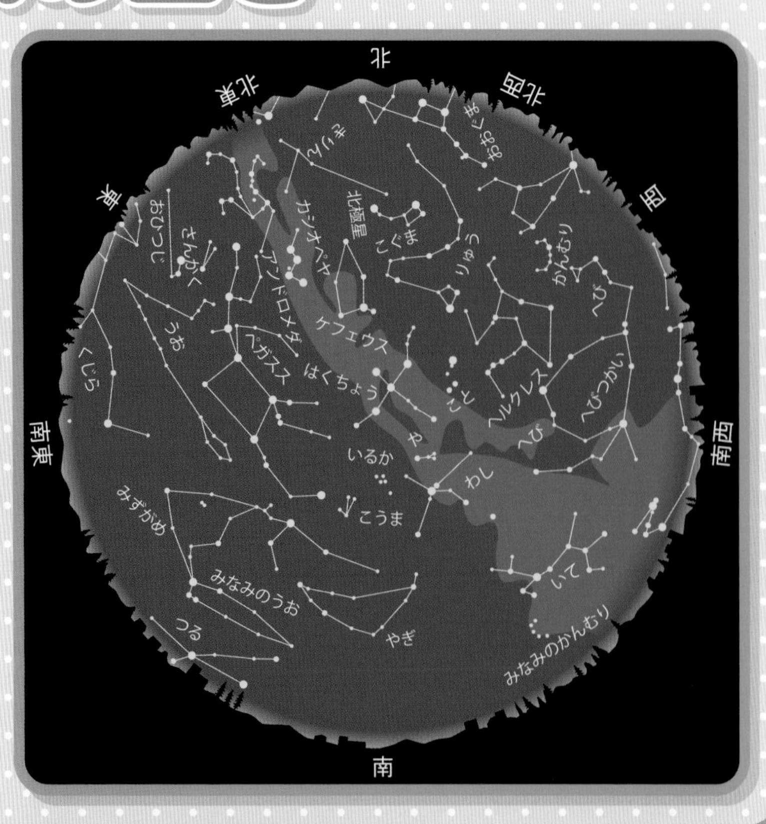

冬の星ざ

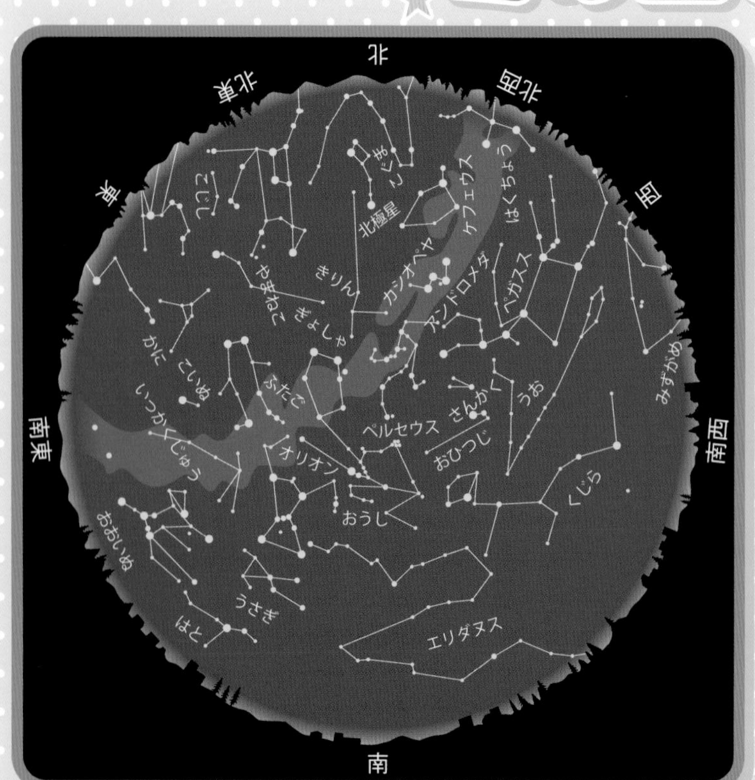

シリウスは、星ざの星のなかでいちばん明るい星だよ。

おおいぬざ

教育出版版 理科4年

🎞動画 コードを読みとって、下の番号の動画を見てみよう。

●写真提供：アーテファクトリー、アフロ、PIXTA、Yoshio Nagashima
●動画提供：アフロ

勉強した日　月　日

1年間の観察の計画を立てよう

もくひょう
動物や植物のようす、気温の調べ方をかくにんしよう。

おわったらシールをはろう

きほんのワーク

教科書 8〜12、218、219ページ　答え 1ページ

図を見て、あとの問いに答えましょう。

1 観察計画の立て方

観察する植物や動物を決め、①［　　］ごとのようすを観察する。

植物 ②［　　］

動物 ③［　　］

(1) 季節と生き物の関係について調べるためには、どのようにするとよいですか。右の〔　〕から選んで、①の［　］に書きましょう。〔 場所　季節 〕

(2) ②の植物、③の動物の名前を、それぞれ［　］に書きましょう。

2 観察記録のとり方

観察したものの①［　　］を書く。

観察した②［　　］、天気、気温を書く。

観察したものについて、気づいたことや思ったことを③［　　］。

観察した場所を書き、観察したもののようすを④［　　］。

木全体や花のまとまりなどのようすは、タブレットパソコンのカメラやデジタルカメラなどで⑤［　　］。

サクラのえだ	4年	3組	木村りか

4月11日午前11時天気くもり気温20℃

調べた場所　校庭

小さい葉

4cm

[説明]
・花がたくさんあった。
・小さい葉が出ていた。
(感想)この後、小さい葉はどうなるのかな。

● ①〜⑤の［　］にあてはまる言葉を、下の〔　〕から選んで書きましょう。

〔 さつえいする　絵でかく　言葉で書く　名前　日時 〕

まとめ 〔 さつえい　季節 〕から選んで(　)に書きましょう。

●観察する生き物を決めて、①(　　　　)ごとのようすを観察する。

●観察したことは、カードに記録したり、②(　　　　)したりしておく。

植物の中には、雨の日には花をさかせないものがあります。花のみつをすうこん虫も、雨の日にはあまり活動しないで、植物のかげなどでじっとすごしています。

1 **右の図のように、ショウリョウバッタのようすを観察して、カードに記録しました。次の問いに答えましょう。**

(1) 次の①～④の文は、それぞれ図の㋐～㋓のどれについて説明(せつめい)したものですか。

① 日にち、時こく、天気、気温を書く。（　　）

② 観察した生き物について、気づいたことや思ったことを、言葉で書く。（　　）

③ 観察した場所を書き、観察した生き物のようすを、絵でかく。（　　）

④ 観察した生き物の名前を書く。（　　）

㋐ ショウリョウバッタ　4年　1組　中川だいち
㋑ 4月25日 午前10時 天気晴れ 気温26℃
㋒ 調べた場所：学校の近くの野原
㋔
葉
[説明]
㋓ ・葉の上に、小さいよう虫がいた。
・葉を食べていた。
(感想)これからもっと大きくなるのかな。

(2) 図の㋔は、生き物の何を表そうとしたものですか。（　　）

(3) 観察したことを、カードに記録したり、さつえいしたりするのはなぜですか。次の文の（　）にあてはまる言葉を書きましょう。

観察したことを後で見直すことや大きさなどを（　　　）ことができるようにするため、カードに記録したり、さつえいしたりする。

2 **右の図は、温度計で気温をはかっているようすです。次の問いに答えましょう。**

(1) 下じきを使ってはかっているのは、温度計に何がじかに当たらないようにするためですか。（　　）

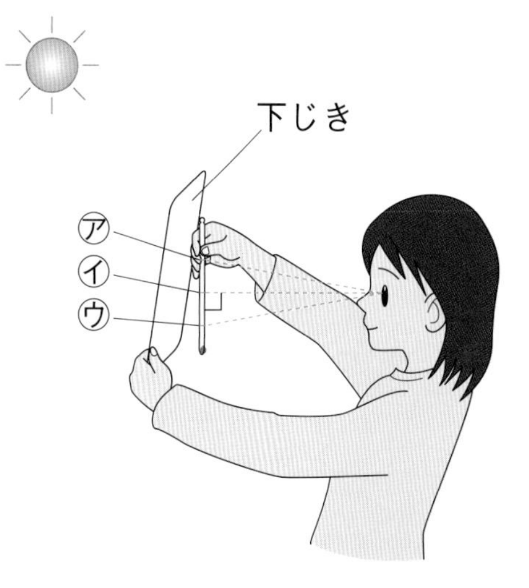

(2) 気温のはかり方として正しいものを、次のア、イから選びましょう。（　　）

ア 風が通らないところで、高さが0.5～1.0mになるようにして、温度計を持つ。

イ 風通しのよいところで、高さが1.2～1.5mになるようにして、温度計を持つ。

(3) 温度計の目もりを読むときの正しい目の位置を、図の㋐～㋒から選びましょう。（　　）

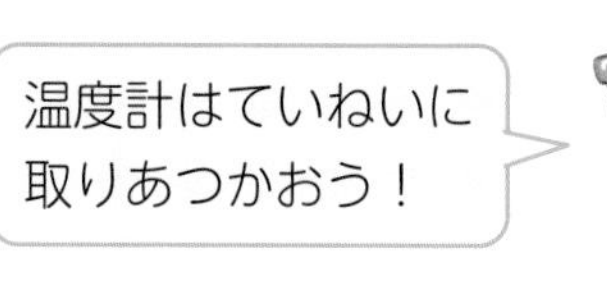

勉強した日　月　日

季節と生き物について調べよう①

きほんのワーク

もくひょう
ヘチマのたねまきから植えかえまでの仕方をかくにんしよう。

おわったらシールをはろう

教科書 13、14、218、219ページ　答え 1ページ

図を見て、あとの問いに答えましょう。

1 たねまきの仕方

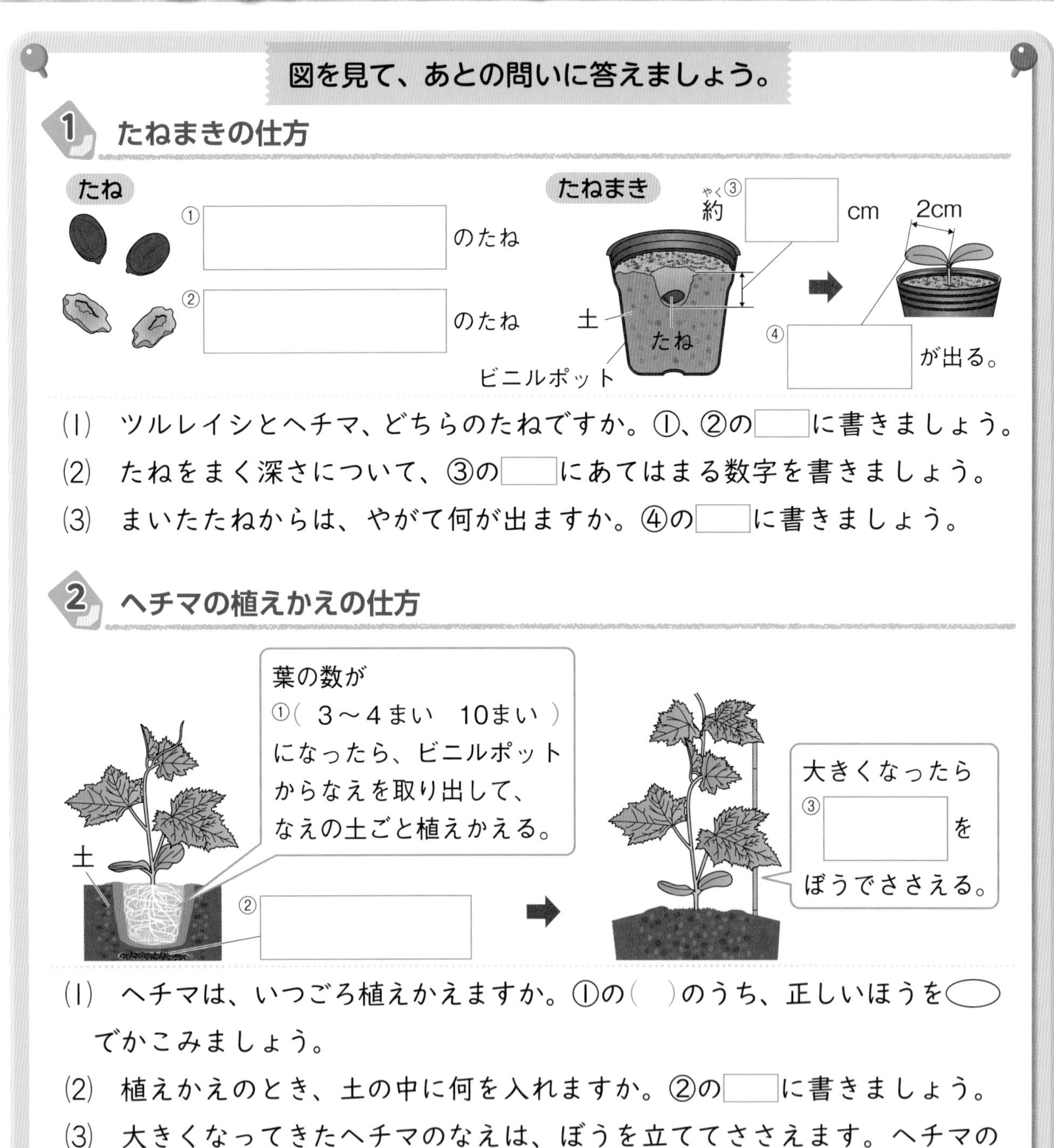

(1) ツルレイシとヘチマ、どちらのたねですか。①、②の□に書きましょう。

(2) たねをまく深さについて、③の□にあてはまる数字を書きましょう。

(3) まいたたねからは、やがて何が出ますか。④の□に書きましょう。

2 ヘチマの植えかえの仕方

(1) ヘチマは、いつごろ植えかえますか。①の（　）のうち、正しいほうを◯でかこみましょう。

(2) 植えかえのとき、土の中に何を入れますか。②の□に書きましょう。

(3) 大きくなってきたヘチマのなえは、ぼうを立ててささえます。ヘチマのどの部分をささえるとよいですか。③の□に書きましょう。

まとめ 〔 葉　子葉 〕から選んで（　）に書きましょう。

●春にヘチマのたねをまくと、①（　　　）が出て成長する。

●②（　　　）の数が3～4まいになったら、なえの土ごと植えかえる。

わくわくたんてい団
ヘチマのたねの大きさは1cmほどですが、世界一大きなたねは、35cmほどにもなります。これはオオミヤシという植物のたねで、重さが20kgほどのものもあります。

練習のワーク

教科書 13、14、218、219ページ　答え 1ページ

できた数 /10問中

おわったらシールをはろう

1 ヘチマのたねをまきます。次の問いに答えましょう。

⑦

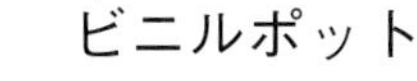

(1) 次のうち、ヘチマのたねに○をつけましょう。

①(　　) 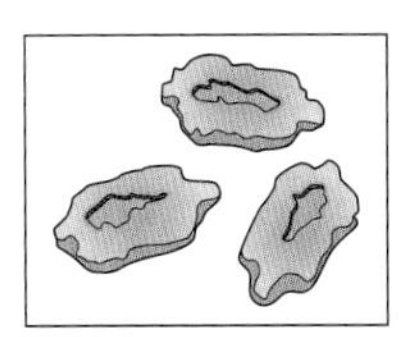　②(　　) 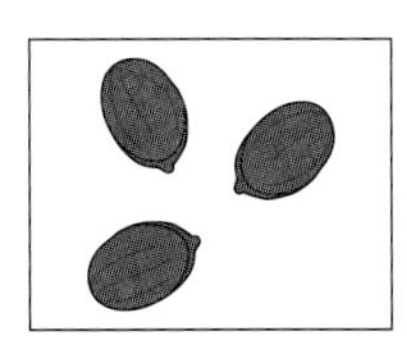

(2) ヘチマのたねは、春、夏、秋、冬のうち、いつまきますか。(　　　)

(3) ⑦の図で、ヘチマのたねは、土の約何cmの深さのところにまきますか。(　　　)

(4) ヘチマのたねをまいたときや、続(つづ)けて成長のようすを観察するとき、温度計で何をはかりますか。

(　　　)

(5) ⑦の図は、ヘチマの芽が出たときのようすです。㋐の葉を何といいますか。(　　　)

④

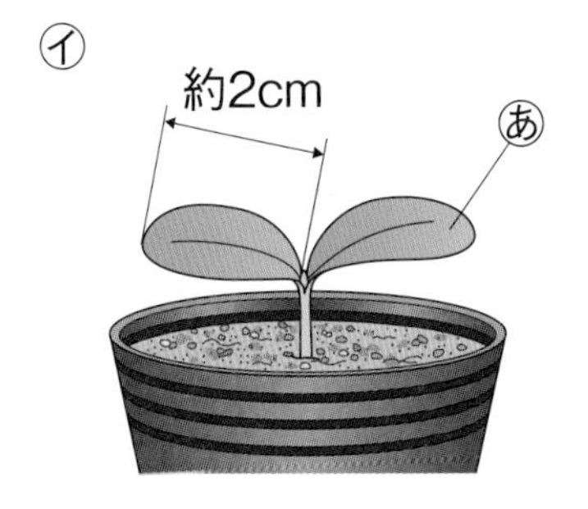

2 ヘチマを植えかえて育てます。次の問いに答えましょう。

(1) 葉の数が何まいぐらいになったとき、植えかえをするとよいですか。正しいものに○をつけましょう。

①(　　)0～1まい

②(　　)3～4まい

③(　　)7～8まい

(2) 植えかえるとき、土の中に入れておくものは何ですか。(　　　)

(3) 次のうち、植えかえの仕方として、正しいほうに○をつけましょう。

①(　　)なえの土を全部落としてから、植えかえる。

②(　　)なえの土ごと、植えかえる。

(4) なえが育ってきたら、ヘチマをどのようにささえますか。次の文の(　)にあてはまる言葉を書きましょう。

①(　　　　)を立てて、②(　　　　)の部分をささえる。

季節と生き物について調べよう②
記録を整理しよう

もくひょう 春のころに見られる生き物のようすをかくにんしよう。

おわったらシールをはろう

きほんのワーク

教科書 15～19、218、219ページ　答え 2ページ

図を見て、あとの問いに答えましょう。

1 春のころのこん虫のようす

ショウリョウバッタ

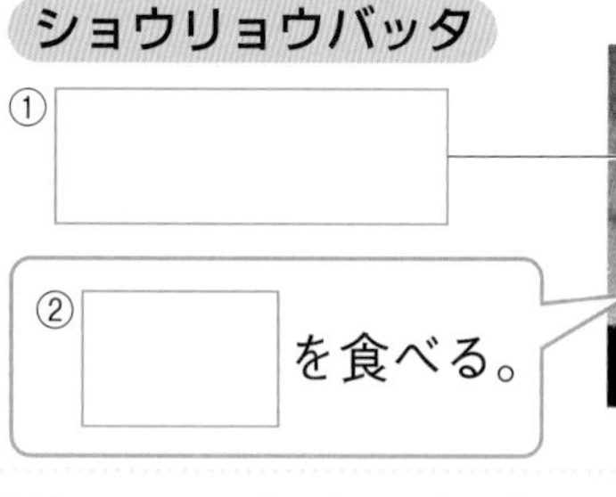

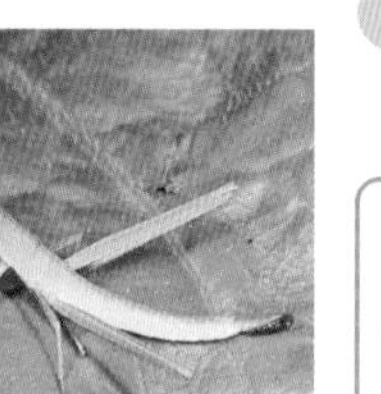

アゲハ

葉に ③（ たまご　よう虫 ）を産（う）みつける。

(1) ショウリョウバッタは、春のころ、よう虫と成虫のどちらのすがたをしていますか。①の□に書きましょう。

(2) (1)のショウリョウバッタは、何を食べますか。②の□に書きましょう。

(3) 春のころ、アゲハは葉に何を産みつけますか。③の（ ）のうち、正しいほうを◯でかこみましょう。

2 春のころの鳥のようす

ツバメ

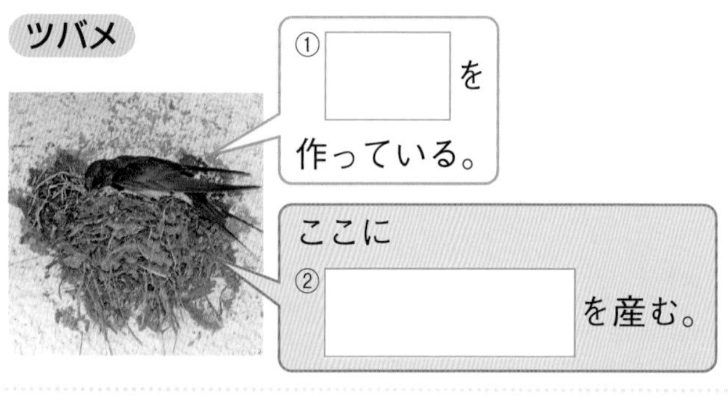

シジュウカラ

③（ 食べ物　巣（す） ）の材料（ざいりょう）を集めている。

(1) 春のころ、ツバメは土を運んで何を作りますか。①の□に書きましょう。

(2) ツバメは、①に何を産みますか。②の□に書きましょう。

(3) 春のころ、シジュウカラが集めているのは、何の材料ですか。③の（ ）のうち、正しいほうを◯でかこみましょう。

まとめ 〔 たまご　よう虫　巣 〕から選んで（ ）に書きましょう。

- 春のころ、バッタは①（　　　　）のすがたをしている。
- 春のころ、ツバメは②（　　　　）を作り、そこに③（　　　　）を産む。

ツバメは、土に草などをまぜて、屋根の下などに巣を作ります。シジュウカラは、コケという植物に動物の毛などをまぜて、巣箱や木のあななどに巣を作ります。

1　生き物と季節の関係を調べるため、右の表のように、生き物の観察記録を、春の早い時期から順(じゅん)に左から右へならべて整理します。次の問いに答えましょう。

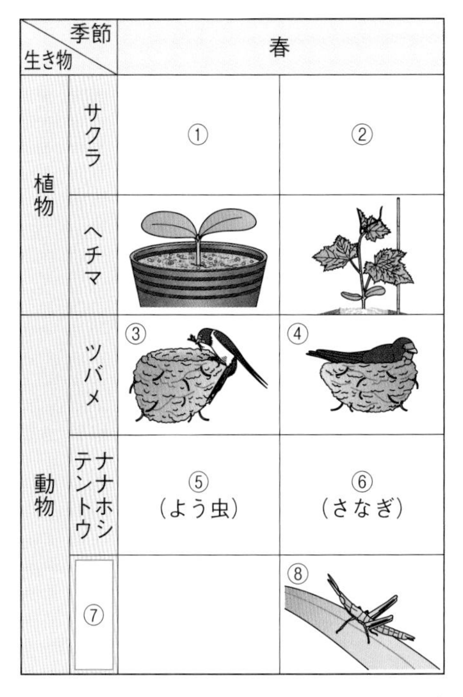

生き物＼季節		春	
植物	サクラ	①	②
	ヘチマ		
動物	ツバメ	③	④
	ナナホシテントウ	⑤（よう虫）	⑥（さなぎ）
	⑦		⑧

(1)　次の図の㋐、㋑は、どちらも春のころのサクラのようすです。表の①、②にあてはまるものを、㋐、㋑からそれぞれ選びましょう。

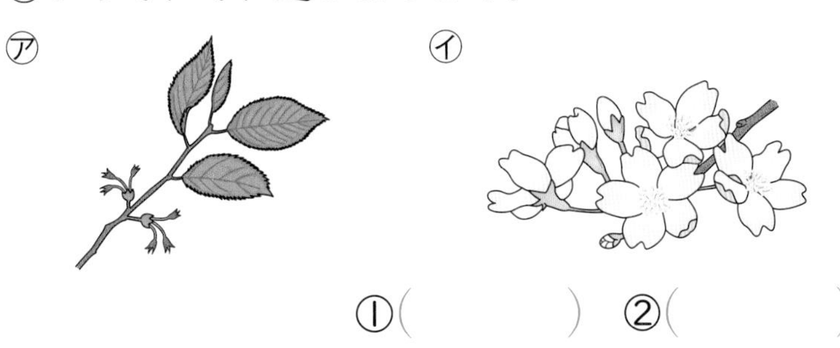

①（　　　）　②（　　　）

記述　(2)　(1)の㋐や㋑は、絵で表して記録したものです。生き物全体のようすを記録するとき、絵で表すほかに、どのような方法(ほうほう)がありますか。

（　　　　　　　　）

(3)　表の③、④にあてはまる春のころのツバメのようすを、次のア～エからそれぞれ選びましょう。　③（　　　）　④（　　　）

ア　土の中にかくれている。

イ　たまごを産んでいる。

ウ　巣を作っている。

エ　何も食べないでじっとしている。

(4)　表の⑤、⑥のナナホシテントウのよう虫とさなぎのすがたを、右の㋒、㋓から選びましょう。

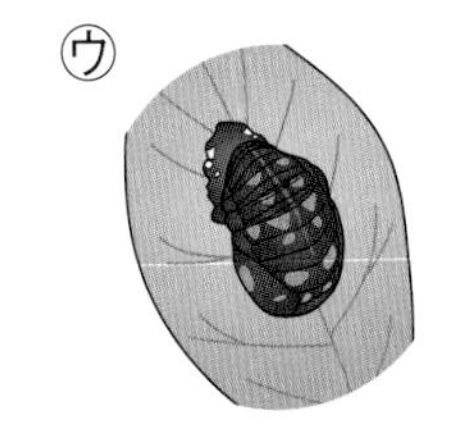

⑤（　　　）　⑥（　　　）

(5)　⑦にあてはまるこん虫の名前を書きましょう。（　　　　　）

(6)　⑧のすがたを何といいますか。次のア～エから選びましょう。（　　　）

ア　たまご　　イ　よう虫

ウ　さなぎ　　エ　成虫

(7)　⑧は、何を食べて育ちますか。次のア～エから選びましょう。（　　　）

ア　小さい虫　　イ　土

ウ　花のみつ　　エ　草の葉

1　季節と生き物

勉強した日　　月　　日

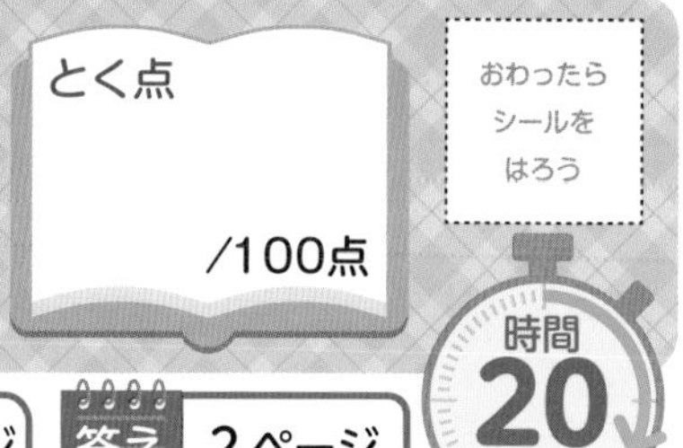

時間 20分

教科書 8～19、218、219ページ　答え 2ページ

1 植物の春のようす　植物の春のようすについて、次の問いに答えましょう。

1つ6〔30点〕

(1) 次の文は、植物の春のようすを書いたものです。正しいものには○、まちがっているものには×をつけましょう。

①(　　　)空き地のいろいろな植物が、緑色の葉を出して、育ち始めていた。

②(　　　)花だんのいろいろな植物の花がかれ、葉やくきもかれ始めていた。

③(　　　)ヘチマのくきがよくのび、上のほうの葉は大きくなり、黄色の花がさいていた。

④(　　　)ヘチマのたねから子葉が出て、葉もふえてきた。

記述 (2) 花がさいてから約2週間後、サクラにはどのような変化が見られますか。

(　　　　　　　　　　　　　　　　　　　　)

よく出る 2 ヘチマの春のようす　ヘチマの春のようすについて、次の問いに答えましょう。

1つ6〔30点〕

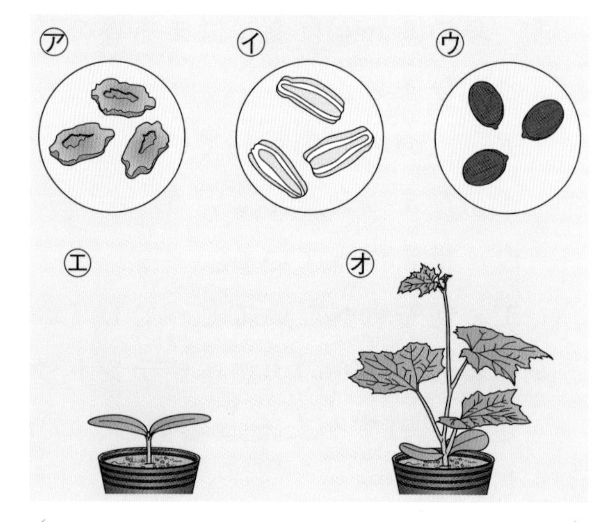

(1) ヘチマのたねは、どれですか。右のア～ウから選びましょう。(　　　)

(2) ヘチマのなえをビニルポットから花だんに植えかえるのは、右のエ、オのどちらのときですか。(　　　)

(3) 花だんに植えかえるとき、なえの根の周りについている土は、つけたままにしますか、落としますか。

(　　　　　　　　　　)

(4) 花だんになえを植えかえるとき、花だんの土はどのようにしておきますか。次のうち、正しいものに○をつけましょう。

①(　　　)土をかんそうさせておく。

②(　　　)土にひりょうをまぜておく。

③(　　　)土に石をまぜておく。

記述 (5) 植えかえた後、くきがのびやすいように、何をしますか。

(　　　　　　　　　　　　　　　　　　　　)

よく出る

3 鳥の春のようす

次の図は、ある鳥の春のようすを表しています。あとの問いに答えましょう。

1つ5〔20点〕

(1) この鳥の名前を何といいますか。 (　　　　)

(2) 上の図で、この鳥は何を作っていますか。 (　　　　)

(3) (2)は、どのようなところに作られますか。正しいものに○をつけましょう。

①(　　)池の水の中　②(　　)屋根の下　③(　　)地面

(4) (2)を作った後、この鳥は(2)の中に何を産みますか。 (　　　　)

4 こん虫の春のようす

次の図は、あるこん虫の春のようすを表しています。あとの問いに答えましょう。

1つ5〔20点〕

㋐

㋑

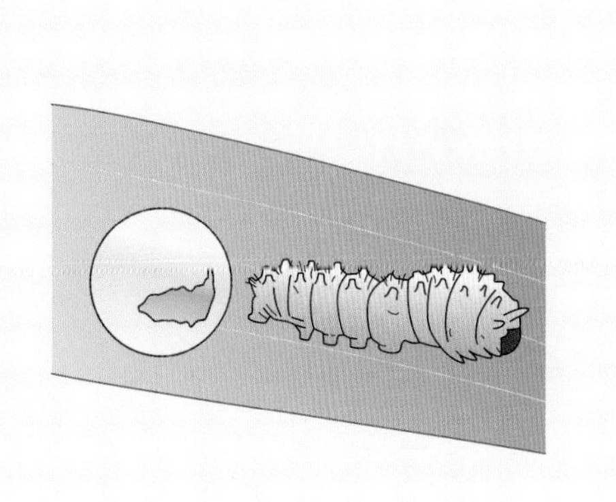

(1) このこん虫の名前を何といいますか。 (　　　　)

(2) ㋐のすがたを何といいますか。次のア～エから選びましょう。 (　　)

ア　たまご　　イ　よう虫

ウ　さなぎ　　エ　成虫

(3) ㋑のすがたを何といいますか。(2)のア～エから選びましょう。 (　　)

チャレンジ!

(4) 次の文のうち、図のこん虫の春のようすとして正しいものに○をつけましょう。

①(　　)よう虫は、何も食べずに育っていく。

②(　　)よう虫は、葉を食べながら育っていく。

③(　　)よう虫は、小さい虫を食べながら育っていく。

④(　　)成虫は、よう虫にすがたを変える。

⑤(　　)成虫は、さなぎにすがたを変える。

勉強した日 月 日

1 晴れの日の気温の変化
2 天気による気温の変化のちがい

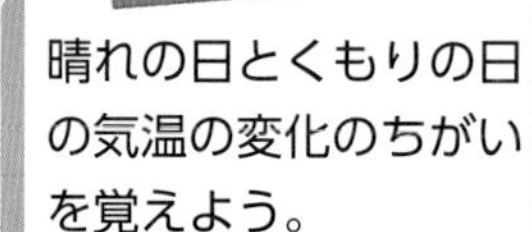

晴れの日とくもりの日の気温の変化のちがいを覚えよう。

おわったらシールをはろう

きほんのワーク

教科書 20～31、225ページ　答え 3ページ

図を見て、あとの問いに答えましょう。

1 気温の変化(へんか)の調べ方

晴れの日とくもりの日の気温の変化を調べる。

①□時間おきに
②（ 同じ ちがう ）場所で調べる。

晴れの日の気温の変化

調べた場所
校庭(鉄ぼうの横)　5月10日

時こく	気温(℃)	天気
午前9時	20	晴れ
10時	21	晴れ
11時	22	晴れ
正午	23	晴れ

調べた結果(けっか)を③□グラフにまとめると、気温の変化のちがいがわかりやすくなる。

(1) 天気による気温の変化を調べるとき、気温は何時間おきにはかりますか。①の□にあてはまる数字を書きましょう。

(2) ②の（ ）のうち、正しいほうを◯でかこみましょう。

(3) 結果のまとめ方について、③の□にあてはまる言葉を書きましょう。

2 1日の気温の変化

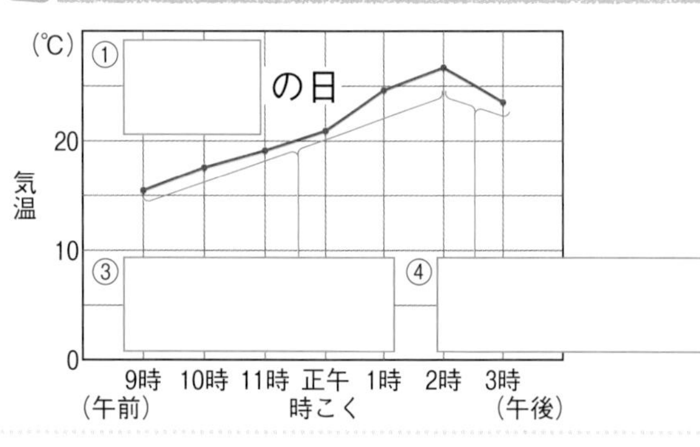

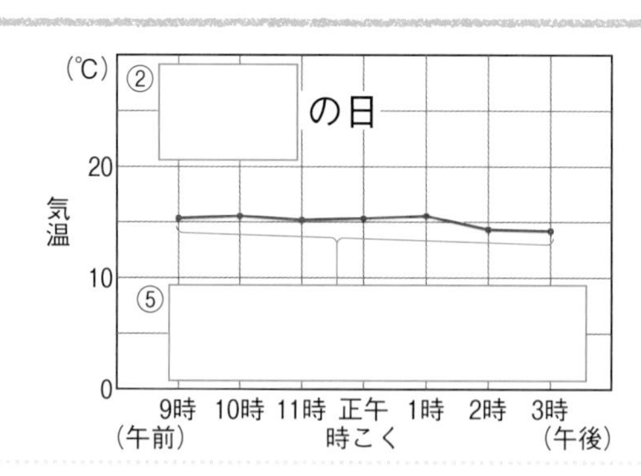

(1) ①、②の□に、晴れかくもりかを書きましょう。

(2) グラフの③～⑤の部分の気温はどのようになっていますか。上がっているか、下がっているか、あまり変化しないかを、それぞれ□に書きましょう。

まとめ 〔 晴れ 大きい 〕から選んで（ ）に書きましょう。

●①（ ）の日の気温は、朝から昼にかけて上がり、その後しばらくすると下がる。

●晴れの日は、1日の気温の変化が、くもりの日よりも②（ ）。

わくわくたんてい団　太陽が最も高くなるのは正午ごろですが、気温がいちばん高くなるのは昼すぎです。これは、日光であたためられた地面が、空気をあたためるからです。

1 晴れの日とくもりの日の１日の気温の変化を調べてグラフに表すと、次の㋐、㋑のようになりました。あとの問いに答えましょう。

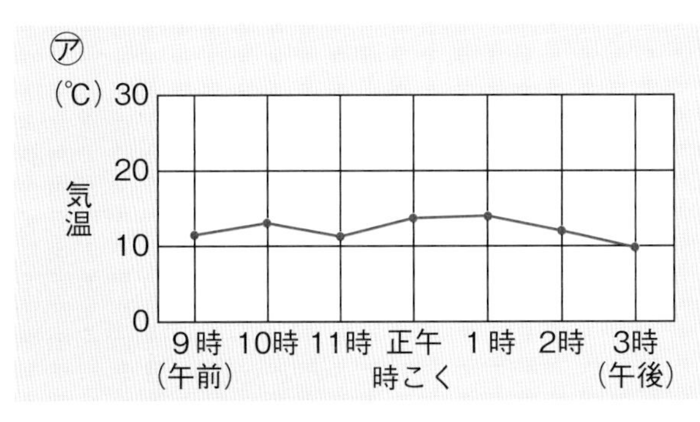

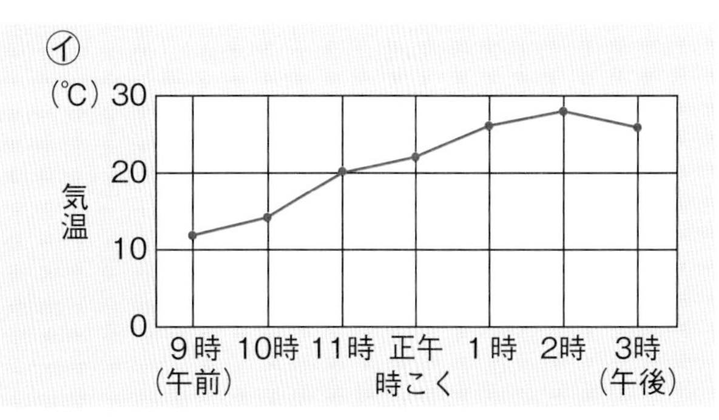

(1) １日の気温の変化が大きいグラフは、㋐、㋑のどちらですか。 (　　　)

(2) 晴れの日の気温の変化を表しているグラフは、㋐、㋑のどちらですか。(　　　)

(3) 晴れの日に気温が最高（さいこう）となった時こくは何時ですか。 (　　　)

(4) 晴れの日の気温の変化として正しいものを、次のア、イから選びましょう。 (　　　)

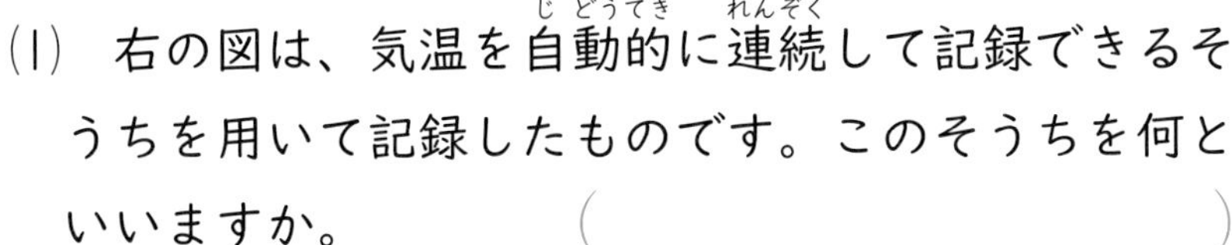

2 右の図は、ある日の１日の気温の変化のようすを表したものです。次の問いに答えましょう。

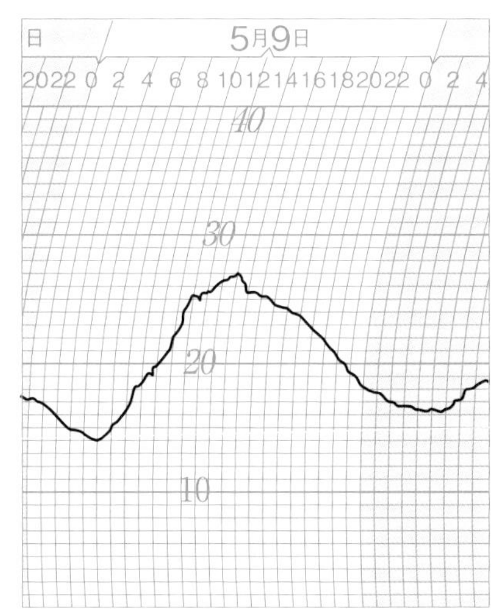

(1) 右の図は、気温を自動的（じどうてき）に連続（れんぞく）して記録できるそうちを用いて記録したものです。このそうちを何といいますか。 (　　　)

(2) (1)の温度計は、気温をはかるために作られた白い箱に入っています。この箱を何といいますか。 (　　　)

(3) この日、気温がいちばん低（ひく）かったのは何時で、気温は何℃でしたか。

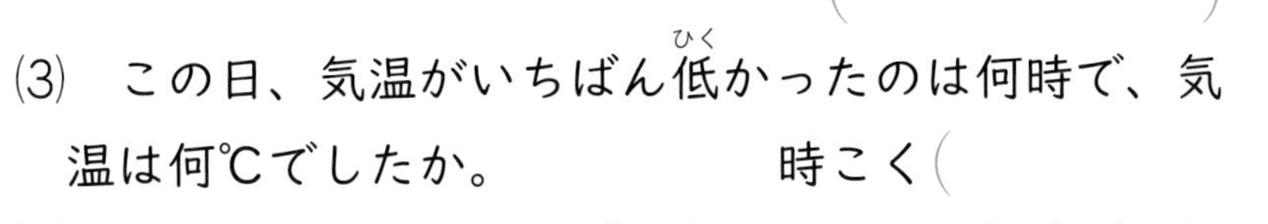

(4) この日、気温がいちばん高かったのは何時で、気温は何℃でしたか。

(5) (3)と(4)の気温の差（さ）は、何℃ですか。 (　　　)

(6) この日の天気は、晴れと雨のどちらだったと考えられますか。 (　　　)

まとめのテスト

2　天気による気温の変化

とく点　/100点

おわったらシールをはろう

時間20分

教科書 20〜31、225ページ　答え 3ページ

1 気温をはかるそうち 右の写真は、気温をはかるじょうけんに合うように、くふうされた箱のようすを表しています。次の問いに答えましょう。　1つ5〔20点〕

(1)　この箱を、何といいますか。（　　　　　）

(2)　(1)の箱の中にある温度計には、じかに日光が当たりますか、当たりませんか。（　　　　　）

(3)　(1)の箱は、どのような場所に置（お）かれていますか。次のア、イから選びましょう。（　　　）

ア　風の当たらない場所　　イ　風通しのよい場所

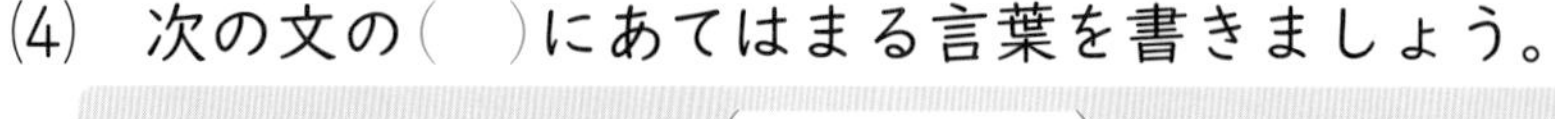

(4)　次の文の（　）にあてはまる言葉を書きましょう。

(1)の箱の中にある（　　　　　）の高さが、地面から1.2〜1.5ｍになるようにくふうされている。

2 記録のまとめ方 ある日の午前９時から午後３時まで、１時間おきに気温をはかると、次の表のようになりました。あとの問いに答えましょう。　1つ5〔20点〕

時こく	午前９時	１０時	１１時	正午	午後１時	２時	３時
気温	18℃	20℃	21℃	21℃	22℃	24℃	22℃

作図 (1)　表の結果を、右に折（お）れ線グラフで表しましょう。

(2)　この日の最高気温は、何℃でしたか。（　　　　　）

(3)　この日の天気は、晴れ、雨のどちらだったと考えられますか。（　　　　　）

記述 (4)　(3)のように考えたのはなぜですか。

（　　　　　　　　　　）

よく出る

3 晴れの日と雨の日の気温の変化 次の表は、晴れの日と雨の日の気温の変化を表したものです。あとの問いに答えましょう。

1つ6〔30点〕

	午前９時	10時	11時	正午	午後１時	２時	３時
㋐	14℃	13℃	13℃	13℃	12℃	12℃	12℃
㋑	15℃	16℃	19℃	20℃	22℃	23℃	20℃

(1)　次の①、②のグラフのうち、㋑の日の気温の変化を表しているのはどちらですか。　（　　　）

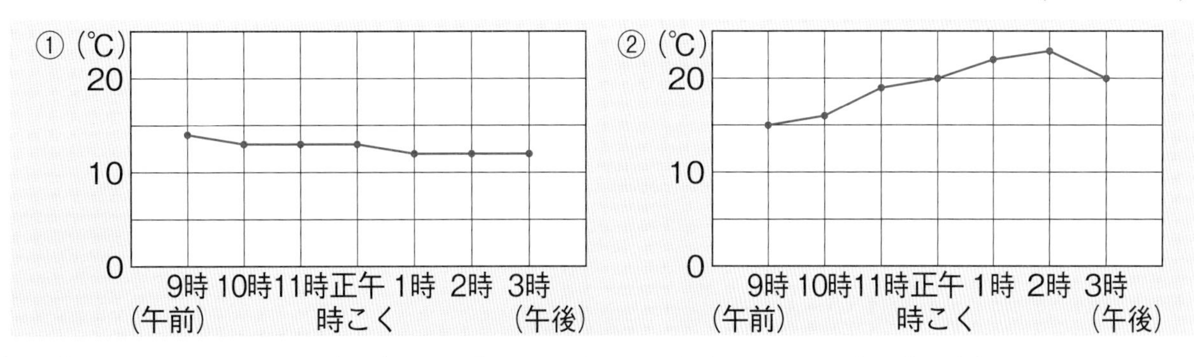

(2)　晴れの日と雨の日で、１日の気温の変化が大きいのはどちらですか。

（　　　　　　　　）

(3)　雨の日だったのは、㋐と㋑のどちらの日ですか。　（　　　）

(4)　晴れの日の午前９時から午後３時までの間で、いちばん高い気温といちばん低い気温の差は何℃でしたか。　（　　　　）

(5)　晴れの日の午前９時から１０時と、午前１０時から１１時で、気温の変わり方が大きくなっているのはどちらですか。正しいほうに○をつけましょう。

①（　　　）午前９時から１０時　　②（　　　）午前１０時から１１時

4 １日の気温の変化 １日の気温の変化について、次の問いに答えましょう。

1つ6〔30点〕

(1)　気温をはかって記録する、右の写真の温度計を何といいますか。　（　　　　　　　）

述 (2)　(1)を使うと、１日の気温の変化をどのように記録できますか。

（　　　　　　　　　　　　　　　　　）

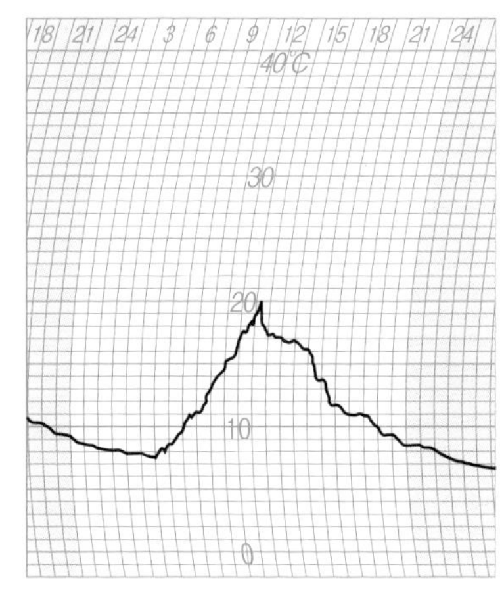

(3)　右のグラフは、(1)を使って、ある日の１日の気温の変化を記録したものです。この日の天気は、晴れと雨のどちらだったと考えられますか。（　　　　　）

(4)　この日の最高気温は何℃でしたか。　（　　　　）

(5)　この記録では、１日のうちで、気温がいちばん低かったのは午前何時でしたか。　（　　　　　）

勉強した日　月　日

1　体のつくり
2　きん肉のはたらき
人以外の動物の体のつくり

きほんのワーク

もくひょう
ほねときん肉と関節について、はたらきをかくにんしよう。

おわったらシールをはろう

教科書　32～43ページ　答え　4ページ

図を見て、あとの問いに答えましょう。

1 体の曲がるところ

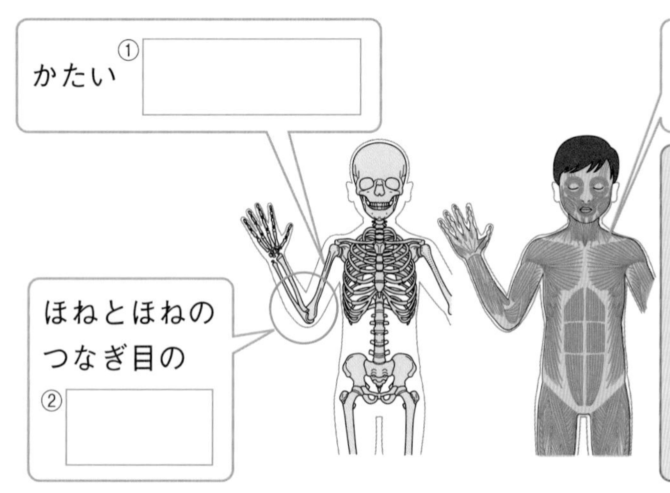

体は④　で曲がる。
うでやあしの⑤（曲がる　曲がらない）ところは、中にほねがある。
人以外の動物の体には、ほねやきん肉が⑥（ある　ない）。

(1)　①～④の□に、体の部分の名前やあてはまる言葉を書きましょう。
(2)　⑤、⑥の（　）のうち、正しいほうを◯でかこみましょう。

2 きん肉の動き

①□で曲がる。

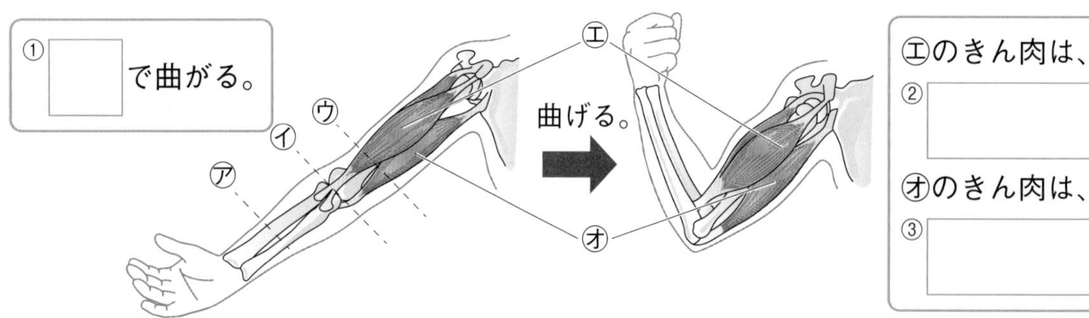

㋓のきん肉は、②　。
㋔のきん肉は、③　。

(1)　㋐～㋒のうち、曲がる部分を①の□に記号を書きましょう。
(2)　うでを曲げるとき、㋓と㋔のきん肉はそれぞれちぢみますか、ゆるみますか。②、③の□に書きましょう。

まとめ　〔　きん肉　ほね　〕から選んで（　）に書きましょう。

●体には、かたい①（　　　）と、やわらかい②（　　　）がある。きん肉をちぢめたりゆるめたりすることで、わたしたちは体を動かしている。

わくわくたんてい団
人の体には、全部で200こ以上のほねがあります。人の体でいちばん大きい「大たいこつ」は長さが約30～40cm、いちばん小さい「あぶみこつ」は約3mmです。

勉強した日　月　日

練習のワーク

できた数　/13問中

おわったら シールを はろう

教科書 32～43ページ　答え 4ページ

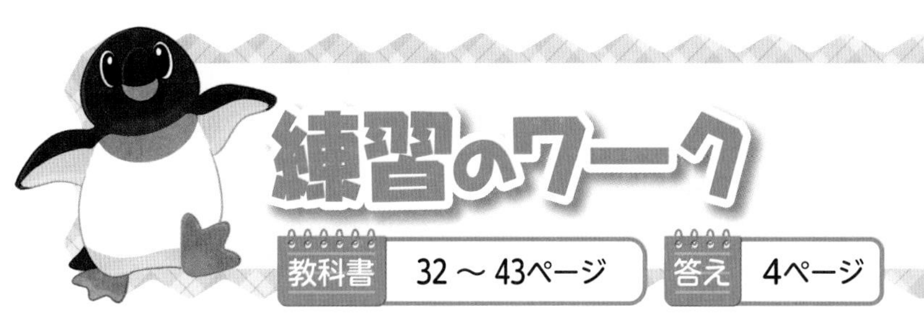

1 ほねやきん肉のはたらきについて、次の問いに答えましょう。

(1) 次の図の㋐～㋓は、人の体のどの部分のほねのつなぎ目を表していますか。下の〔　〕から選んで、それぞれ記号を書きましょう。

㋐(　　　)　㋑(　　　)　㋒(　　　)　㋓(　　　)

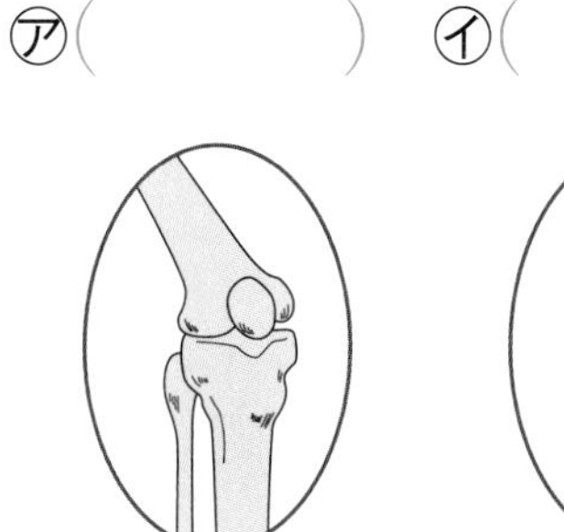

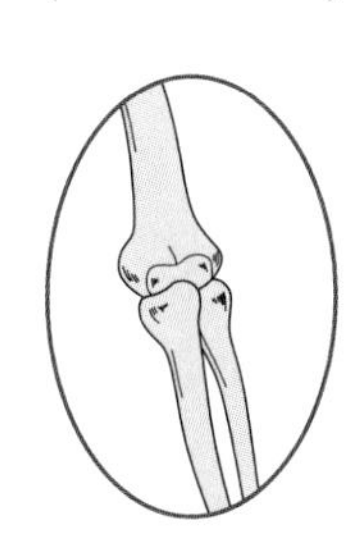

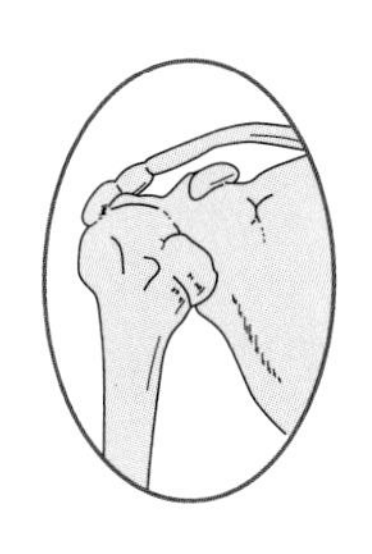

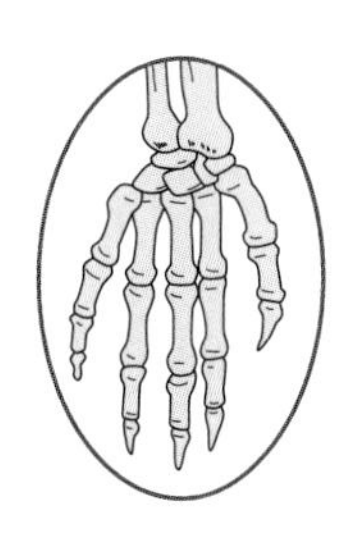

〔 ア 手首　イ ひじ　ウ せなか　エ ひざ　オ かた 〕

(2) ほねとほねのつなぎ目で、体の曲がるところを何といいますか。

(　　　　)

2 右の図は、人のうでのようすです。次の問いに答えましょう。

(1) うでを曲げたとき、㋐のきん肉はどうなりますか。次のうち、正しいものに○をつけましょう。

①(　　)ゆるんで、やわらかくなる。

②(　　)ちぢんで、やわらかくなる。

③(　　)ゆるんで、かたくなる。

④(　　)ちぢんで、かたくなる。

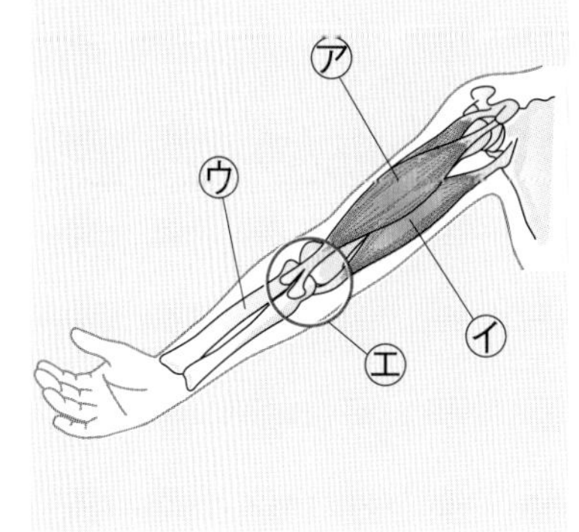

(2) うでを曲げたとき、㋑のきん肉はちぢんでいますか、ゆるんでいますか。

(　　　　)

(3) 図の㋒と㋓の部分を、それぞれ何といいますか。

㋒(　　　　)　㋓(　　　　)

(4) うでが曲がるところは、図の㋒、㋓のどちらですか。(　　)

(5) ㋐、㋑のようなきん肉や㋒や㋓は、人以外の動物にもありますか、ありませんか。

(　　　　)

(6) 次の文の(　)にあてはまる言葉を書きましょう。

人以外の動物も、①(　　　　)をちぢめたりゆるめたりして、②(　　　　)のところで体を曲げたりのばしたりする。

まとめのテスト

勉強した日　月　日

3　体のつくりと運動

教科書　32～43ページ　答え　4ページ

1 体のつくりと運動　次の文の(　)にあてはまる言葉を、下の〔　〕から選んで書きましょう。言葉は同じものを何回選んでもかまいません。　1つ6〔24点〕

人のうでやあしにさわったとき、やわらかく感じるのは①(　　　)で、かたく感じるのは②(　　　)である。これらは体全体にあり、人はこれらのはたらきによって体を動かすことができる。

ほねと③(　　　)のつなぎ目を④(　　　)といい、この部分で、体を曲げることができる。

〔　きん肉　　ほね　　関節（かんせつ）　　体　〕

SDGs **2** 体の曲がるところ　人の体のつくりについて、次の問いに答えましょう。　1つ4〔28点〕

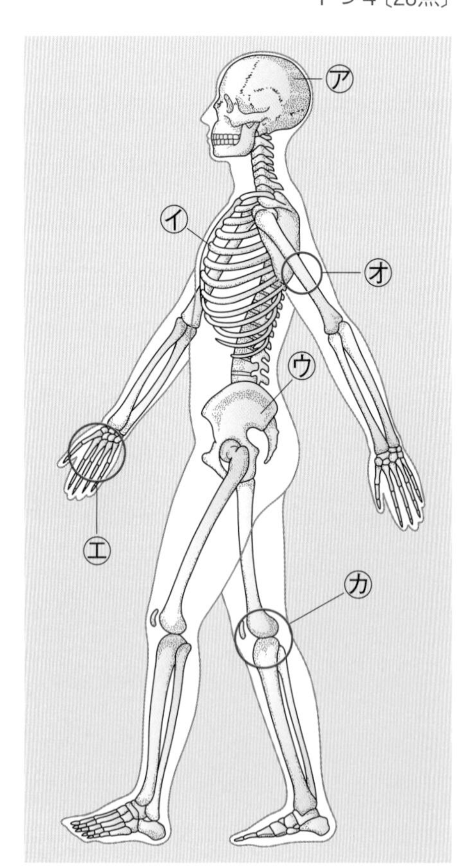

(1)　右の図は、人のほねときん肉のどちらを表していますか。　(　　　)

(2)　レントゲン写真に白く写るのはほねですか、きん肉ですか。　(　　　)

(3)　次の①と②にあてはまる部分として正しいものを、図のア～カからすべて選びましょう。

①　曲げることができる部分　(　　　)

②　曲げることができない部分　(　　　)

(4)　(3)の①のような、体の曲げることができる部分を何といいますか。　(　　　)

(5)　次のうち、ほねのようすとして正しいもの2つに○をつけましょう。

①(　　)さまざまな大きさである。

②(　　)どれも同じ大きさである。

③(　　)さまざまな形をしている。

④(　　)どれも同じ形をしている。

よく出る

3 うでの曲げのばし 右の図は、人のうでがのびているときのようすです。次の問いに答えましょう。

1つ6〔24点〕

(1) うでを曲げることができる部分を、ア〜ウから選びましょう。 (　　　)

(2) うでを曲げたときにゆるんでいるきん肉は、あ、いのどちらですか。 (　　　)

(3) うでを曲げたときにちぢんでいるきん肉は、あ、いのどちらですか。 (　　　)

(4) うでが(1)の部分で曲がるとき、きん肉はどのようになっていますか。次のうち、正しいものに○をつけましょう。

①(　　　)すべてのきん肉がちぢんでいる。

②(　　　)すべてのきん肉がゆるんでいる。

③(　　　)一方のきん肉はちぢみ、もう一方のきん肉はゆるんでいる。

4 人以外の動物の体のつくりとはたらき 次の図は、ウサギの体のつくりを表したものです。あとの問いに答えましょう。

1つ4〔24点〕

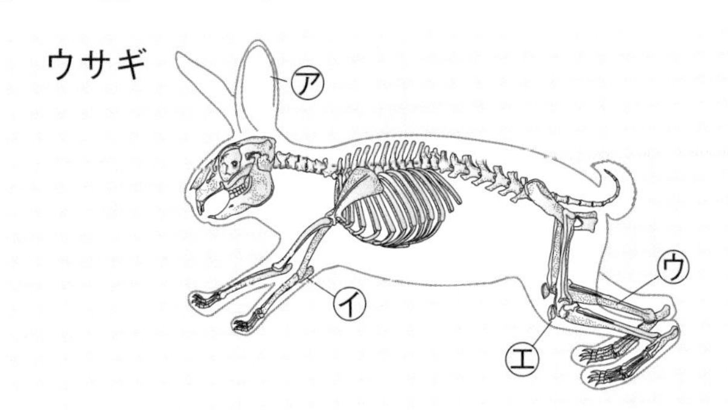

(1) 図のア〜エの部分のうち、関節があるところを2つ選びましょう。

(　　　) (　　　)

(2) 次の文のうち、正しいもの3つに○をつけましょう。

①(　　　)ウサギにはほねがある。

②(　　　)ウサギにはほねがない。

③(　　　)ウサギには関節がある。

④(　　　)ウサギには関節がない。

⑤(　　　)ウサギにはきん肉がある。

⑥(　　　)ウサギにはきん肉がない。

(3) 次の文の(　)にあてはまる言葉を書きましょう。

ウサギが動き回ることができるのは、人と同じようにほねや(　　　　　　)、関節があるためである。

勉強した日　月　日

1　かん電池とモーター

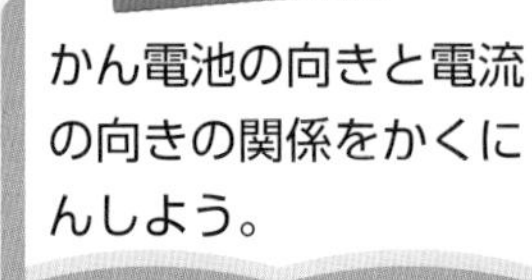

もくひょう
かん電池の向きと電流の向きの関係をかくにんしよう。

おわったらシールをはろう

きほんのワーク

教科書 44～48、219ページ　答え 5ページ

図を見て、あとの問いに答えましょう。

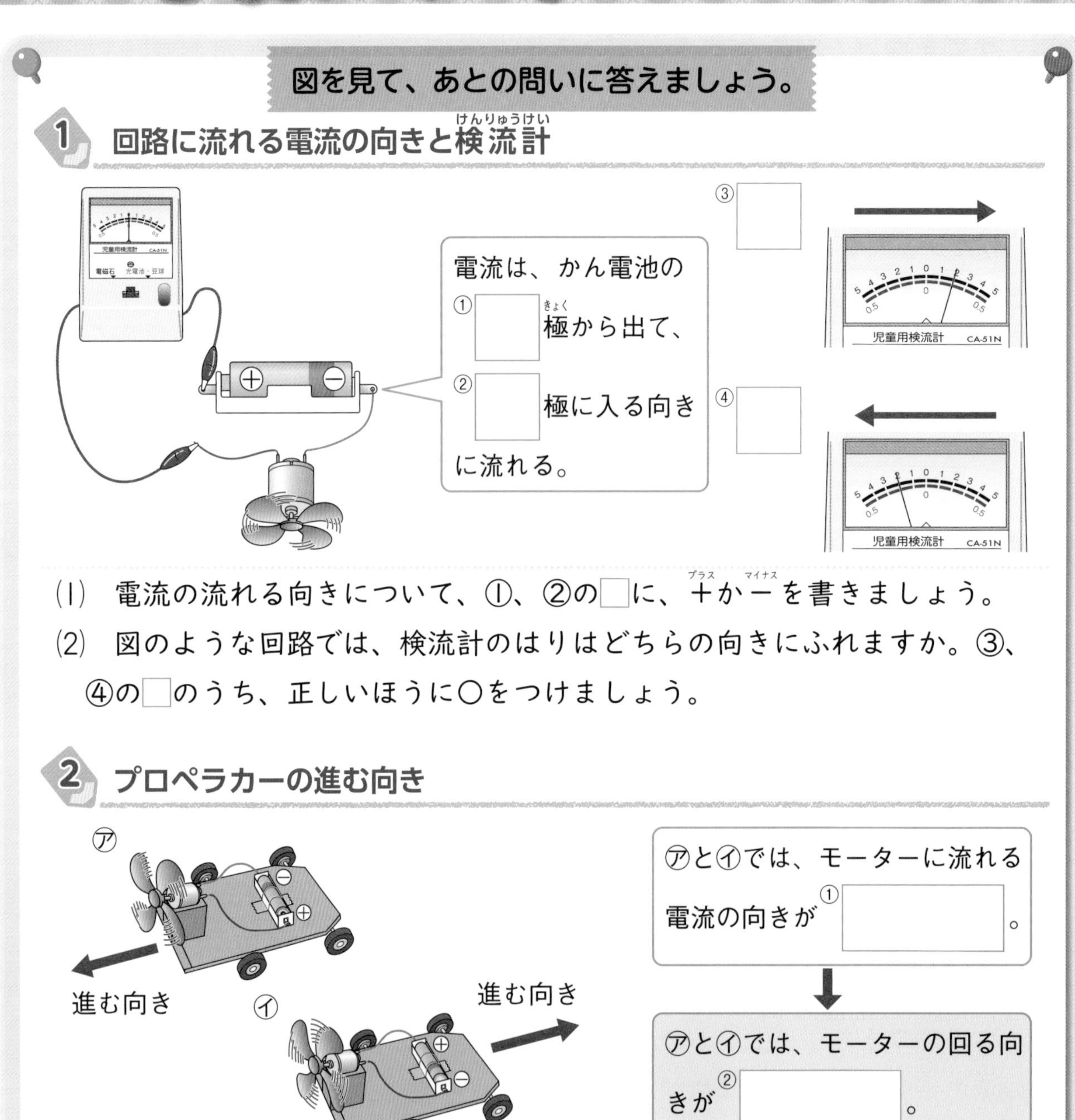

(1)　電流の流れる向きについて、①、②の□に、＋か－を書きましょう。

(2)　図のような回路では、検流計のはりはどちらの向きにふれますか。③、④の□のうち、正しいほうに○をつけましょう。

● モーターに流れる電流の向きやモーターの回る向きについて、①、②の□に同じか反対かを書きましょう。

まとめ　〔　反対　＋　－　〕から選んで（　）に書きましょう。

● 電流は、かん電池の①（　　　）極から出て、②（　　　）極に流れる。
● かん電池の向きを反対にすると、モーターの回る向きも③（　　　）になる。

かん電池とどう線だけをつなぐと、はれつしたり、熱くなったりすることがあり、きけんです。また、古い電池と新しい電池をまぜて使わないようにします。

できた数　/11問中

おわったらシールをはろう

1 右の図の検流計について、次の問いに答えましょう。

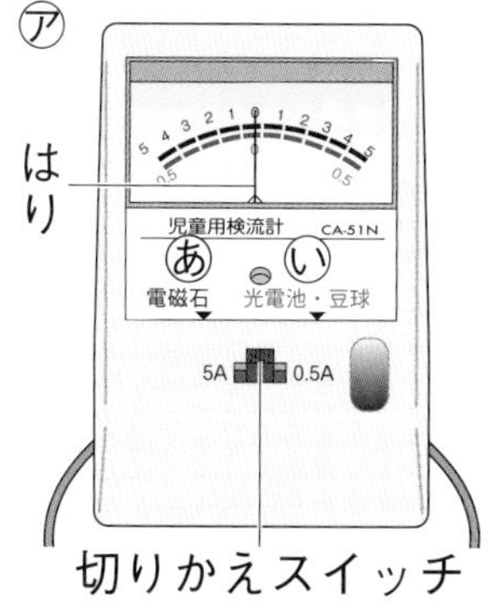

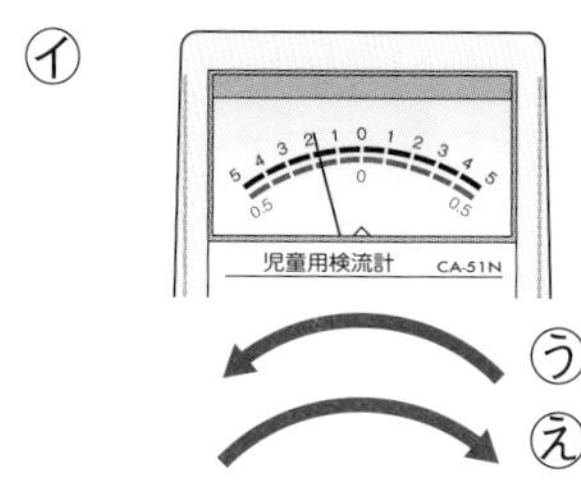

(1) 検流計を使って調べることができるものを、2つ書きましょう。（　　　）（　　　）

(2) かん電池とモーターをつなぐ場合、切りかえスイッチは、図の㋐のあといのどちらにしますか。（　　　）

記述 (3) (2)で、はりのふれが0.5Aより小さいときはどのようにしますか。「切りかえスイッチ」という言葉を使って書きましょう。
（　　　）

(4) 図の㋑のようにはりが動いたとき、電流の流れる向きは、うとえのどちらですか。（　　　）

(5) モーターに流れる電流を調べるとき、検流計を正しくつないであるものを2つ選んで、○をつけましょう。

㋒（　　）

㋓（　　）

㋔（　　）

㋕（　　）

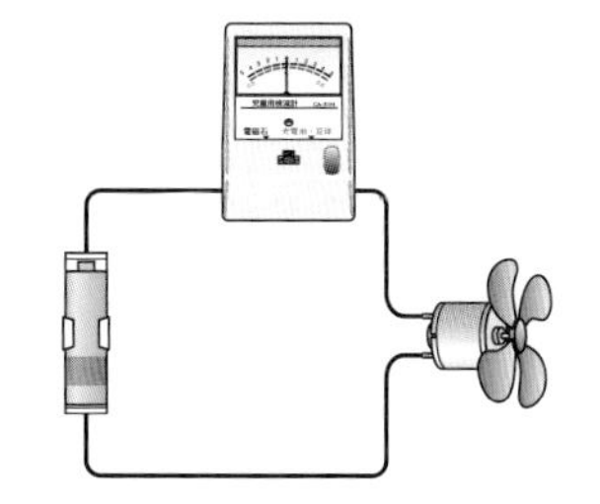
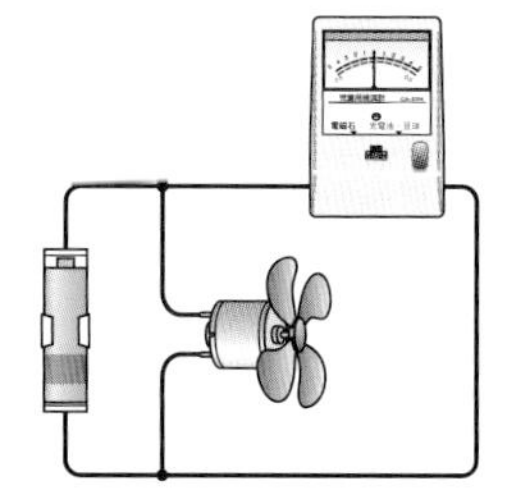
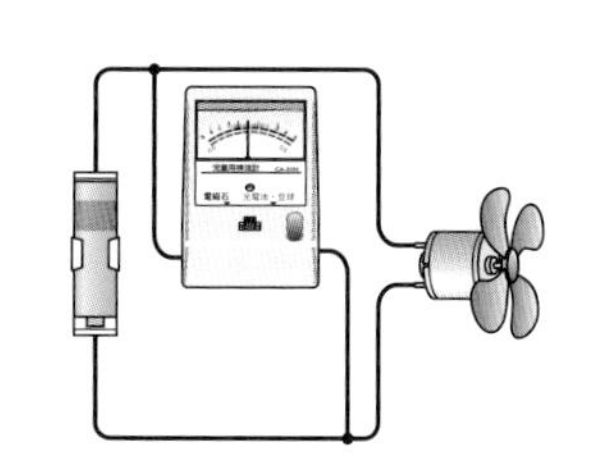
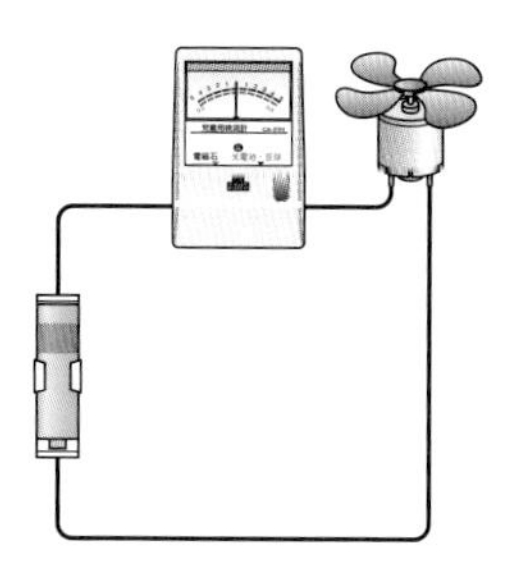

2 回路に流れる電流の向きを調べます。次の問いに答えましょう。

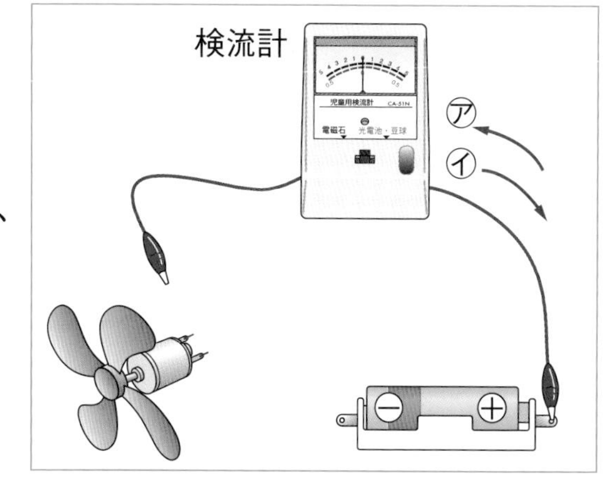

作図 (1) 右の図にどう線をかき入れて、モーターに流れる電流の大きさをはかるための回路を作りましょう。

(2) 右の図で、電流がどう線を流れる向きは、㋐と㋑のどちらですか。（　　　）

(3) かん電池をつなぐ向きを変えたとき、モーターが回る向きは同じですか、反対ですか。（　　　）

(4) (3)のとき、電流の流れる向きは、初(はじ)めとくらべてどうなっていますか。
（　　　）

勉強した日　　月　　日

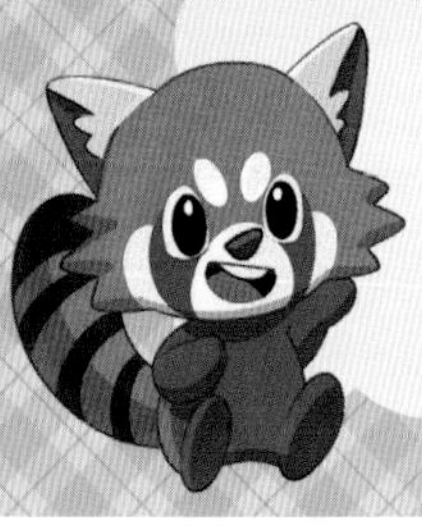

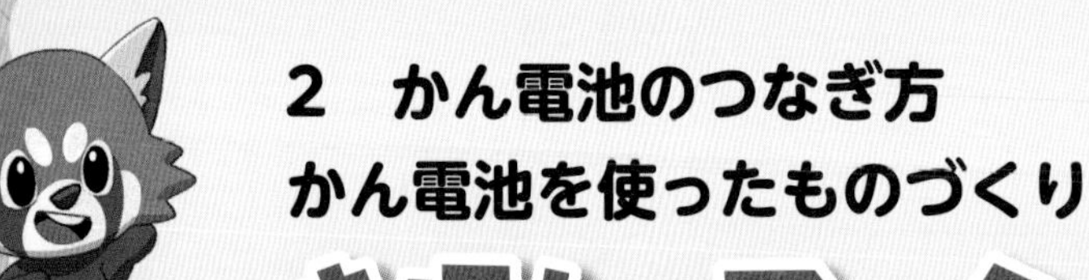

2　かん電池のつなぎ方
かん電池を使ったものづくり

きほんのワーク

もくひょう
かん電池のつなぎ方と電流の大きさの関係をかくにんしよう。

おわったらシールをはろう

教科書　49～59ページ　　答え　5ページ

図を見て、あとの問いに答えましょう。

1　かん電池のつなぎ方と車の速さ

かん電池を２このせたプロペラカー

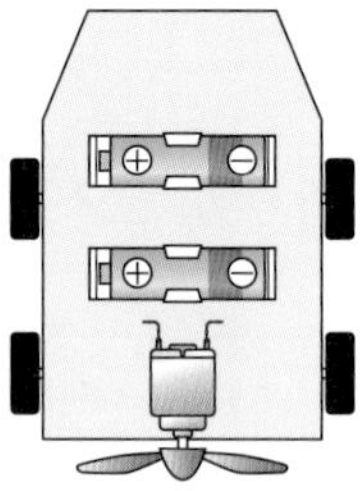

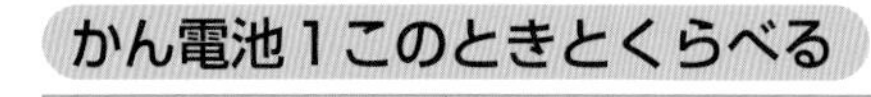

かん電池１このときとくらべる

かん電池のつなぎ方	名前	車の速さ	モーターに流れる電流の大きさ
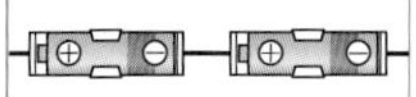	①□つなぎ	③	⑤
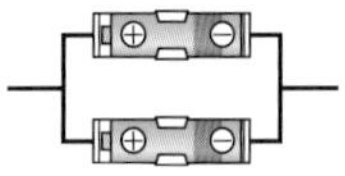	②□つなぎ	④	⑥

(1)　①、②の□にあてはまる言葉を書きましょう。

(2)　表の③～⑥にあてはまる言葉を、下の〔　〕から選んで書きましょう。

〔　速い　おそい　大きい　小さい　同じくらい　〕　同じものを何回選んでもかまいません。

2　かん電池を使ったおもちゃ

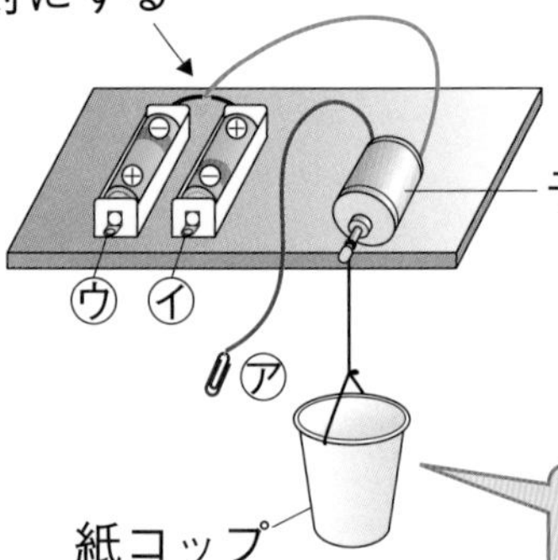

〈利用するせいしつ〉
かん電池の向きを変えると、電流の向きが①□。
↓
モーターの回る向きが②□。

クリップアをイにつなぐと、紙コップが上がる。
アをウにつなぐと、紙コップは③（　上がる　下がる　）。

(1)　①、②の□に、変わるか、変わらないかを書きましょう。

(2)　紙コップの動きについて、③の（　）のうち、正しいほうを〇でかこみましょう。

まとめ　〔　変わらない　大きい　〕から選んで（　）に書きましょう。

● かん電池２この直列つなぎは、１このときより、回路に流れる電流が①（　　　　）。
● かん電池２このへい列つなぎは、１このときと電流の大きさがあまり②（　　　　）。

わくわくたんてい団　かん電池を直列にたくさんつなぐと、とても大きい電流が流れます。モーターなどは、流せる電流の大きさが決まっているので、大きすぎる電流を流すとこわれてしまいます。

できた数　/10問中

おわったらシールをはろう

1 かん電池２こでモーターに流れる電流の大きさを調べます。次の問いに答えましょう。

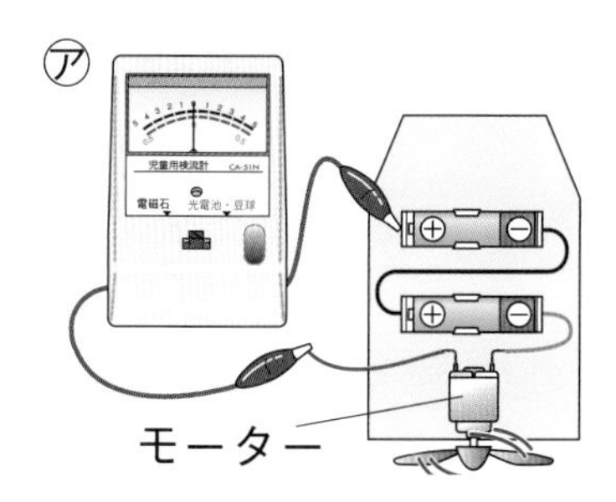

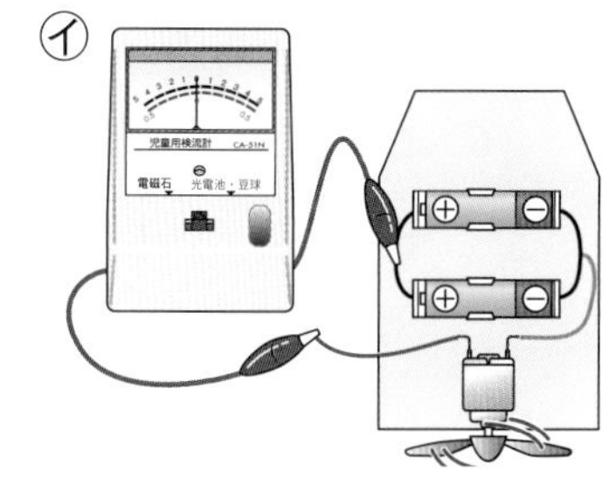

(1) 回路に流れる電流の向きや大きさを調べる器具を何といいますか。（　　　）

(2) ㋐と㋑のようなかん電池２このつなぎ方を、それぞれ何といいますか。

㋐（　　　）　㋑（　　　）

(3) はりのふれが大きいのは、㋐、㋑のどちらですか。（　　　）

(4) モーターに流れる電流が小さいのは、㋐、㋑のどちらですか。（　　　）

2 右の図のような回路でプロペラカーを作り、速さをくらべました。次の問いに答えましょう。

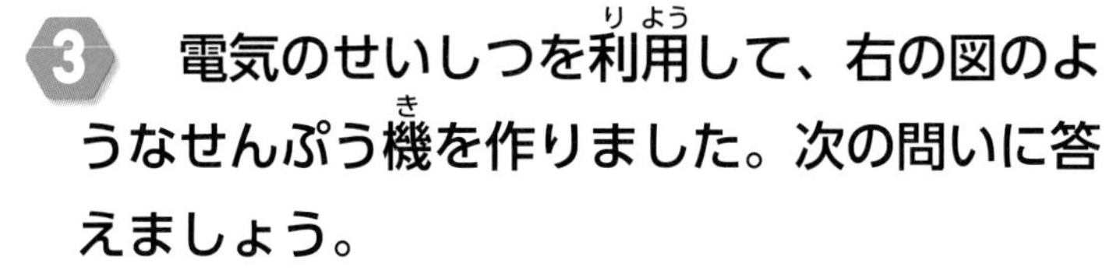

(1) ㋐のプロペラカーと同じ向きに進むものは、㋑、㋒のどちらですか。（　　　）

(2) ㋐のプロペラカーより速く進むのは、㋑、㋒のどちらですか。（　　　）

(3) (2)のプロペラカーが㋐より速く進むのは、何が大きくなるからですか。（　　　）

3 電気のせいしつを利用して、右の図のようなせんぷう機を作りました。次の問いに答えましょう。

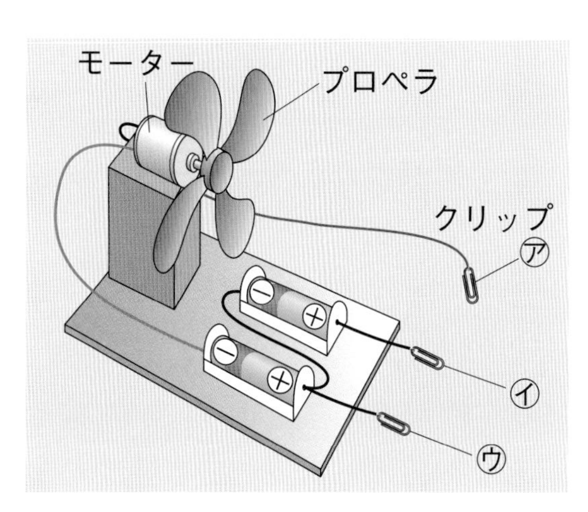

(1) ㋐のクリップをつないだとき、風が強くなるのは、㋑、㋒のどちらですか。（　　　）

(2) (1)の風が強いときのかん電池２このつなぎ方を何といいますか。（　　　）

まとめのテスト

4　電流のはたらき

教科書 44～59、219ページ　答え 6ページ

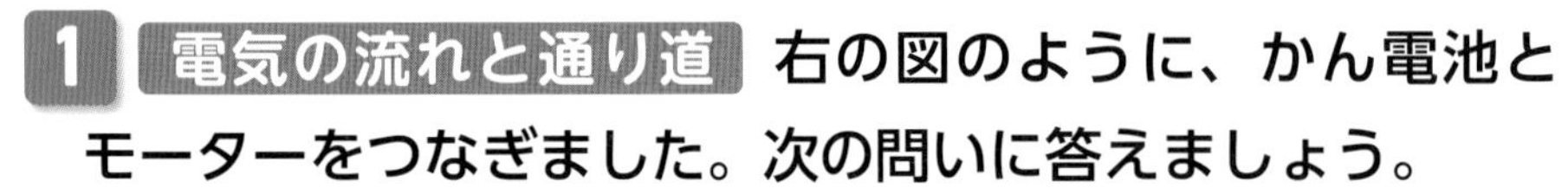

1 電気の流れと通り道 右の図のように、かん電池とモーターをつなぎました。次の問いに答えましょう。

1つ5〔20点〕

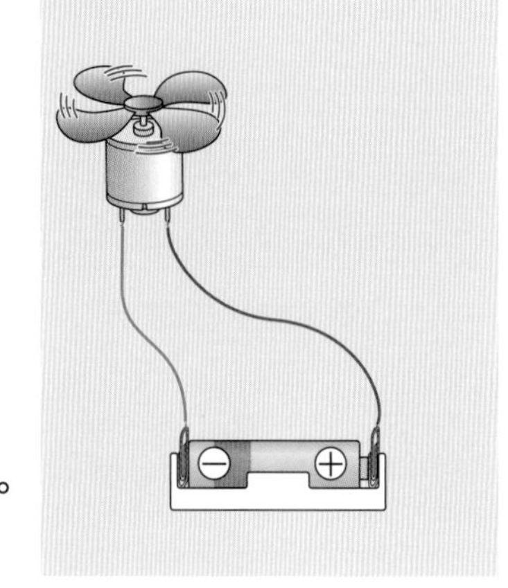

(1)　電気の流れを、何といいますか。（　　）

(2)　かん電池の向きを変えると、モーターの回る向きはどのようになりますか。（　　）

記述 (3)　モーターの回る向きが(2)のようになるのはなぜですか。
（　　）

(4)　かん電池から出た(1)の向きとして正しいものに○をつけましょう。
①（　　）−極→＋極　②（　　）＋極→−極　③（　　）決まっていない。

2 かん電池のつなぎ方 次の図の㋐～㋒のように、かん電池とモーターをつなぎました。あとの問いに答えましょう。

1つ5〔35点〕

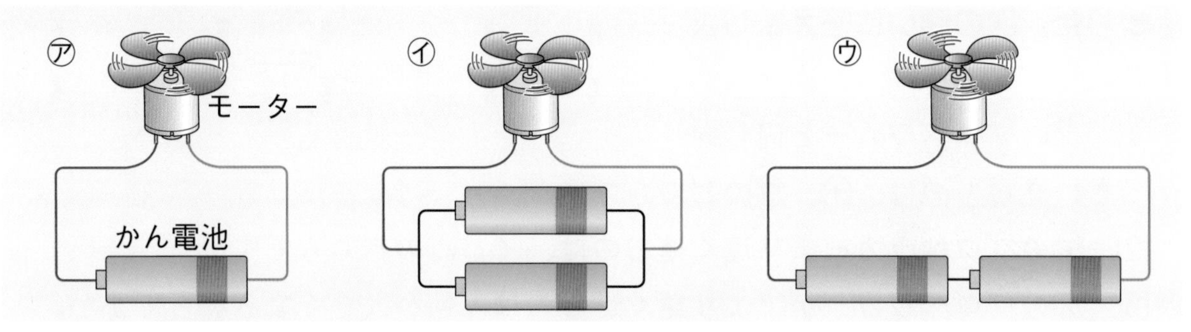

(1)　㋐～㋒のうち、モーターがいちばん速く回るのは、どれですか。（　　）

(2)　モーターが、㋐と同じ速さで回るのは、㋑、㋒のどちらですか。（　　）

(3)　㋐のかん電池を反対向きにつなぐと、モーターは回りますか、回りませんか。
（　　）

(4)　㋐～㋒のうち、モーターに流れる電流がいちばん大きいのはどれですか。
（　　）

(5)　㋑と㋒のかん電池のつなぎ方を、それぞれ何といいますか。
㋑（　　）　㋒（　　）

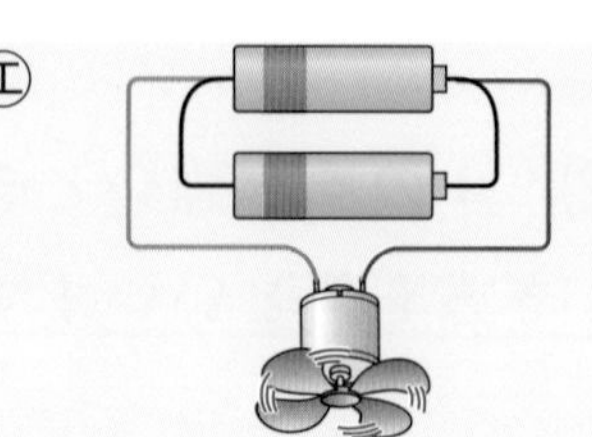

(6)　右の図の㋓のようにかん電池とモーターをつなぎました。モーターが回る速さが㋓とちがうのは、㋐～㋒のどれですか。（　　）

3 **プロペラカーの速さ** 右の図のように、プロペラカーを走らせたところ、㋐と㋑は同じ速さで、㋒は㋐と㋑より速く走りました。次の問いに答えましょう。　1つ7〔21点〕

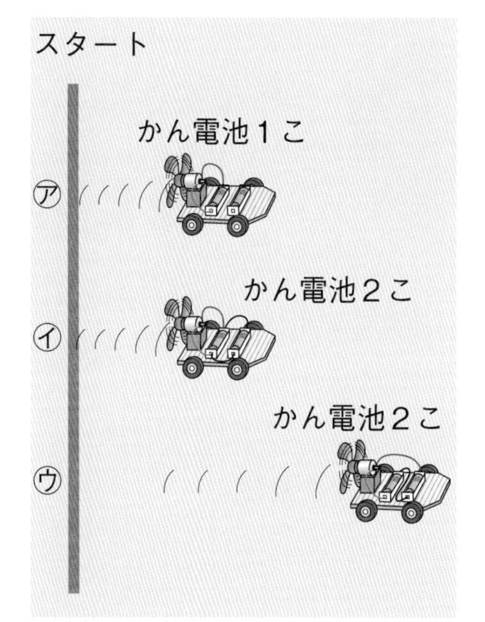

(1) かん電池2こをへい列つなぎにしたものを、次のあ～うから選びましょう。　(　　　)

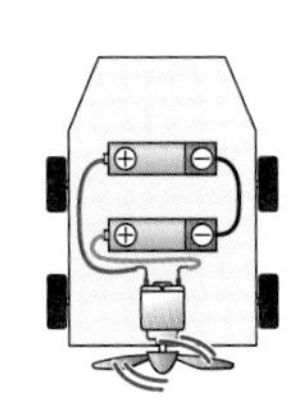
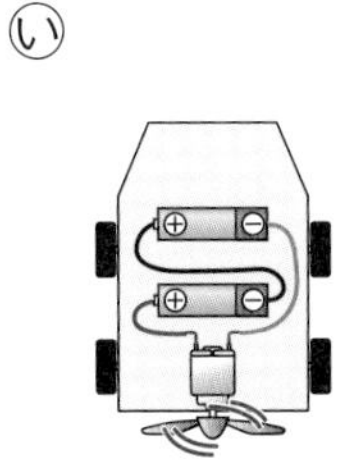
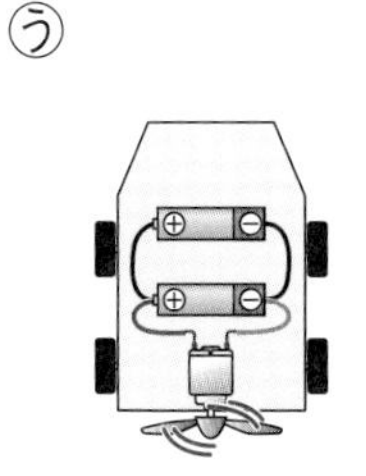

(2) ㋑のプロペラカーと同じ速さで走るものはどれですか。(1)のあ～うから選びましょう。　(　　　)

(3) ㋒のプロペラカーと同じ速さで走るものはどれですか。(1)のあ～うから選びましょう。　(　　　)

4 **かん電池を使ったものづくり** かん電池を使って、次の図のようなせんぷう機を作ります。あとの問いに答えましょう。　1つ6〔24点〕

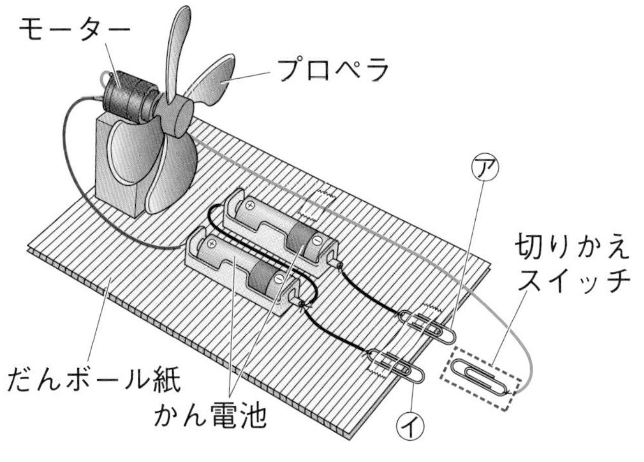

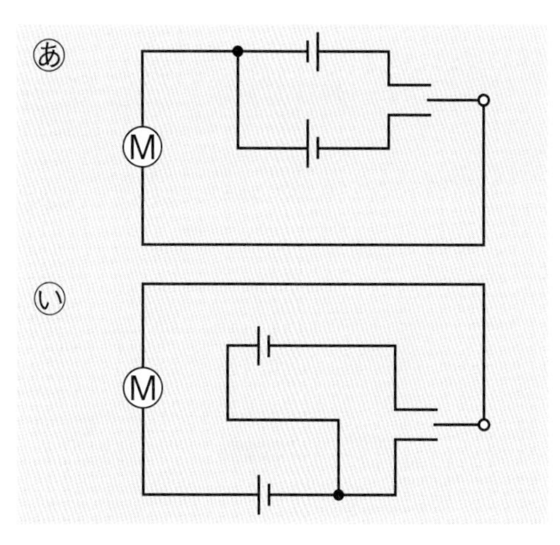

(1) せんぷう機の図で、プロペラをより速く回すには、切りかえスイッチを㋐、㋑のどちらにつなげばよいですか。　(　　　)

(2) (1)のように選んだのはなぜですか。

(　　　　　　　　　　　　　　　　　　　　)

(3) せんぷう機の回路を、電気用図記号を使った図で表すとき、─┤├─ は何を表していますか。次のア～エから選びましょう。　(　　　)

ア　モーター　　イ　どう線　　ウ　かん電池　　エ　せつぞく点

(4) 電気用図記号を使ったせんぷう機の回路の図は、あ、いのどちらですか。

(　　　)

勉強した日　月　日

夏と生き物①

きほんのワーク

もくひょう　夏の植物の育ち方のようすや変化をかくにんしよう。

おわったらシールをはろう

教科書 60～65ページ　答え 7ページ

図を見て、あとの問いに答えましょう。

1 ヘチマの夏のようす

葉の大きさ

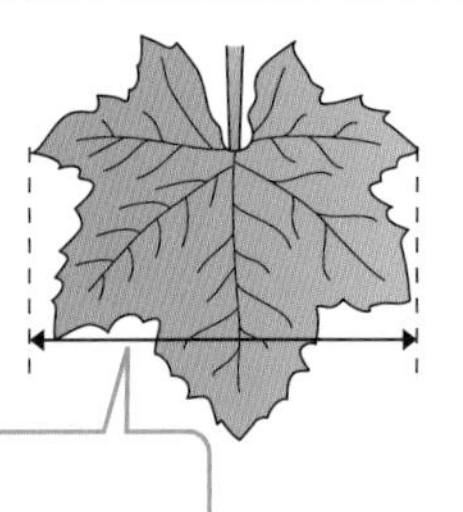

葉の大きさは、①（ 15　30　50 ）cm。

春　夏

春のころにくらべて、くきが②（ 少しだけ　よく ）のびて、葉の数が③（ 多い　少ない ）。

(1) ①の（　）のうち、夏のころのヘチマの葉の大きさとしていちばん近いものを◯でかこみましょう。

(2) 夏のころのヘチマのくきの長さと葉の数について、②、③の（　）のうち、正しいほうを◯でかこみましょう。

2 ヘチマの育ち方と気温

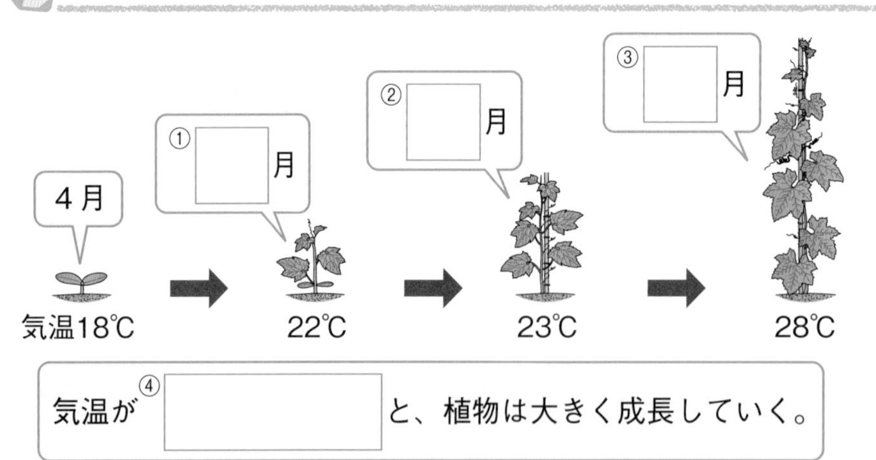

ヘチマは、やがて花をさかせるよ。

気温が④□と、植物は大きく成長していく。

(1) ①～③の□にあてはまる月を、5、6、7の中から選んで書きましょう。

(2) ④の□に、上がるか、下がるかのどちらかを書きましょう。

まとめ　〔 上がる　多く 〕から選んで（　）に書きましょう。

- ヘチマは、夏になると、くきがよくのび、葉の数が①（　　　）なる。
- 植物は、夏になって、気温が②（　　　）と、大きく成長する。

わくわくたんてい団　たくさんの植物が、春から夏にかけて花をさかせます。しかし、コスモスのように、秋に花をさかせる植物や、サザンカのように、寒くなってくると花をさかせる植物もあります。

勉強した日　月　日

できた数　/7問中

おわったらシールをはろう

1 右の図は、春のころと夏のころに観察したサクラのようすです。次の問いに答えましょう。

(1) 夏のころに観察したサクラのようすを、㋐、㋑から選びましょう。（　　）

(2) 次の文のうち、夏のサクラのようすとして正しくないものに○をつけましょう。

①（　　）さくらんぼが見られる。

②（　　）葉の緑色がこくなっている。

③（　　）春からえだはのびていない。

(3) ㋑で、えだ㋚の部分と㋛の部分の色は何色ですか。次のア～エから選びましょう。（　　）

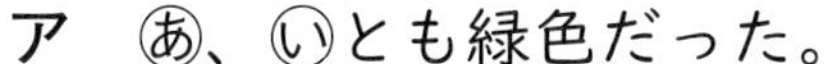

ア　㋚、㋛とも緑色だった。　イ　㋚、㋛とも茶色だった。

ウ　㋚は緑色、㋛は茶色だった。　エ　㋚は茶色、㋛は緑色だった。

2 右の図は、ヘチマの6月のころのようすです。次の問いに答えましょう。

(1) 春のころにくらべて、ヘチマの葉やくきはどのようになりましたか。次のうち、正しいものに○をつけましょう。

①（　　）葉は大きくなり、数もふえ、くきものびた。

②（　　）葉の大きさと数は変わらず、くきはのびた。

③（　　）葉は大きくなったが、くきはのびなかった。

(2) ヘチマは春のころにくらべて成長したといえますか、いえませんか。（　　）

(3) (2)のようにいえるのは、春のころにくらべて、気温がどのようになったためですか。（　　）

(4) ヘチマはこの後つぼみがふくらみ、やがて花をさかせます。ヘチマの花を、次の㋐～㋒から選びましょう。（　　）

㋐
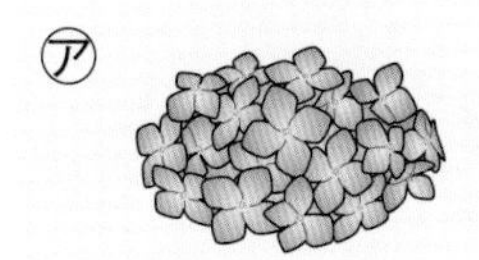

㋑

㋒

勉強した日　　月　　日

夏と生き物②

きほんのワーク

もくひょう
夏の動物の育ち方のようすや変化をかくにんしよう。

おわったらシールをはろう

教科書 66～69ページ　答え 7ページ

図を見て、あとの問いに答えましょう。

1 春と夏の動物のようす

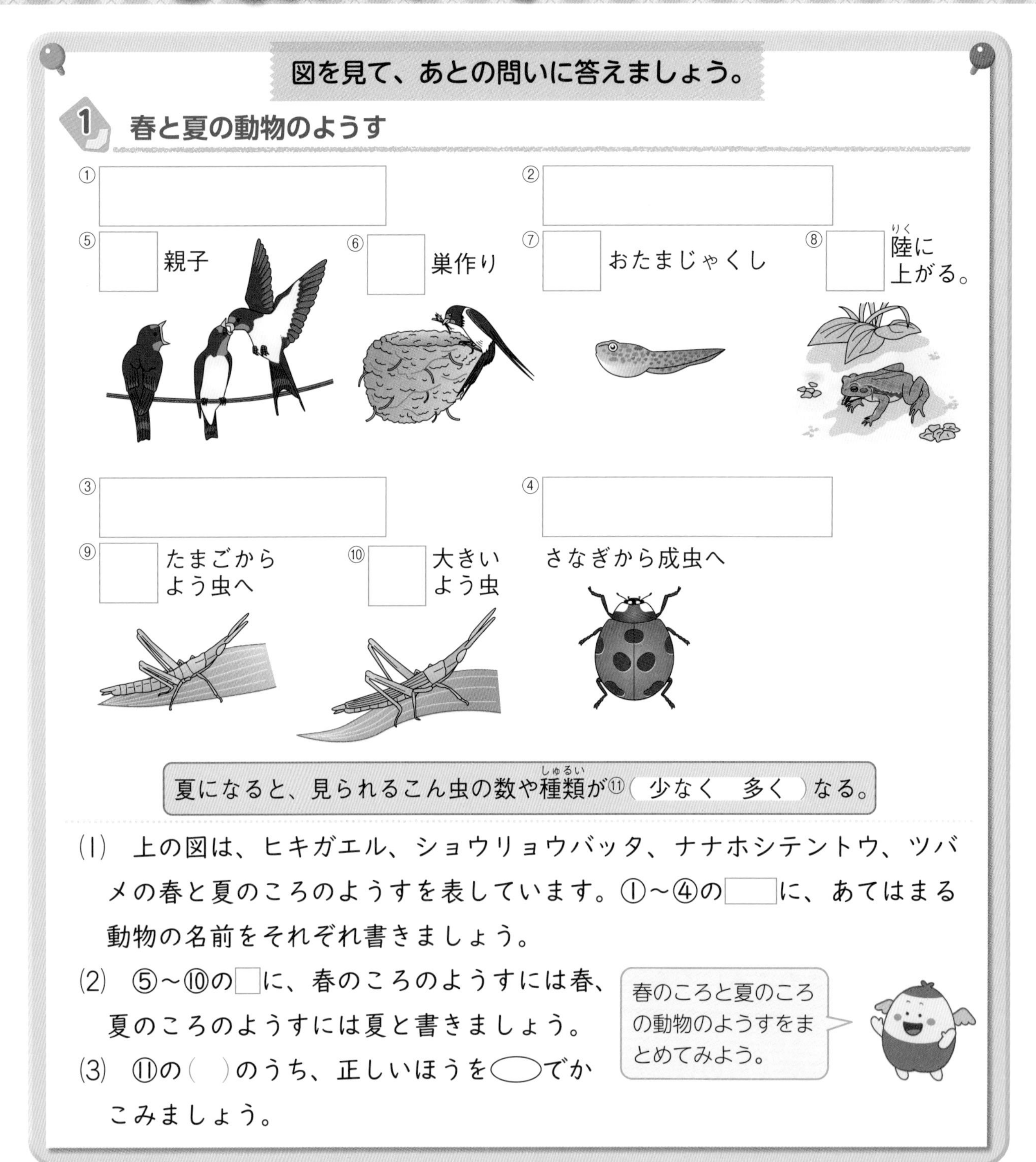

(1) 上の図は、ヒキガエル、ショウリョウバッタ、ナナホシテントウ、ツバメの春と夏のころのようすを表しています。①～④の□に、あてはまる動物の名前をそれぞれ書きましょう。

(2) ⑤～⑩の□に、春のころのようすには春、夏のころのようすには夏と書きましょう。

(3) ⑪の（　）のうち、正しいほうを○でかこみましょう。

春のころと夏のころの動物のようすをまとめてみよう。

まとめ　〔 種類　数 〕から選んで（　）に書きましょう。

- 夏になると、ツバメは子が巣立ち、見られる①（　　　　）が多くなる。
- 夏になると、こん虫は、見られる数や②（　　　　）が多くなる。

シジュウカラは、日本では１年を通して見られる鳥です。巣作りやひなの巣立ちの時期はツバメより少し早く、３月の終わりごろに巣作りを始め、５月の中ごろに巣立ちます。

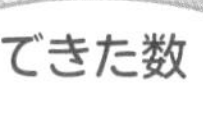

練習のワーク

教科書 66～69ページ　答え 7ページ

できた数 /9問中

おわったらシールをはろう

1 右の写真は、夏のころに見られるツバメのようすです。次の問いに答えましょう。

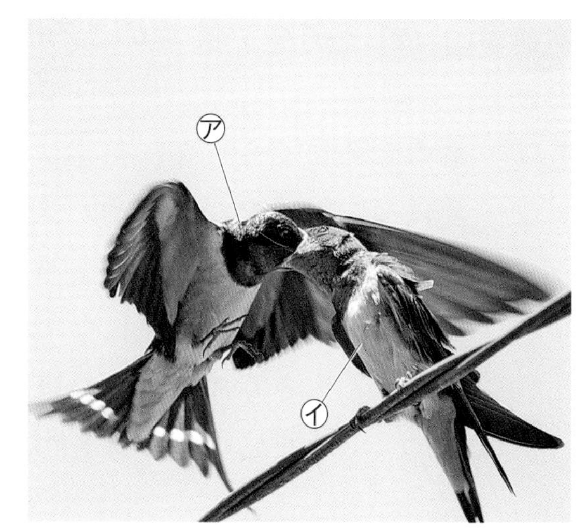

(1) 写真は、㋐のツバメが㋑のツバメに何をしているところですか。次のうち、正しいものに○をつけましょう。

①(　　)けんかをしかけている。
②(　　)食べ物をあたえている。
③(　　)飛ぶ練習をさせている。

(2) ㋐と㋑のツバメでは、体の大きさがちがいます。㋐、㋑はそれぞれ親ですか、子ですか。　㋐(　　)　㋑(　　)

(3) 夏のころのツバメの巣は、どのようになっていますか。次のうち、正しいものに○をつけましょう。

①(　　)１日中、子のツバメがいる。
②(　　)１日中、親のツバメがいる。
③(　　)ほとんど空っぽになっている。

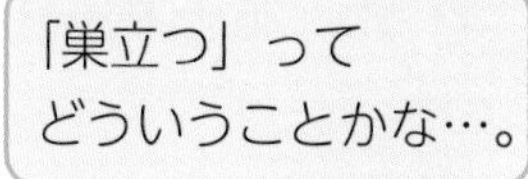

2 夏のころ、右の㋐のようなこん虫を見つけました。次の問いに答えましょう。

(1) ㋐のこん虫の名前を何といいますか。
(　　　　)

(2) ㋐のこん虫は、春のころとくらべて、何が変わっていますか。次のうち、正しいものに○をつけましょう。

①(　　)あしの数　②(　　)体の大きさ　③(　　)食べ物

(3) ㋐のこん虫は何を食べますか。次のうち、正しいものに○をつけましょう。

①(　　)植物の葉　②(　　)虫
③(　　)木のしる　④(　　)花のみつ

(4) 夏になると、動物はよく成長しますか、あまり成長しないですか。
(　　　　)

(5) 夏になると、動物の活動は活発になりますか、にぶくなりますか。
(　　　　)

勉強した日　月　日

まとめのテスト

夏と生き物

教科書 60～69ページ　答え 7ページ

1 植物の夏のようす 夏のころの植物のようすについて、次の問いに答えましょう。

1つ5〔10点〕

(1) 春のころにくらべて、気温はどうなりましたか。（　　　）

(2) 夏になって、アジサイやハスのようすは、どうなりましたか。次の文のうち、正しいものに○をつけましょう。

①（　　）葉が赤や黄色になって落ちた。

②（　　）大きく成長し、つぼみをつけて花をさかせた。

③（　　）えだに小さな芽をつけた。

2 ヘチマの育ち方 次の表は、気温、ヘチマのくきの長さと葉の数を調べたものです。あとの問いに答えましょう。

1つ5〔40点〕

調べたこと＼日にち	5月21日	6月2日	6月14日	6月26日
気温	18℃	20℃	23℃	26℃
くきの長さ	6cm	20cm	53cm	130cm
葉の数	7まい	11まい	20まい	31まい

(1) 次の①～③の間に、くきはそれぞれ何cmのびていますか。

① 5月21日から6月2日まで（　　　）

② 6月2日から6月14日まで（　　　）

③ 6月14日から6月26日まで（　　　）

(2) くきののび方がいちばん大きかったのは、いつごろですか。(1)の①～③から選んで、記号を書きましょう。（　　）

(3) 5月21日から6月26日にかけて、葉の数はふえていますか、へっていますか。

（　　　）

(4) 春のころとくらべて、葉の大きさは大きくなっていますか、小さくなっていますか。（　　　）

記述 (5) 上の表から、気温が上がるにつれて、くきののび方や葉の数はどうなることがわかりますか。

（　　　）

(6) 観察を続(つづ)けると、ヘチマの花がさきました。ヘチマの花は何色ですか。

（　　　）

3 ツバメの夏のようす 右の図は、夏のころのツバメのようすです。次の問いに答えましょう。

1つ5〔25点〕

(1) 右の図について、次の文の(　)にあてはまる言葉を、下の〔　〕から選んで書きましょう。

①(　　　)をはなれて電線にとまっている②(　　　)に、③(　　　)が④(　　　)をあたえている。

〔 親　木のえだ　子　巣　食べ物 〕

(2) ツバメについて書いた次の文のうち、正しいものに○をつけましょう。

①(　　)春に生まれた子は、夏のころにはもういなくなっている。
②(　　)春に生まれた子は、夏のころには大きく成長している。
③(　　)春に生まれた子は、夏になっても春のころとあまり変わっていない。

4 こん虫の夏のようす 次の図は、夏のころのこん虫のようすです。あとの問いに答えましょう。

1つ5〔25点〕

㋐

㋑
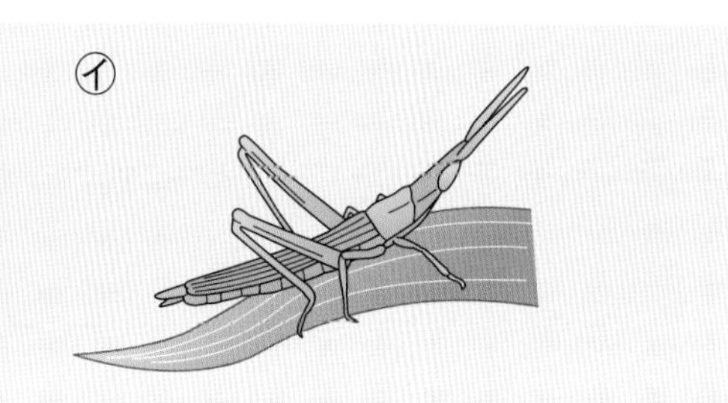

(1) ㋐、㋑のこん虫を、それぞれ何といいますか。

㋐(　　　　)
㋑(　　　　)

(2) ㋐のこん虫は何をしているところですか。次のうち、正しいものに○をつけましょう。

①(　　)木のしるをすっているところ。
②(　　)木についた小さい虫を食べているところ。
③(　　)葉を食べているところ。

(3) ㋑のこん虫のすがたを、何といいますか。次のア～エから選びましょう。

(　　)

ア　たまご　　イ　よう虫　　ウ　さなぎ　　エ　成虫

(4) 春のころにくらべて、㋑のこん虫の体の大きさは、どのようになっていますか。

(　　　　)

勉強した日　　月　　日

夏の星

きほんのワーク

もくひょう
星の特ちょうと、夏の夜空の星ざをかくにんしよう。

おわったらシールをはろう

教科書 70～75、220ページ　答え 8ページ

図を見て、あとの問いに答えましょう。

1 星の明るさと色

ベガ

① ［　　　　］ざ

② ［　　　　］

はくちょうざ

わしざ

デネブ

アルタイル

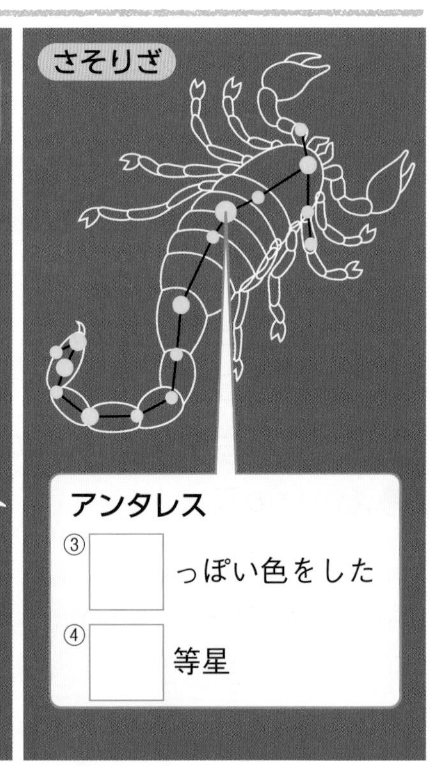

星のまとまりを、⑤［　　］という。
星は、⑥（明るい　暗い）順に1等星、2等星、3等星、…とよばれる。

(1) ベガをふくむ星のまとまりの名前を、①の［　］に書きましょう。

(2) ベガ、デネブ、アルタイルの3つの星を結(むす)んでできる三角形の名前を、②の［　］に書きましょう。

(3) アンタレスの星の色と明るさを、③、④の［　］に書きましょう。

(4) ⑤の［　］にあてはまる言葉を書きましょう。

(5) ⑥の（　）のうち、正しいほうを◯でかこみましょう。

まとめ 〔 夏の大三角　明るい 〕から選んで（　）に書きましょう。

- 星は、①（　　　　　）順に1等星、2等星、…とよばれ、色も星によってちがう。
- ベガ、アルタイル、デネブを結んでできる形を、②（　　　　　）という。

空全体で、1等星以上は21こ、2等星は67こ、3等星は約190こ、4等星は約710こあります。そうがん鏡(きょう)を使わなくても見られるのは、6等星くらいまでです。

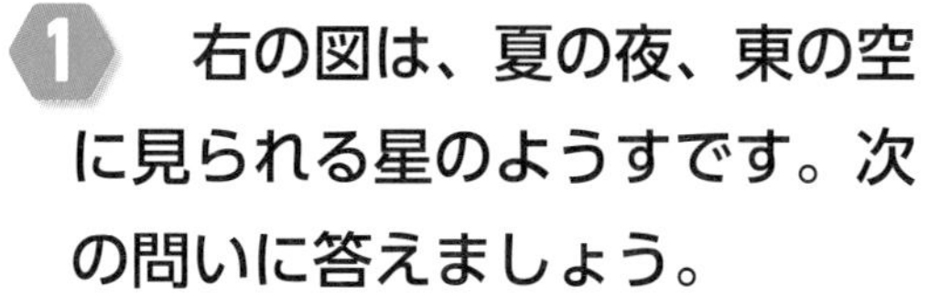

練習のワーク

教科書 70〜75、220ページ　答え 8ページ

できた数 /12問中

おわったらシールをはろう

1 **右の図は、夏の夜、東の空に見られる星のようすです。次の問いに答えましょう。**

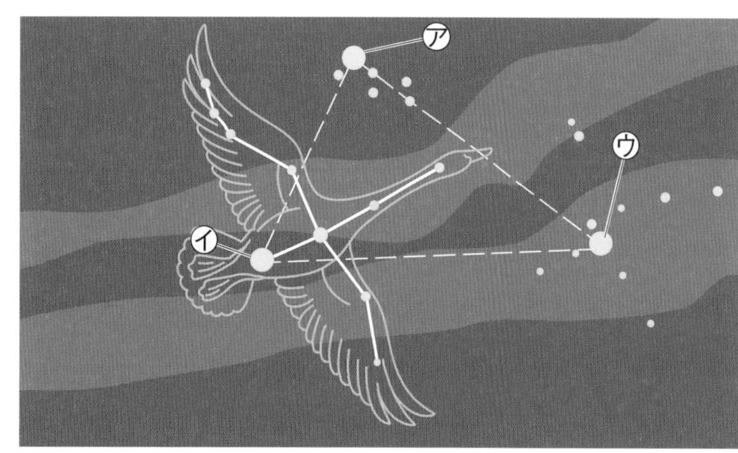

(1) ㋐〜㋒の星の名前を、下の〔 〕から選んで書きましょう。

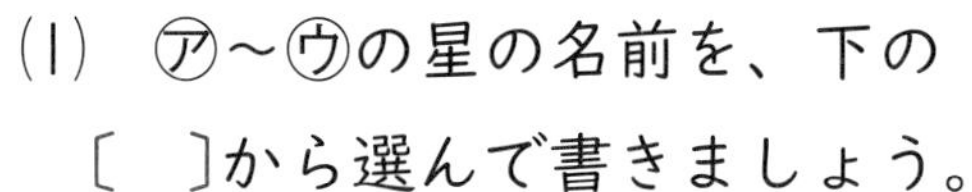

㋐( )
㋑( )
㋒( )

〔 アンタレス　アルタイル　デネブ　ベガ 〕

(2) ㋐〜㋒の3つの星は、ほぼ同じ色に見えます。どんな色ですか。次のうち、正しいものに○をつけましょう。

①( )白っぽい色　②( )黄色っぽい色　③( )赤っぽい色

(3) ㋐〜㋒の星は、何等星ですか。( )

(4) (3)の何等星という星の分け方は、星の何をもとにしていますか。次のうち、正しいものに○をつけましょう。

①( )星の色　②( )星の大きさ　③( )星の明るさ

(5) ㋐〜㋒の3つの星を結んでできる三角形を何といいますか。

( )

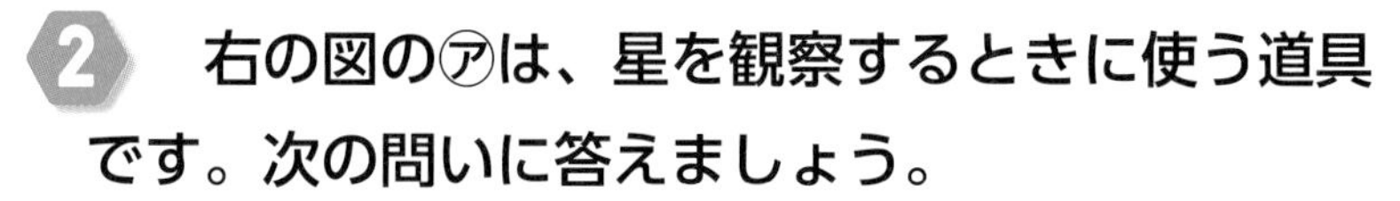

(6) ㋑の星をふくむ星(せい)ざを何といいますか。( )

2 **右の図の㋐は、星を観察するときに使う道具です。次の問いに答えましょう。**

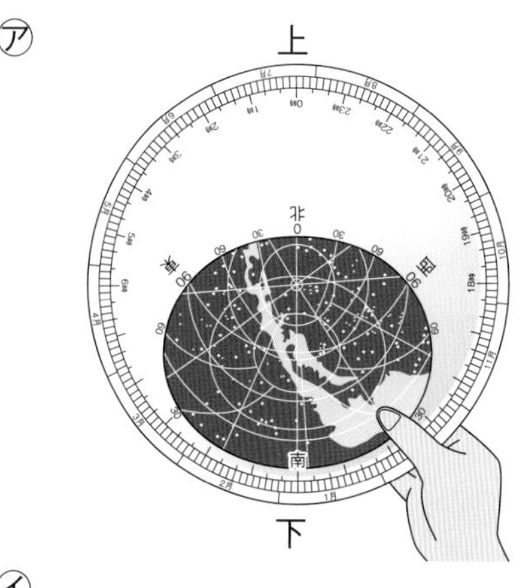

(1) ㋐の道具を何といいますか。

( )

(2) 右の図の㋑は、㋐の道具の一部です。㋑は、何月何日の19時に観察したことを表していますか。( )

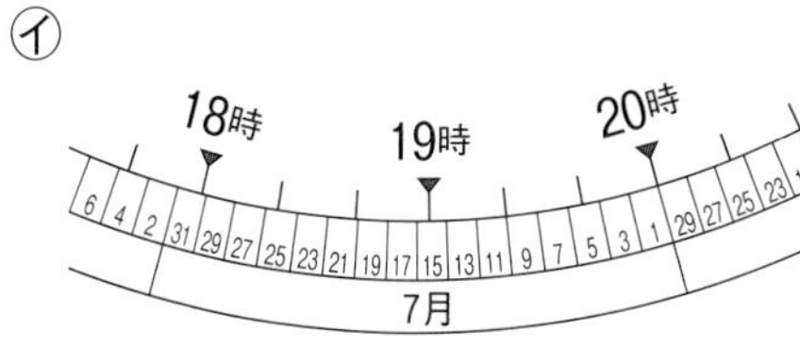

(3) ㋐のときに観察しているのは、東、西、南、北のどの方位(ほうい)ですか。( )

(4) 方位を調べる道具を何といいますか。

( )

勉強した日　月　日

まとめのテスト

夏の星

とく点　/100点

おわったらシールをはろう

時間 20分

教科書 70〜75、220ページ　答え 9ページ

よく出る

1 星ざの調べ方 右の図の㋐のような道具を使って、星ざを調べます。次の問いに答えましょう。 1つ9〔36点〕

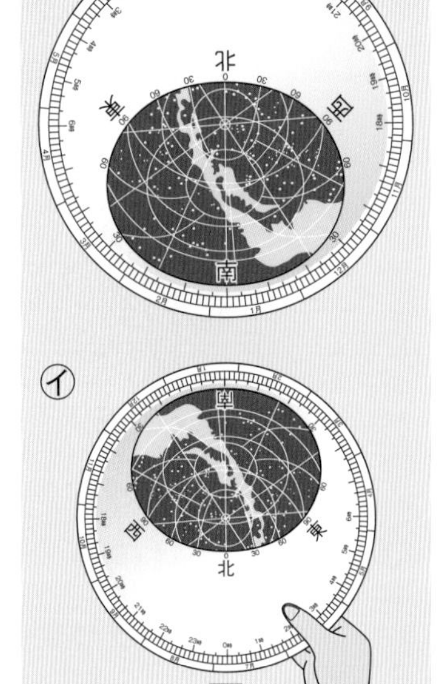

(1) ㋐の道具を何といいますか。（　　　）

(2) 星ざの観察をするとき、㋐の道具のほかに必要(ひつよう)なものは何ですか。次のうち、正しいものに○をつけましょう。

①（　）じょうぎ　②（　）虫めがね

③（　）方位じしん　④（　）下じき

(3) 下の図の㋒では、何月何日の21時(午後9時)の星ざを調べていますか。次のうち、正しいものに○をつけましょう。

①（　）9月26日

②（　）9月27日

③（　）9月29日

④（　）10月1日

⑤（　）10月15日

㋒

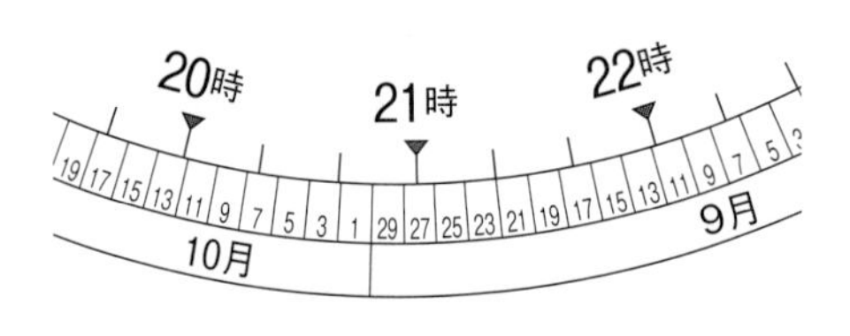

(4) ㋐の道具を㋑のように持つのは、東、西、南、北のどの方位の星ざを調べるときですか。（　　　）

2 夏の夜空 右の図は、夏の夜、南の空に見られるある星ざを表しています。次の問いに答えましょう。 1つ8〔24点〕

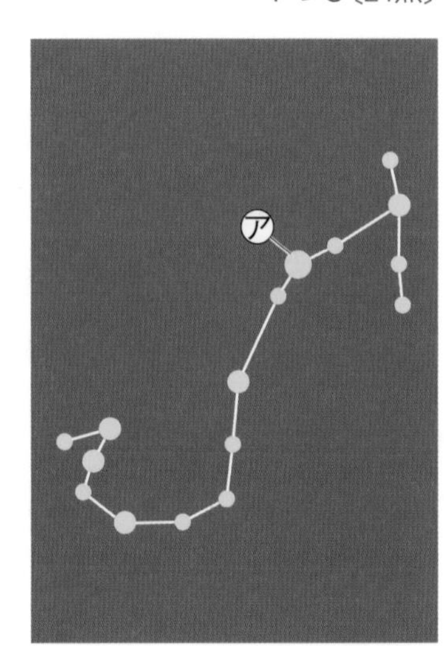

(1) この星ざを何といいますか。（　　　）

(2) ㋐の星を何といいますか。次のア〜エから選びましょう。（　　　）

ア　アルタイル　　**イ**　アンタレス

ウ　ベガ　　**エ**　デネブ

(3) 次の文のうち、㋐の星の説明として正しいものに○をつけましょう。

①（　）白っぽい色をしていて、1等星である。

②（　）赤っぽい色をしていて、1等星である。

③（　）青っぽい色をしていて、2等星である。

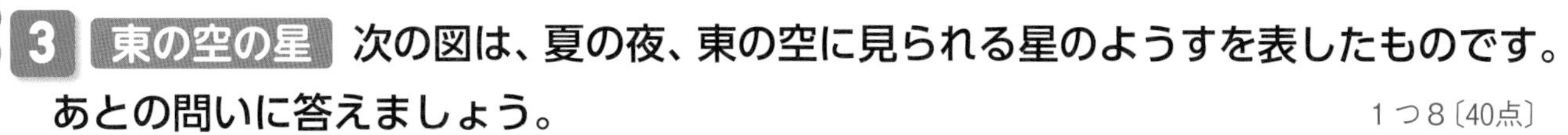

よく出る **3** **東の空の星** 次の図は、夏の夜、東の空に見られる星のようすを表したものです。あとの問いに答えましょう。 1つ8〔40点〕

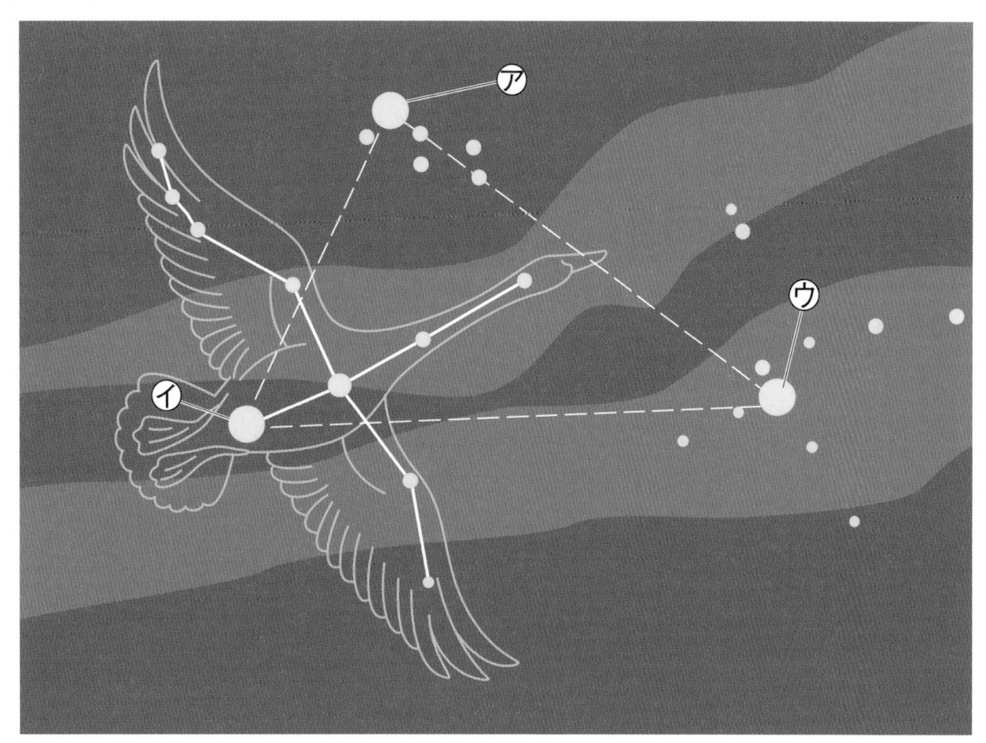

(1) ㋐～㋒の星を結んでできる三角形を何といいますか。 (　　　　　)

(2) ㋑の星をふくむはくちょうざのような、星のまとまりのことを何といいますか。
(　　　　　)

(3) 次の文のうち、㋐～㋒の説明としてまちがっているものに○をつけましょう。

①(　　　)㋐はことざのベガを表している。

②(　　　)㋑はデネブで、白っぽい色をしている。

③(　　　)㋒はわしざのアンタレスを表している。

④(　　　)㋐～㋒の星は、すべて1等星である。

(4) 右の図の道具を使って、7月11日の午後8時ごろにはくちょうざを観察します。㋓～㋖のうち、どこを下にして持てばよいですか。 (　　　　　)

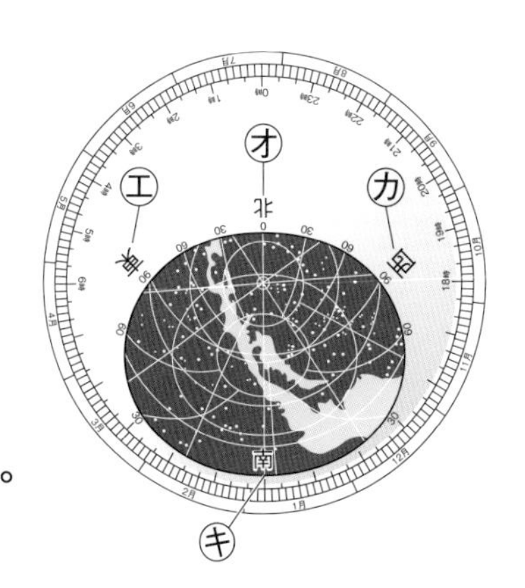

(5) はくちょうざを観察するために、右の図の道具の目もりを合わせます。目もりが7月11日の午後8時に合っているものはどれですか。次のあ～えから選びましょう。
(　　　　　)

あ

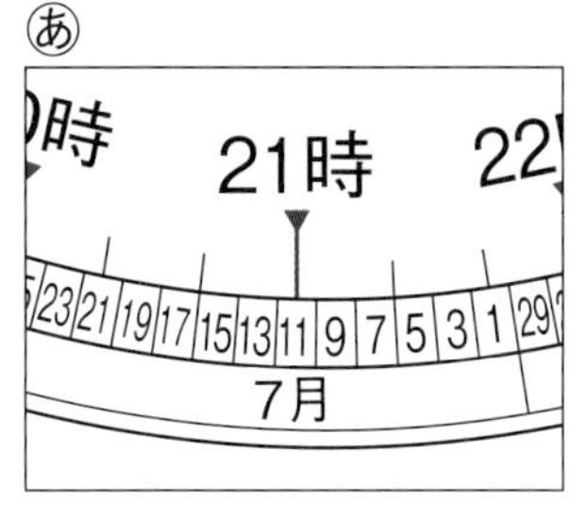

い

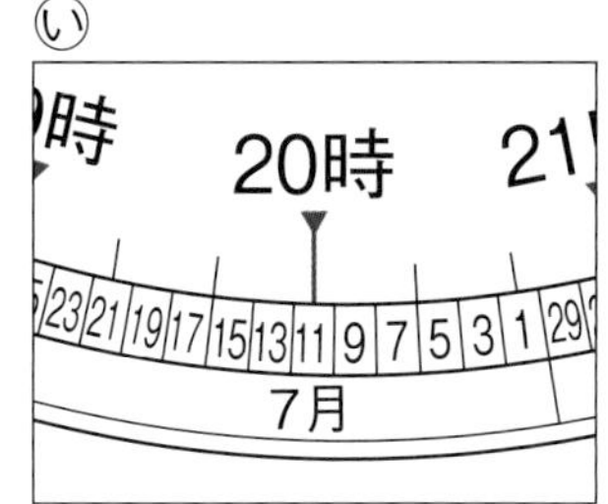

う

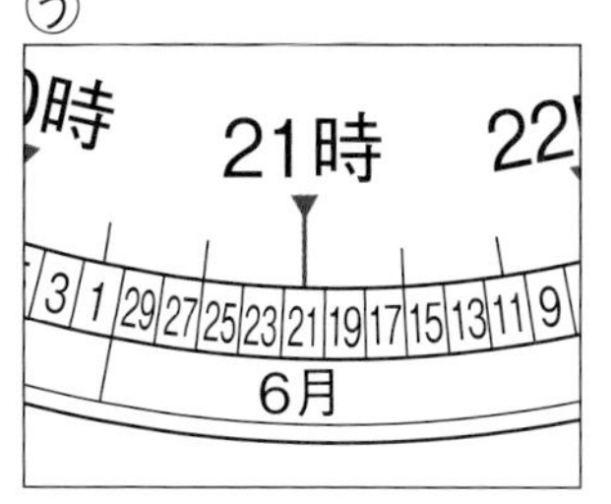

え

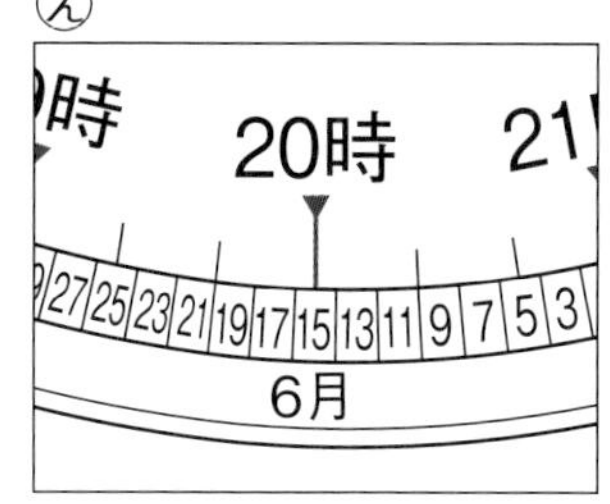

勉強した日　月　日

1　地面にしみこむ雨水
2　地面を流れる雨水

きほんのワーク

もくひょう
雨水のしみこみ方や、流れ方と地面についてかくにんしよう。

おわったらシールをはろう

教科書 78～89ページ　答え 9ページ

図を見て、あとの問いに答えましょう。

1 地面にしみこむ雨水

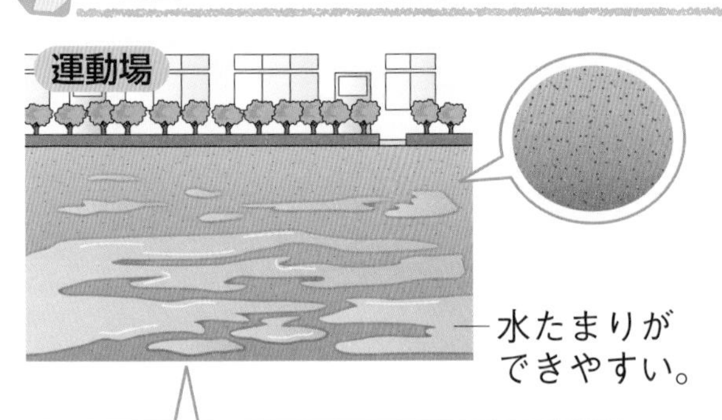

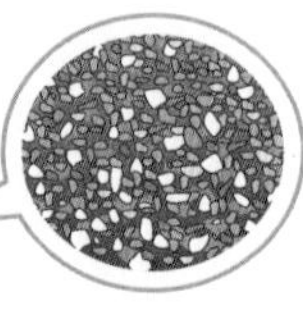

つぶが①（ 大きい　小さい ）と雨水は②（ 速く　ゆっくり ）しみこむ。

つぶが③（ 大きい　小さい ）と雨水は④（ 速く　ゆっくり ）しみこむ。

● 運動場の土とすな場のすなの、それぞれのつぶの大きさと雨水のしみこみ方について、①～④の（　）のうち、正しいほうを⬭でかこみましょう。

2 地面を流れる雨水

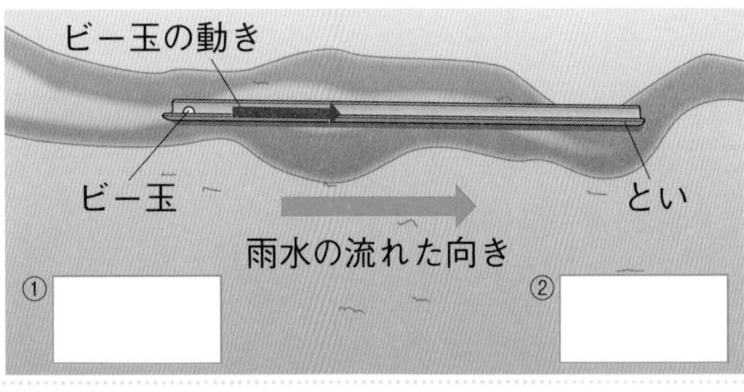

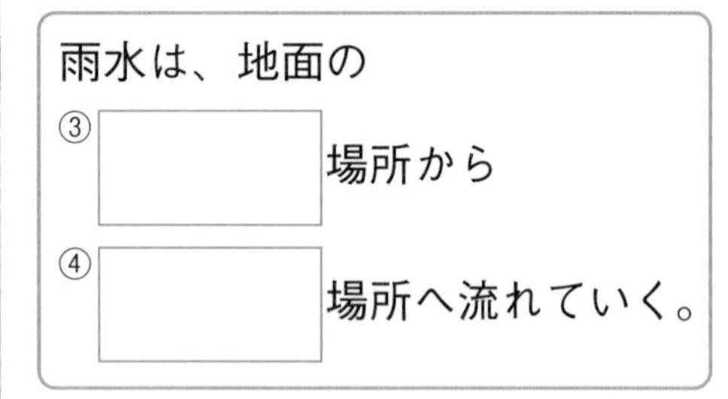

(1)　地面の高さについてあてはまる言葉を、下の〔　〕から選んで、①、②の□に書きましょう。　〔 高い　低い 〕

(2)　雨水は、地面のどのような場所からどのような場所へ流れていきますか。あてはまる言葉を、(1)の〔　〕から選んで、③、④の□に書きましょう。

まとめ　〔 低い　高い　大きい 〕から選んで（　）に書きましょう。

● 土のつぶが①（　　　）と、地面に水が速くしみこむ。

● 雨水は、地面の②（　　　）場所から③（　　　）場所へ流れていく。

土のつぶは、大きいものから順に、すな、どろ、ねん土などに分けられます。ねん土は水がしみこみにくいので、地下のねん土のそうの上などに地下水がたまります。

1 次の図のように、じゃり、すな場のすな、運動場の土を、加工したペットボトルのそうちにそれぞれ入れて、水のしみこみ方をくらべました。図は、㋐～㋒に同じ量の水を同時に注いでから30秒後のようすです。あとの問いに答えましょう。

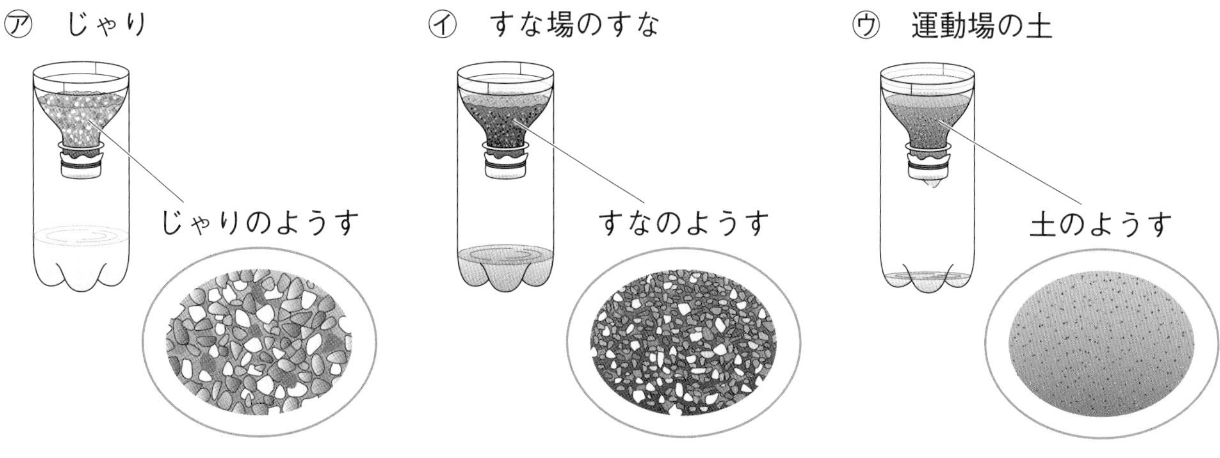

(1) それぞれのつぶのようすから、㋐～㋒をつぶの大きい順にならべましょう。

（　　→　　→　　）

(2) ㋐～㋒を、水のしみこむ速さが速い順にならべましょう。

（　　→　　→　　）

(3) (1)と(2)の結果から、どのようなことがわかりますか。正しいほうに○をつけましょう。

①（　　）つぶが大きいと、水は速くしみこむ。

②（　　）つぶが大きいと、水はゆっくりしみこむ。

2 次の図のように、地面の雨水の流れたあとにそって置いたといのまん中にビー玉を置くと、ビー玉が➡の向きに転がりました。あとの問いに答えましょう。

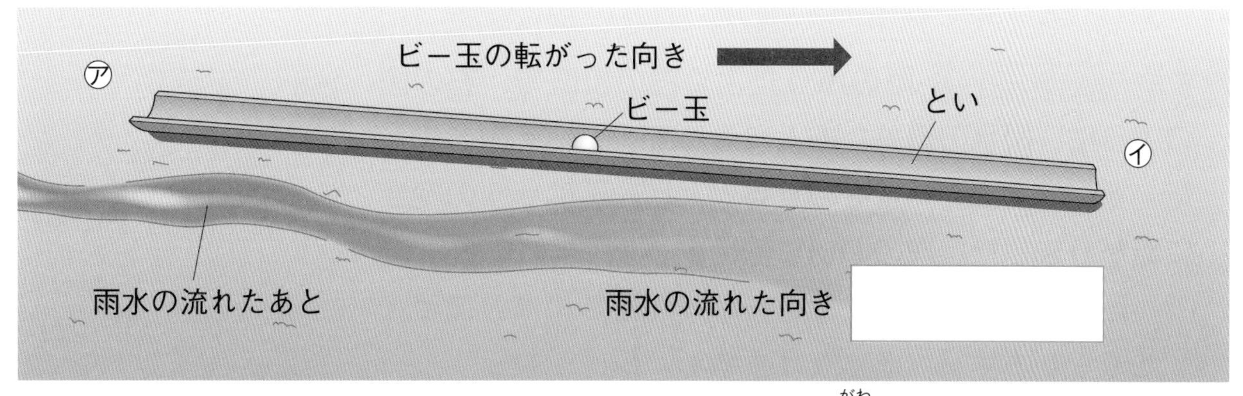

(1) 地面の高さが高くなっているのは、㋐と㋑のどちら側ですか。（　　）

(2) 雨水の流れた向きに、⟶または⟵の矢印を図の□にかきましょう。

勉強した日　月　日

まとめのテスト

5 雨水と地面

時間 20分

教科書 78～89ページ　答え 9ページ

よく出る **1 雨水のしみこみ方** すな場のすな、じゃり、運動場の土を、ペットボトルのそうちにそれぞれ入れて、水のしみこみ方をくらべました。次の図は、同じ量の水を同時に注いでから30秒後のようすです。あとの問いに答えましょう。　1つ6〔48点〕

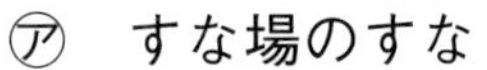

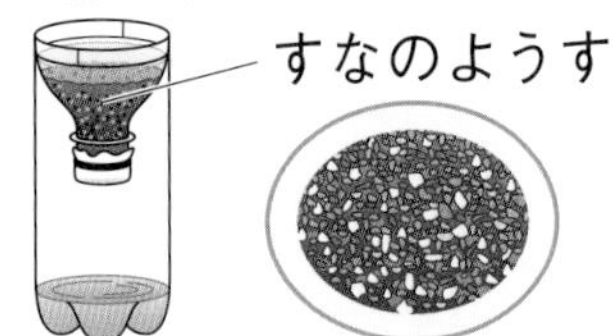

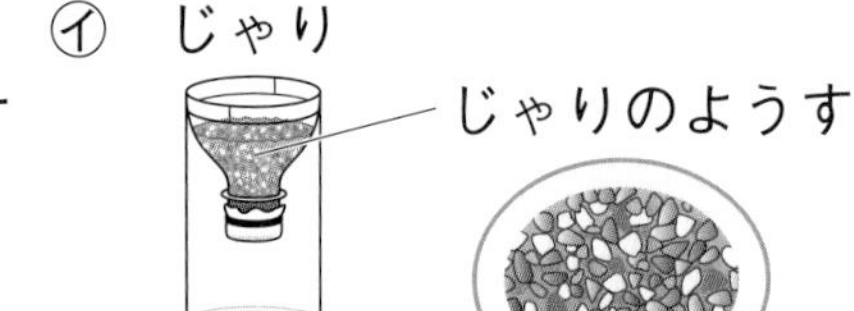

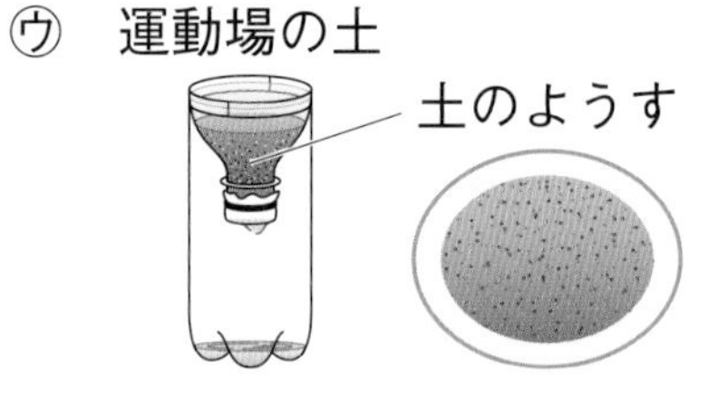

(1) ㋐～㋒のうち、つぶがいちばん大きいものと、いちばん小さいものを選びましょう。　いちばん大きいもの(　　)　いちばん小さいもの(　　)

(2) ペットボトルの底(そこ)にたまった水の量から、㋐～㋒のうち、水のしみこむ速さがいちばん速いものと、いちばんゆっくりのものを選びましょう。

いちばん速いもの(　　)　いちばんゆっくりのもの(　　)

(3) (1)と(2)から考えられることを、次のア～ウから選びましょう。(　　)

ア　つぶが大きいほど、水は速くしみこむ。

イ　つぶが小さいほど、水は速くしみこむ。

ウ　水のしみこむ速さは、つぶの大きさには関係しない。

(4) (3)のつぶの大きさと水のしみこみやすさの関係から、水たまりのできやすさについて考えます。次の文の(　)のうち、正しいほうを◯でかこみましょう。

> 運動場の土は、すな場のすなとくらべると、つぶが①(大きい　小さい)ため、水がしみこみ②(やすい　にくい)。そのため、運動場には、すな場よりも水たまりができ③(やすい　にくい)。

2 雨水の流れ方 雨のふったよく日の校庭で、右の図のように、雨水の流れたあとにそって、といを置きました。といの上にビー玉をのせると、ビー玉は ➡ の向きに転がりました。次の問いに答えましょう。　1つ6〔12点〕

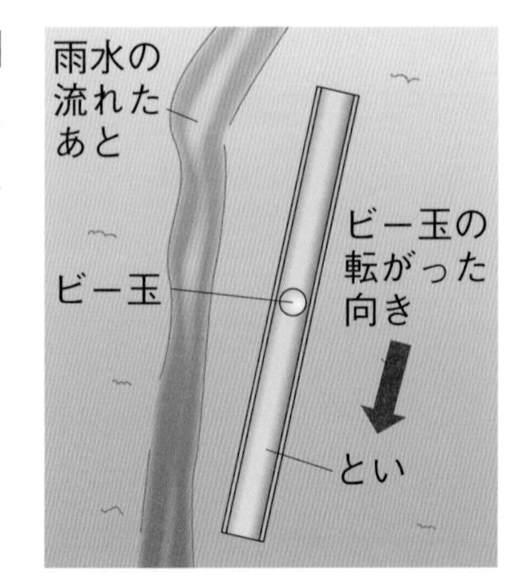

(1) 地面の高さは、ビー玉が転がった向きに進むほど、高くなりますか、低くなりますか。(　　)

(2) 雨水の流れた向きは、ビー玉の転がった向きと同じですか、反対ですか。(　　)

3 水たまり 右の図のように、雨がふった後の校庭で、水たまりの近くに、ビー玉をのせたといを置きました。次の問いに答えましょう。

1つ5〔20点〕

水たまり　㋐　㋑

(1) ビー玉は、㋐、㋑のどちらの向きに転がると考えられますか。　(　　　)

(2) (1)のように考えられる理由について、次の文の①～③の(　)のうち、正しいほうを◯でかこみましょう。

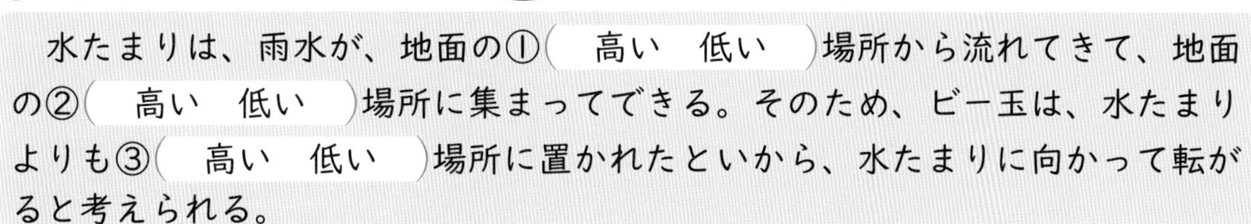

水たまりは、雨水が、地面の①(高い　低い)場所から流れてきて、地面の②(高い　低い)場所に集まってできる。そのため、ビー玉は、水たまりよりも③(高い　低い)場所に置かれたといから、水たまりに向かって転がると考えられる。

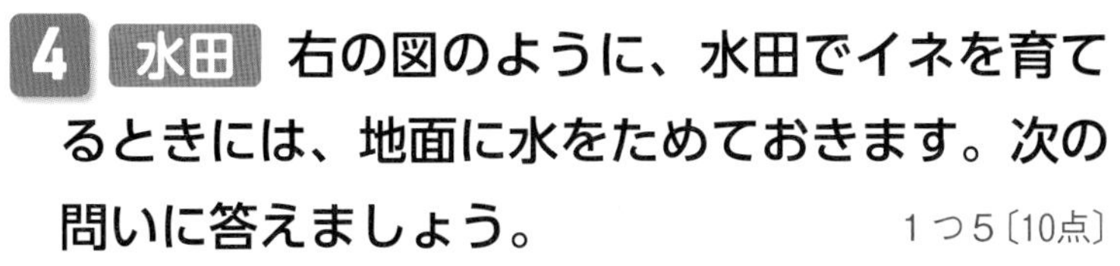

4 水田 右の図のように、水田でイネを育てるときには、地面に水をためておきます。次の問いに答えましょう。

1つ5〔10点〕

(1) 地面に水をためておくときには、どのような土を使うとよいですか。次のア、イから選びましょう。　(　　　)

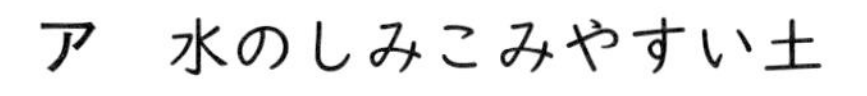

ア　水のしみこみやすい土

イ　水のしみこみにくい土

(2) (1)で選んだ土は、選ばなかったほうの土にくらべて、つぶが大きいですか、小さいですか。　(　　　)

SDGs 5 雨水のゆくえ 右の図は、校庭にふった雨水のゆくえのようすです。次の問いに答えましょう。

1つ5〔10点〕

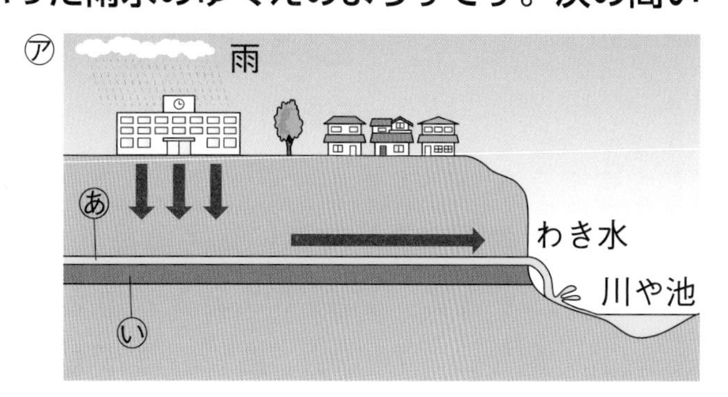

(1) ㋐のように、校庭にしみこんだ雨水が、地下水となって㋐のように流れていくとき、㋑は雨水がしみこみやすいところ、しみこみにくいところのどちらですか。

(　　　)

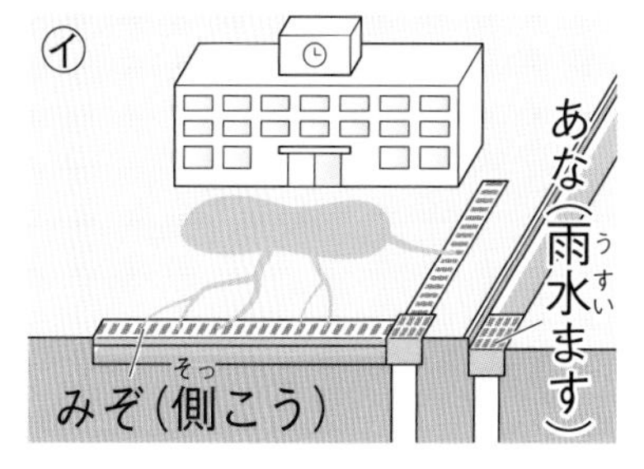

(2) ㋑のように、校庭を流れた雨水は、学校の周りにあるみぞやあななどに集まります。これらのみぞやあなは、雨が流れ始めた場所よりも高い場所、低い場所のどちらにありますか。　(　　　)

勉強した日　月　日

月の位置の変化

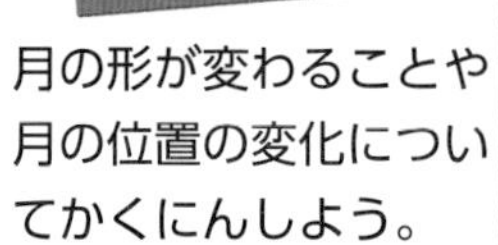

月の形が変わることや月の位置の変化についてかくにんしよう。

おわったらシールをはろう

きほんのワーク

教科書 90～103ページ　答え 10ページ

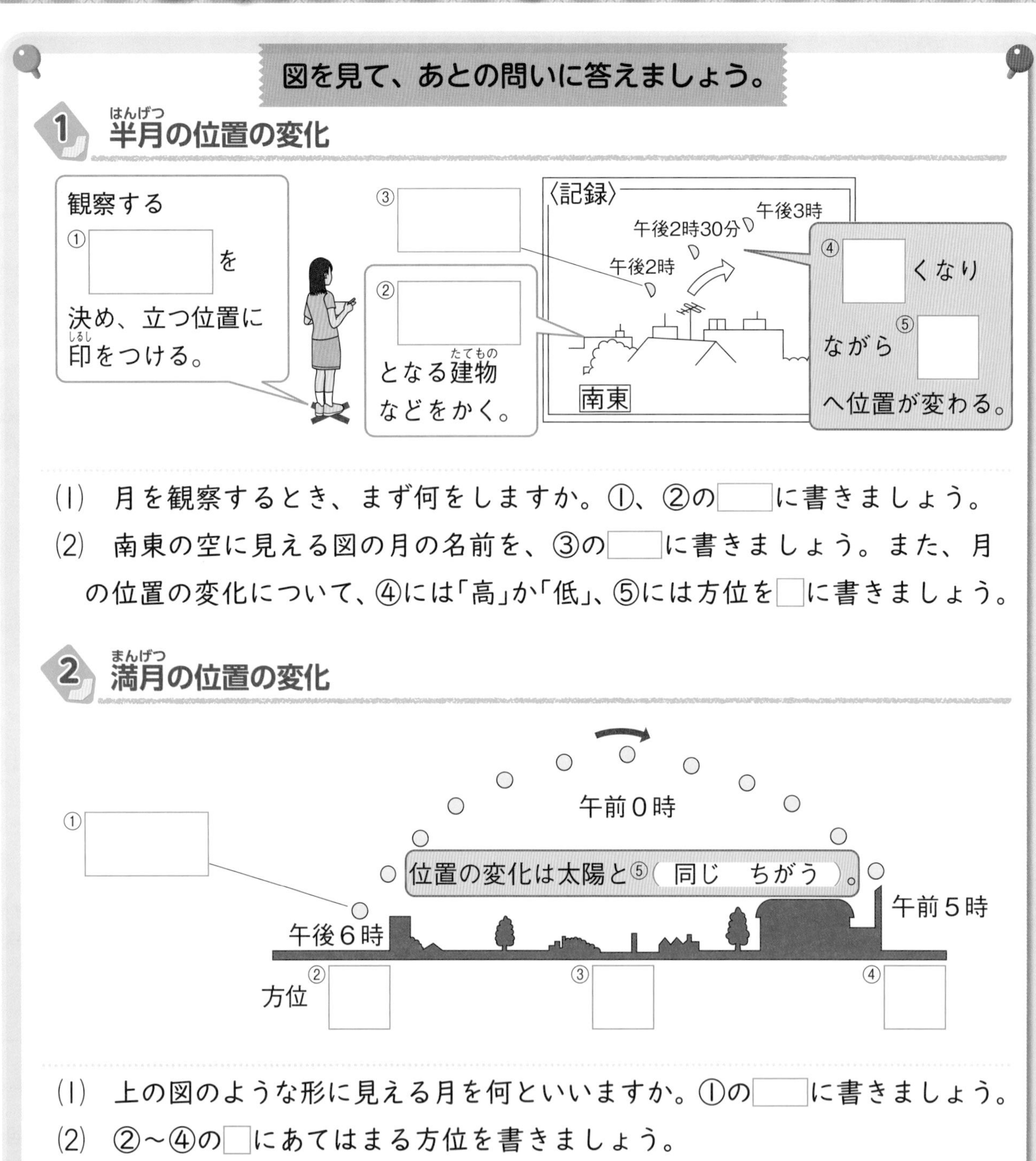

(1) 月を観察するとき、まず何をしますか。①、②の□に書きましょう。

(2) 南東の空に見える図の月の名前を、③の□に書きましょう。また、月の位置の変化について、④には「高」か「低」、⑤には方位を□に書きましょう。

(1) 上の図のような形に見える月を何といいますか。①の□に書きましょう。

(2) ②～④の□にあてはまる方位を書きましょう。

(3) ⑤の（　）のうち、正しいほうを⬭でかこみましょう。

まとめ　〔 太陽　形 〕から選んで（　）に書きましょう。

- 月の①（　　　　）は、日によって変わって見える。
- 月は、②（　　　　）と同じように、東のほうからのぼって南を通り、西のほうへしずむ。

月は、うちゅうの中で地球からいちばん近い天体で、地球からのきょりは約38万4400kmです。月まで毎日30kmずつ歩くとすると、35年以上かかることになります。

1 右の図の㋐は、９月５日の午後、南東の方向に見えた月の位置を、午後２時から１時間おきにスケッチしたものです。次の問いに答えましょう。

⑴ 午後２時の月の位置は、㋐のあ～うのどれですか。（　　　）

⑵ 次の文のうち、㋐の月の位置の変化として、正しいものに○をつけましょう。

①（　　　）低くなりながら、東のほうへ位置が変わっていく。

②（　　　）高くなりながら、南のほうへ位置が変わっていく。

③（　　　）低くなりながら、西のほうへ位置が変わっていく。

㋐

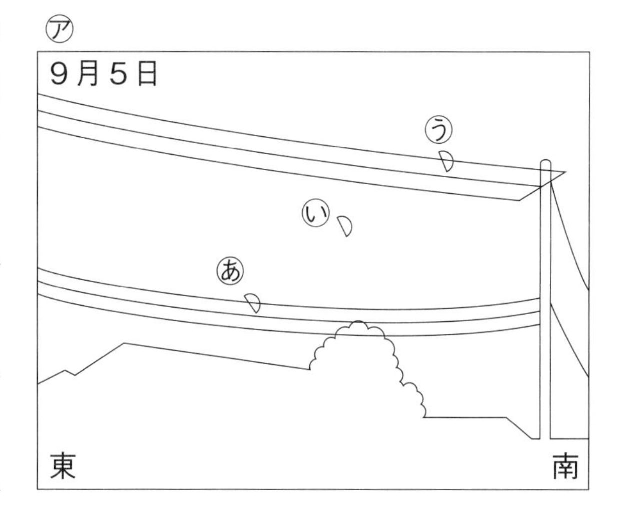

⑶ ㋐を観察した７日後には、右の図の㋑のような月が見えました。㋑のような形に見える月を何といいますか。

（　　　）

㋑

⑷ 右の図の㋒は、㋑の月の位置を、午後6時30分から１時間おきにスケッチしたものです。えの月が見えたのは、どの方位ですか。東、西、南、北で答えましょう。（　　　）

⑸ ㋒で、午後８時30分に見える月は、え～かのどれですか。（　　　）

⑹ 次の文のうち、月と太陽の位置の変化として、正しいものに○をつけましょう。

①（　　　）月の位置は、太陽と同じように変化する。

②（　　　）月の位置は、太陽と反対の向きに変化する。

③（　　　）月の位置の変化は、特に決まっていない。

㋒

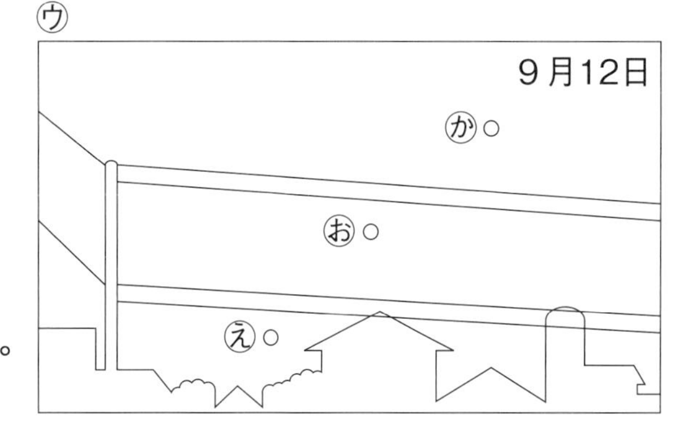

半月と満月で、月の位置の変化はちがうのかな。

勉強した日　　月　　日

6　月の位置の変化

時間 20分

教科書 90 ～ 103ページ　答え 10ページ

よく出る **1** **月の位置の変化** 右の図は、夕方から夜にかけて南の空に見えた月の動きを観察して記録したカードです。次の問いに答えましょう。　1つ5〔45点〕

月の位置の変化　　9月4日

あ　午後6時　い　う　午後8時

ア ← 南 → イ

⑴　図のような形の月を何といいますか。

（　　　　）

⑵　図のア、イはそれぞれ、東、西、南、北のうち、どの方位ですか。

ア（　　　　）　イ（　　　　）

⑶　図より、この月は、この日の午後6時から午後8時にかけて、どのように位置が変化したといえますか。次の文のうち、正しいものに○をつけましょう。

①（　　　）東の高いほうへ位置が変化した。
②（　　　）東の低いほうへ位置が変化した。
③（　　　）西の高いほうへ位置が変化した。
④（　　　）西の低いほうへ位置が変化した。

⑷　この月は、この日の午後4時には、図のあ～うのどの方向に見えたと考えられますか。　（　　　）

⑸　この月は、午後8時の見え方とくらべて、午後10時にはどのように見えると考えられますか。下のア～ウのうち、正しいものに○をつけましょう。

午後8時　　ア（　　　）　イ（　　　）　ウ（　　　）

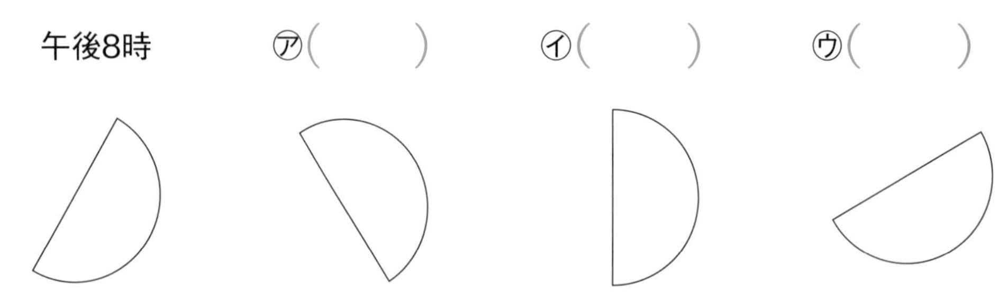

⑹　次の文の（　）にあてはまる方位を、東、西、南、北で書きましょう。

月は、太陽と同じように、①（　　　　）のほうからのぼって、南の空を通り、②（　　　　）のほうへしずむ。

記述 ⑺　月を観察するとき、記録用紙には方位や高さのほか、建物などもかき入れます。その理由を書きましょう。

（　　　　　　　　　　　　　　　　　　　　）

2 月の位置の変化 **月の位置の変化について、次の問いに答えましょう。** 1つ5〔20点〕

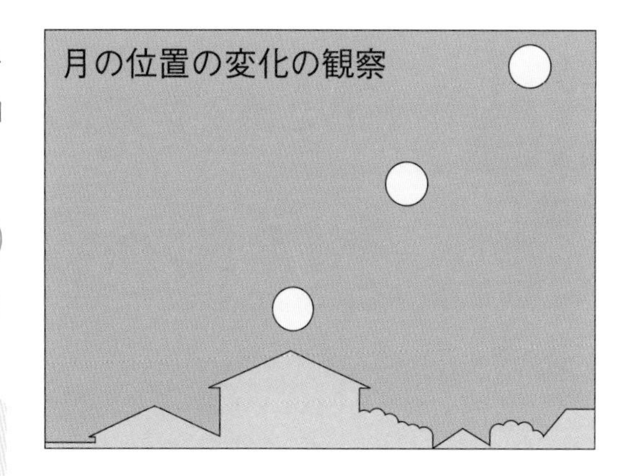

(1) 右の図のような形の月を何といいますか。

（　　　　　）

(2) 次の文の（　）にあてはまる言葉を書きましょう。

この月は、①（　　　　）のほうからのぼり、南を通って、②（　　　　）のほうへしずむ。位置の変化は、半月と③（　　　　）である。

3 月の位置の変化 **右の図は、ある日の午前9時ごろ、南西の空に見えた月のようすを記録したものです。次の問いに答えましょう。** 1つ5〔15点〕

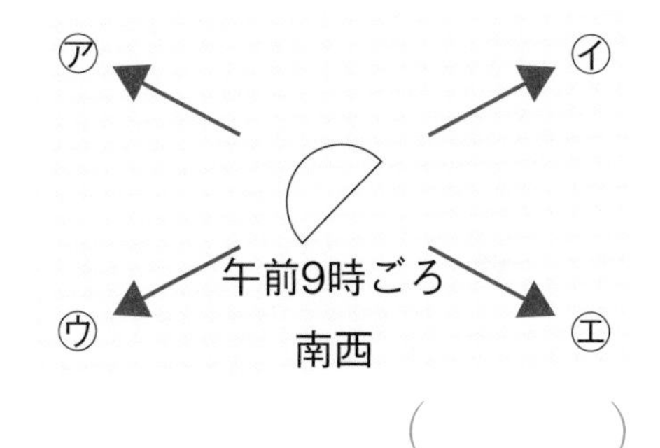

(1) この月は、この日の午前6時ごろには、南の空の上のほうに見えました。㋐、㋑のどちらの方向に見えましたか。

（　　　　）

(2) この月は、この日の午前10時ごろには、㋐～㋓のどの方向に見えると考えられますか。午前6時ごろと午前9時ごろの位置から考えましょう。（　　　　）

(3) この月は、この日の午前6時ごろには、㋭のように見えました。この日の正午ごろには、どのように見えると考えられますか。㋭～㋓から選びましょう。（　　　　）

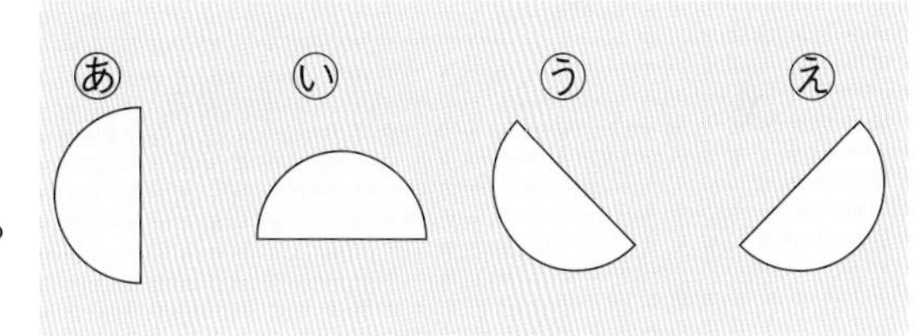

4 月の位置の調べ方 **次の文のうち、正しいものには○、まちがっているものには×をつけましょう。** 1つ5〔20点〕

①（　　　）月の方位を調べるときは、方位じしんを水平にして持ち、指先を北極星（ほっきょくせい）の方向に向ける。

②（　　　）月の方位を調べるときは、方位じしんの文字ばんを回して、色をぬってあるほうのはりと、文字ばんの北を合わせる。

③（　　　）月の高さを調べるときは、むねの高さをきじゅんとして、のばしたうでの先のにぎりこぶしが月の高さまでいくつ分あるかで、角度を調べる。

④（　　　）月の高さを調べるときは、目の高さをきじゅんとして、のばしたうでの先のにぎりこぶしが月の高さまでいくつ分あるかで、角度を調べる。

勉強した日 月 日

とじこめた空気や水①

もくひょう

とじこめた空気と水はおしちぢめることができるかたしかめよう。

おわったらシールをはろう

きほんのワーク

教科書 104～109ページ　答え 11ページ

図を見て、あとの問いに答えましょう。

1 とじこめた空気と水の体積(たいせき)

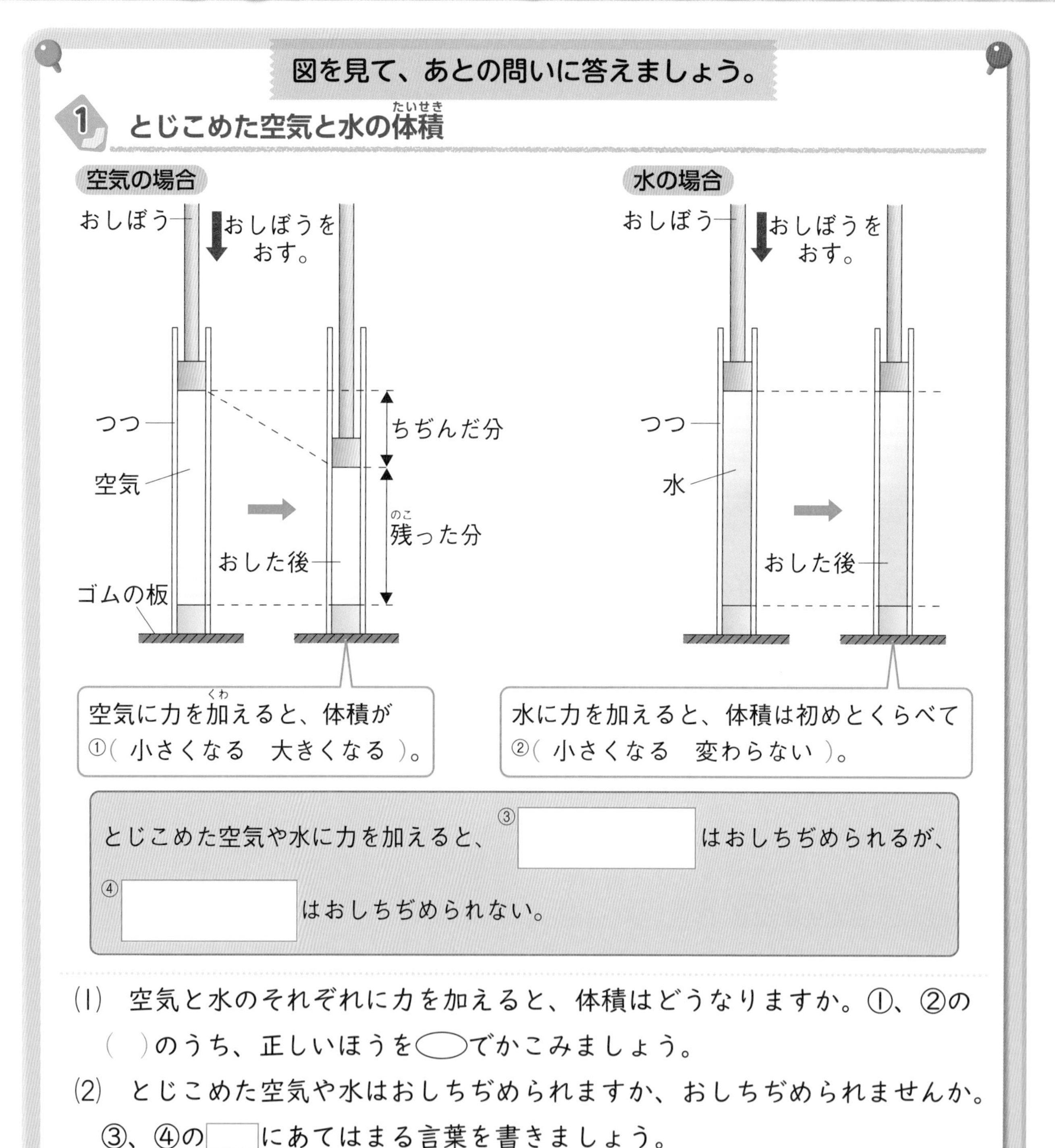

空気に力を加(くわ)えると、体積が①(小さくなる　大きくなる)。

水に力を加えると、体積は初めとくらべて②(小さくなる　変わらない)。

とじこめた空気や水に力を加えると、③［　　　］はおしちぢめられるが、④［　　　］はおしちぢめられない。

(1) 空気と水のそれぞれに力を加えると、体積はどうなりますか。①、②の( )のうち、正しいほうを◯でかこみましょう。

(2) とじこめた空気や水はおしちぢめられますか、おしちぢめられませんか。③、④の［　］にあてはまる言葉を書きましょう。

まとめ 〔 水　空気 〕から選んで( )に書きましょう。

- とじこめた①(　　　　)に力を加えると、おしちぢめられる。
- とじこめた②(　　　　)に力を加えても、おしちぢめられない。

うきわには、空気がとじこめられています。たくさんの空気をとじこめるほど、内側からうきわをおす力が大きくなり、うきわがかたく感じられます。

1 ㋐のちゅうしゃ器には空気、㋑、㋒のちゅうしゃ器には空気か水のどちらかが入っています。㋐～㋒のピストンを、25の目もりに合わせた後、㋑、㋒のピストンを同じ力でおしたところ、図のような結果になりました。次の問いに答えましょう。

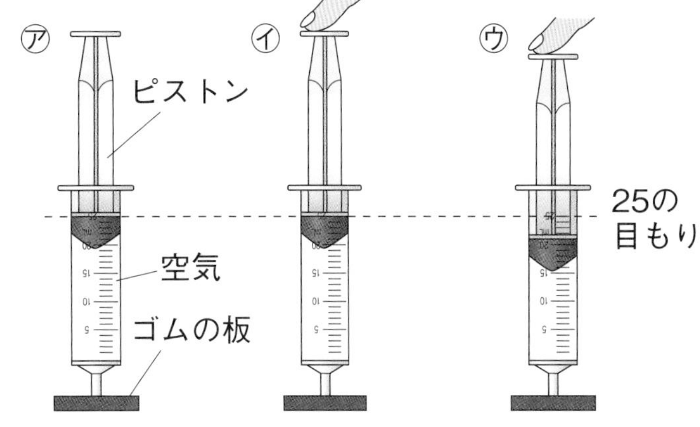

(1) ㋑、㋒のちゅうしゃ器には、それぞれ、空気、水のどちらが入っていますか。

㋑(　　　　)
㋒(　　　　)

(2) ㋒のちゅうしゃ器のピストンの目もりは、どのようになっていますか。正しいものに○をつけましょう。

①(　　)25より大きくなっている。
②(　　)25のままになっている。
③(　　)25より小さくなっている。

(3) 次の文のうち、図の結果から、とじこめた空気や水のせいしつとして正しいものには○、まちがっているものには×をつけましょう。

①(　　)とじこめた水は、おしちぢめると重さが変わる。
②(　　)とじこめた空気は、おしちぢめると重さが変わる。
③(　　)とじこめた水は、力を加えると体積が変わる。
④(　　)とじこめた空気は、力を加えると体積が変わる。
⑤(　　)とじこめた水は、力を加えても体積は変わらない。
⑥(　　)とじこめた空気は、力を加えても体積は変わらない。

空気のときと水のときのちがいを思い出そう！

2 右の図は、つつの中にある前玉を、おしぼうをおすことで飛ばすてっぽうのおもちゃです。前玉をいきおいよく飛ばすには、つつの中に何を入れるとよいですか。次のうち、正しいほうに○をつけましょう。

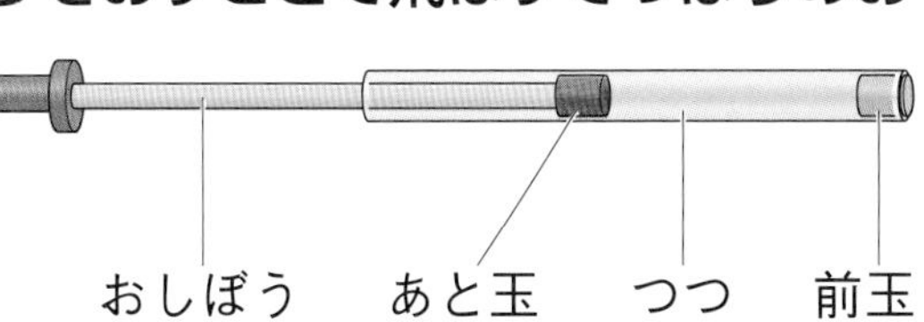

①(　　)水　②(　　)空気

勉強した日　月　日

とじこめた空気や水②

もくひょう
とじこめた空気をおしたときの体積や手ごたえをかくにんしよう。

おわったらシールをはろう

きほんのワーク

教科書 110～115ページ　答え 11ページ

図を見て、あとの問いに答えましょう。

1 空気でっぽう

・おしぼうをおすと、
空気の体積は
① □ なる。

・おし返す力（手ごたえ）が大きい順

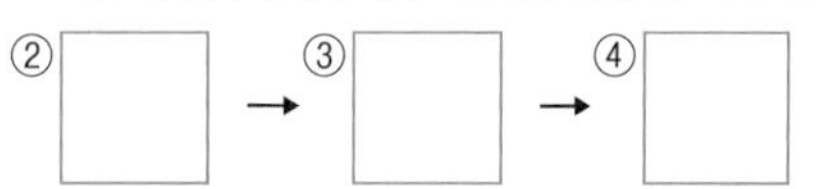

② □ → ③ □ → ④ □

・空気が元にもどろうとする力がいちばん大きいものは

⑤ □ 。

㋐おし始め　あと玉　空気　前玉　おしぼう

㋑とちゅうまでおしたとき

㋒前玉が飛ぶとき

おしちぢめられた空気の⑥ □ 力を利用して前玉を飛ばす。
空気をおしちぢめるほど、⑥の力は⑦（ 大きく　小さく ）なる。

(1) おしぼうをおしたときの空気の体積の変化を、①の□に書きましょう。

(2) ㋐～㋒を、おしぼうをおしたときの、おし返す力（手ごたえ）が大きい順にならべ、②～④の□に書きましょう。

(3) 空気が元にもどろうとする力がいちばん大きいものを、㋐～㋒から選んで、⑤の□に書きましょう。

(4) 前玉を飛ばすときにはたらく力を、⑥の□に書きましょう。

(5) 空気をおしちぢめたとき、⑥の力の大きさはどうなりますか。⑦の（　）のうち、正しいほうを◯でかこみましょう。

まとめ 〔 大きく　小さく 〕から選んで（　）に書きましょう。

●空気をおしちぢめると、体積は①（　　　　）なる。

●空気をおしちぢめるほど、空気が元にもどろうとする力は②（　　　　）なる。

わくわくたんてい団　自転車のタイヤにはおしちぢめられた空気が入っていますが、タイヤに入れた空気が出てくることがないのは、空気のぎゃく流をふせぐバルブという部品がついているためです。

1 ちゅうしゃ器を使って、空気に力を加えたときのようすを調べました。次の問いに答えましょう。

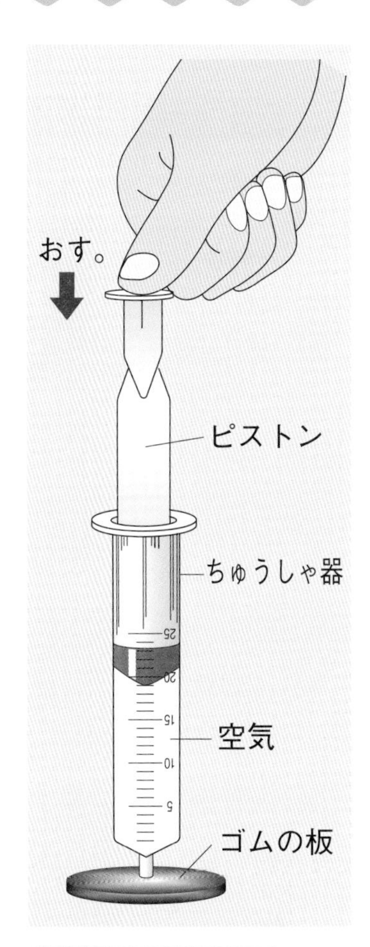

(1) ピストンをおしていくと、おし返す力(手ごたえ)はどのようになりますか。次のうち、正しいものに○をつけましょう。

①(　　　)だんだん大きくなる。
②(　　　)だんだん小さくなる。
③(　　　)変わらない。

(2) ピストンをおしたとき、何の体積が小さくなっていますか。(　　　　　)

(3) 次のうち、おすのをやめたときのピストンのようすとして、正しいものに○をつけましょう。

①(　　　)そのままになる。
②(　　　)元の位置までもどる。
③(　　　)とちゅうまでもどるが、元の位置にはもどらない。

(4) ピストンをおすほど、どのような力が大きくなりますか。次のうち、正しいほうに○をつけましょう。

①(　　　)空気のおしちぢめられようとする力
②(　　　)空気の元にもどろうとする力

2 空気でっぽうで、おしぼうをおすときのようすを図にしました。おしぼうをおす前とおした後でちがっていることを、次のうちから２つ選んで、○をつけましょう。

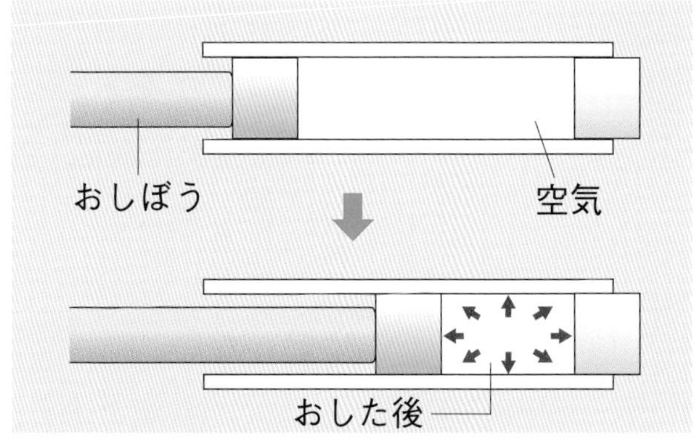

①(　　　)空気の体積
②(　　　)空気でっぽうの重さ
③(　　　)空気の元にもどろうとする力
④(　　　)空気の重さ

まとめのテスト

7　とじこめた空気や水

教科書 104～115ページ　答え 12ページ

1 **空気でっぽうのしくみ** 空気でっぽうのおしぼうをおすと、つつの中の空気の体積が小さくなりました。あとの問いに答えましょう。 1つ6〔42点〕

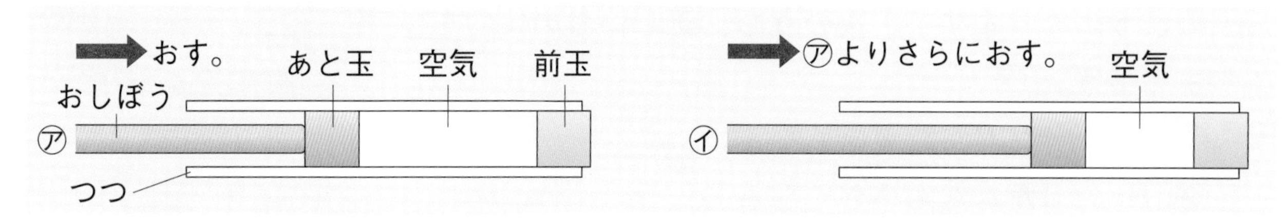

(1)　おしぼうをおしたときの手ごたえが大きいのは、㋐と㋑のどちらですか。

（　　　）

(2)　おしちぢめられた空気の、前玉をおす力が大きいのは、㋐と㋑のどちらですか。

（　　　）

(3)　空気でっぽうは、おしちぢめられた空気のどのような力で、前玉を飛ばしますか。

（　　　　　　　　　　　　）

(4)　前玉が飛び出すとき、あと玉はどのようになっていますか。次のうち、正しいものに○をつけましょう。

①（　　　）おしぼうからはなれて、つつの先まで動く。
②（　　　）おしぼうが止まったところにある。
③（　　　）おしぼうからゆっくりはなれる。

(5)　前玉をいきおいよく飛ばすには、前玉とあと玉をどのようにつつにつめればよいですか。次のうち、正しいものに○をつけましょう。

①（　　　）玉とつつの間の空気がとじこめられるように、きつくつめる。
②（　　　）玉とつつの間の空気がとじこめられないように、ゆるくつめる。
③（　　　）前玉の飛び方は、玉のつつへのつめ方には関係しない。

(6)　空気でっぽうのつつに水を入れ、おしぼうをおすと、前玉はどのようになりますか。次のうち、正しいものに○をつけましょう。

①（　　　）いきおいよく飛ぶ。
②（　　　）あまり飛ばない。
③（　　　）前玉は動かない。

記述　(7)　(6)のようになるのは、空気と水に力を加えたときにどのようなちがいがあるからですか。

（　　　　　　　　　　　　　　　　　　）

よく出る

2 とじこめた空気や水 右の図のように、2つの同じちゅうしゃ器に、同じ体積の空気と水を入れ、ピストンを指でおしました。次の問いに答えましょう。

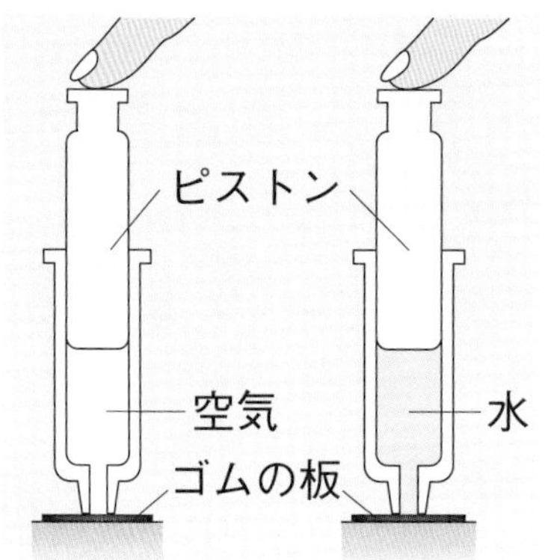

1つ6〔42点〕

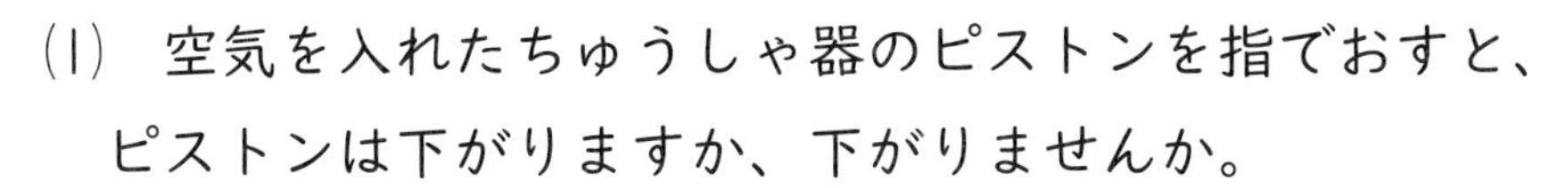

(1) 空気を入れたちゅうしゃ器のピストンを指でおすと、ピストンは下がりますか、下がりませんか。
( )

(2) 空気に力を加えると、空気はおしちぢめられますか。( )

(3) 水を入れたちゅうしゃ器のピストンを指でおすと、ピストンは下がりますか、下がりませんか。
( )

(4) 水に力を加えると、水はおしちぢめられますか。( )

(5) 指をはなすとピストンが上がるのは、空気と水のどちらを入れたちゅうしゃ器ですか。
( )

(6) (5)で、ピストンが上がるのは、どのような力がピストンに加わるからですか。次の文の( )にあてはまる言葉を、下の〔 〕から選んで書きましょう。

①( )が、②( )とする力。

〔 水　空気　ちぢまろう　元の体積にもどろう 〕

チャレンジ

3 とじこめた空気と水 次の図のように、ちゅうしゃ器に同じ体積の空気と水をいっしょに入れました。あとの問いに答えましょう。

1つ4〔16点〕

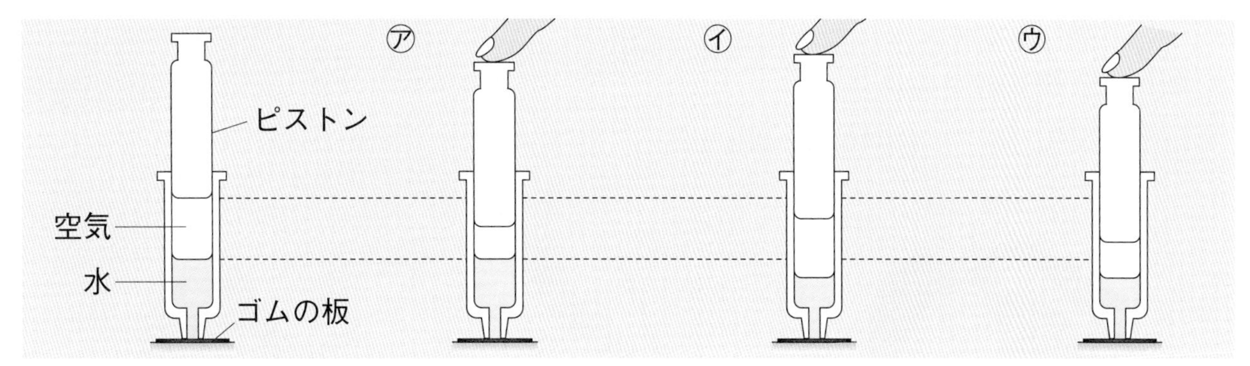

(1) ピストンをおしたときのようすとして正しいものは、㋐～㋒のどれですか。
( )

述 (2) (1)のようになるのはなぜですか。
( )

(3) (1)で、指をピストンからはなすと、ピストンはどのようになりますか。
( )

述 (4) (3)のようになるのはなぜですか。
( )

勉強した日　月　日

秋と生き物①

もくひょう

植物の夏から秋までの成長と変化のようすをかくにんしよう。

おわったらシールをはろう

きほんのワーク

教科書 116〜121、126、127ページ　答え 13ページ

図を見て、あとの問いに答えましょう。

1 秋のヘチマの観察

(1) 気温について、①の（　）のうち、正しいほうを◯でかこみましょう。

(2) ヘチマのようすについて、②の（　）のうち、正しいほうを◯でかこみ、③の□にあてはまる言葉を書きましょう。

2 秋の植物のようす

①□　②□　③□

● 植物の名前を、下の〔　〕から選んで、①〜③の□に書きましょう。

〔 イヌタデ　ツルレイシ　サクラ 〕

まとめ 〔 下がる　大きくなる 〕から選んで（　）に書きましょう。

● 秋になると、夏のころより気温が①（　　　）。

● ヘチマは、夏から秋にかけて、くきはのびず、実が②（　　　）。

じゅくしたヘチマの実はたわしになりますが、じゅくす前の実は食用にもなります。皮をむいて火を通すとあまいしるが出てくるので、にものなどさまざまな料理（りょうり）に使われます。

勉強した日　　月　　日

できた数　　／9問中

おわったらシールをはろう

1 秋のころのサクラのようすについて調べました。次の問いに答えましょう。

(1) 秋のころの、サクラの葉はどうなっていますか。
次のア、イから選びましょう。（　　　）
ア　夏のころよりも、大きくなっている。
イ　葉が黄色っぽく色づいている。

(2) (1)の葉は、秋が深まると、かれて、どうなりますか。
（　　　）

㋐

サクラ

(3) 秋になって、(1)や(2)のように、サクラの葉のようすが変わってきたのはなぜですか。次のア、イから選びましょう。（　　　）
ア　虫が多くなってきたから。
イ　気温が下がってきたから。

植物には、気温が下がると葉の色が変わるものと、気温が下がっても、色が変わらないものがあるよ。

(4) 秋のころのサクラのえだに見られる㋐は何ですか。
（　　　）

2 右の写真は、秋のころのヘチマのようすです。次の問いに答えましょう。

(1) 夏のころにくらべて、くきののび方はどうなりましたか。ア、イから選びましょう。（　　　）
ア　よくのびるようになった。
イ　あまりのびなくなった。

(2) 夏のころにくらべて、実の大きさはどうなっていますか。（　　　）

(3) 秋のころ、葉のようすはどうなってきましたか。
ア、イから選びましょう。（　　　）
ア　大きくなり、数もふえてきた。　イ　成長せず、黄色くなってきた。

(4) 夏から秋にかけて、(1)～(3)のように、ヘチマのようすが変わってきたのは、気温がどうなったからですか。（　　　）

(5) 秋が深まると、ヘチマはどうなりますか。ア～ウから選びましょう。
（　　　）
ア　くきがよくのびて、葉の数もふえる。　イ　くきや葉が、かれ始める。
ウ　つぼみができて、花がさく。

勉強した日　月　日

秋と生き物②

きほんのワーク

もくひょう・
いろいろな動物の秋のようすをたしかめよう。

おわったらシールをはろう

教科書 122 ~ 127ページ　答え 13ページ

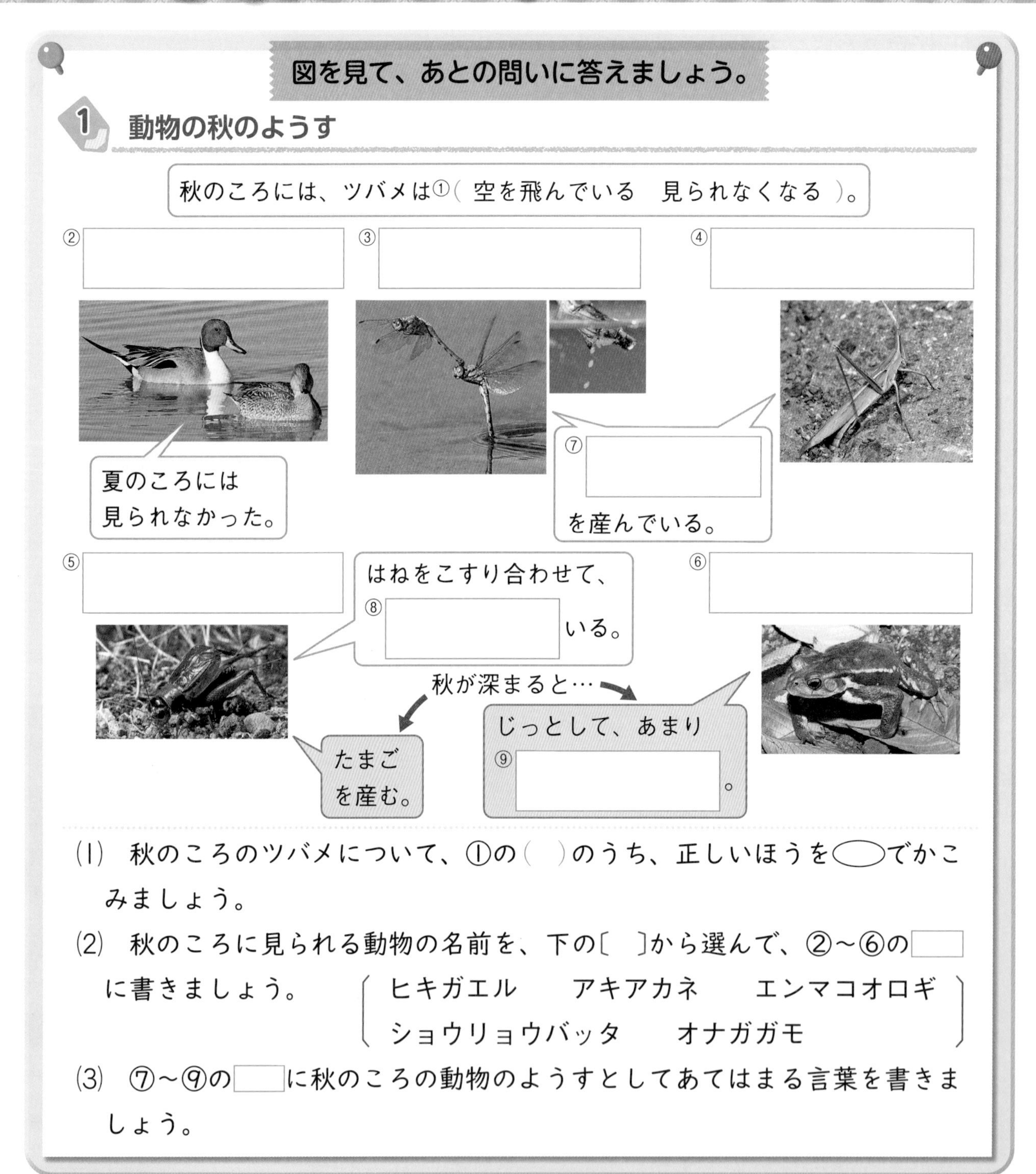

(1) 秋のころのツバメについて、①の(　)のうち、正しいほうを◯でかこみましょう。

(2) 秋のころに見られる動物の名前を、下の〔　〕から選んで、②~⑥の□に書きましょう。

〔 ヒキガエル　アキアカネ　エンマコオロギ　ショウリョウバッタ　オナガガモ 〕

(3) ⑦~⑨の□に秋のころの動物のようすとしてあてはまる言葉を書きましょう。

まとめ 〔 たまご　夏 〕から選んで(　)に書きましょう。

- 秋には、①(　　　　)のころとはちがう鳥やこん虫が見られる。
- 秋には、こん虫が②(　　　　)を産むようすも見られる。

秋のころのスズメバチは、巣の近くを通るだけで人をこうげきしてくることがあるため、とてもきけんです。黒っぽい服を着るのはさけ、巣に近よらないようにしましょう。

勉強した日　月　日

練習のワーク

教科書 122 ～ 127ページ　答え 13ページ

できた数　/11問中

おわったらシールをはろう

1 **右の図は、ある季節の鳥のようすです。次の問いに答えましょう。**

(1) ㋐のツバメについて、正しいほうに○をつけましょう。

①(　　　)秋のころも見られる。

②(　　　)秋のころは、見られなくなる。

(2) 秋のころのツバメについて、正しいものに○をつけましょう。

①(　　　)新しい巣を作っている。

②(　　　)親鳥と子は、あたたかい南の国へわたっていく。

③(　　　)新しいひなを育てている。

(3) 夏のころは見られず、秋のころになると池などに見られるようになる㋑の鳥を何といいますか。

(　　　　　　)

2 **右の図は、秋の動物のようすです。次の問いに答えましょう。**

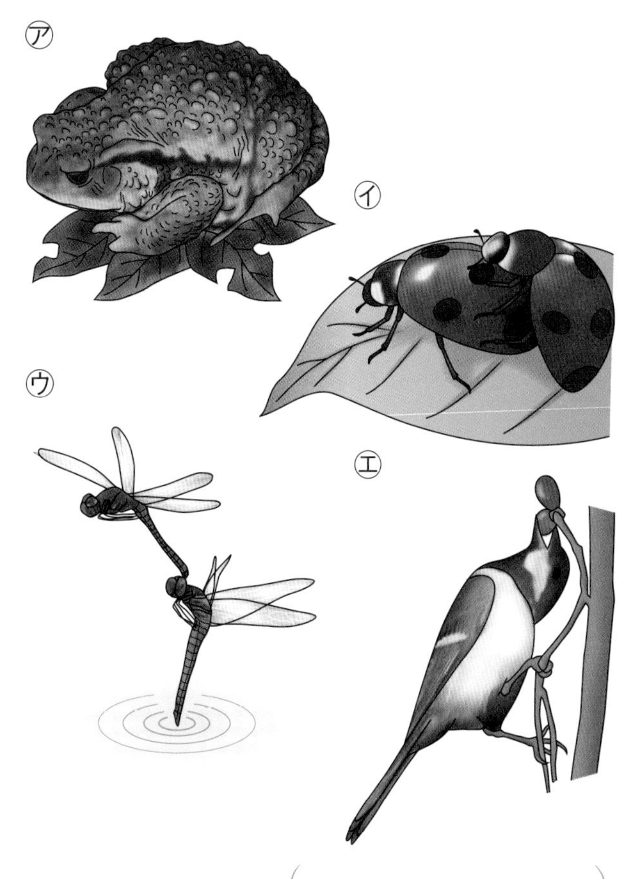

(1) ㋐～㋓の動物の名前を、下の〔　〕から選んで書きましょう。

㋐(　　　　　　)

㋑(　　　　　　)

㋒(　　　　　　)

㋓(　　　　　　)

〔 ナナホシテントウ　ヒキガエル　アキアカネ　シジュウカラ 〕

(2) 次の文は、㋐～㋓の動物のうち、どれについて書かれたものですか。

①　たまごを産んでいる。(　　　)

②　木の実を食べている。(　　　)

③　落ち葉の上で、じっとしている。(　　　)

(3) 夏と秋で、見られる動物の種類は同じですか、ちがいますか。

(　　　　　　)

まとめのテスト

秋と生き物

教科書 116～127ページ　答え 14ページ

よく出る **1** **ヘチマの秋のようす** 次の図は、すずしくなったころのヘチマのようすと、その観察記録です。あとの問いに答えましょう。　1つ8〔48点〕

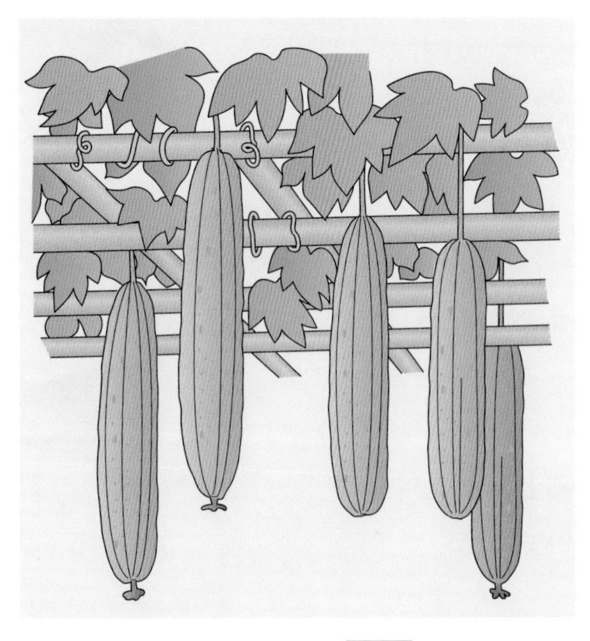

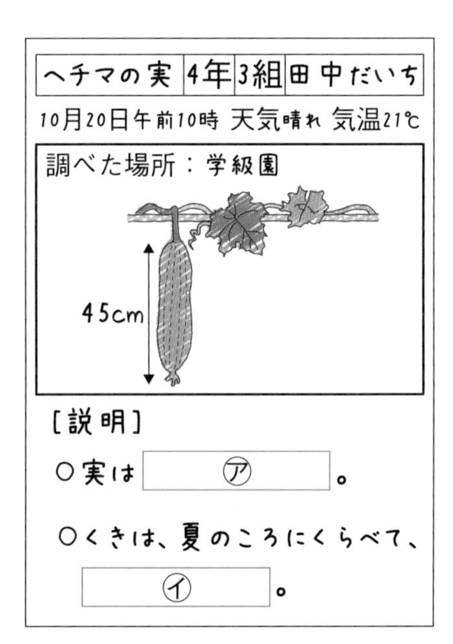

(1)　観察記録の㋐、㋑の□にあてはまる言葉を、次のア～エから選びましょう。

㋐(　　　　)　㋑(　　　　)

ア　大きくなった　　　　イ　かれた

ウ　さらにのびるようになった　　エ　ほとんどのびなくなった

(2)　ヘチマの実は、じゅくしてくると、何色に変わってきますか。次のうち、正しいものに○をつけましょう。

①(　　　)緑色　②(　　　)茶色　③(　　　)黒色

(3)　じゅくした実の中に見られるヘチマのたねは、右の図のあ、いのどちらですか。(　　　)

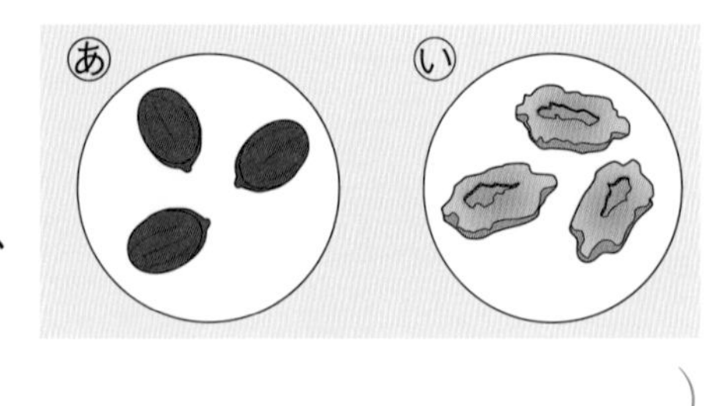

(4)　ヘチマの育ち方が観察記録のようになったのは、夏のころにくらべて、気温がどのようになったからですか。(　　　　　　　　　)

(5)　秋が深まると、ヘチマのようすはどのようになりますか。次の文のうち、正しいものに○をつけましょう。

①(　　　)全体が緑色にもどってくる。

②(　　　)全体がかれていく。

③(　　　)花がたくさんさき始める。

2 **こん虫の秋のようす** **次の図は、あるこん虫の秋のようすです。あとの問いに答えましょう。**

1つ8〔32点〕

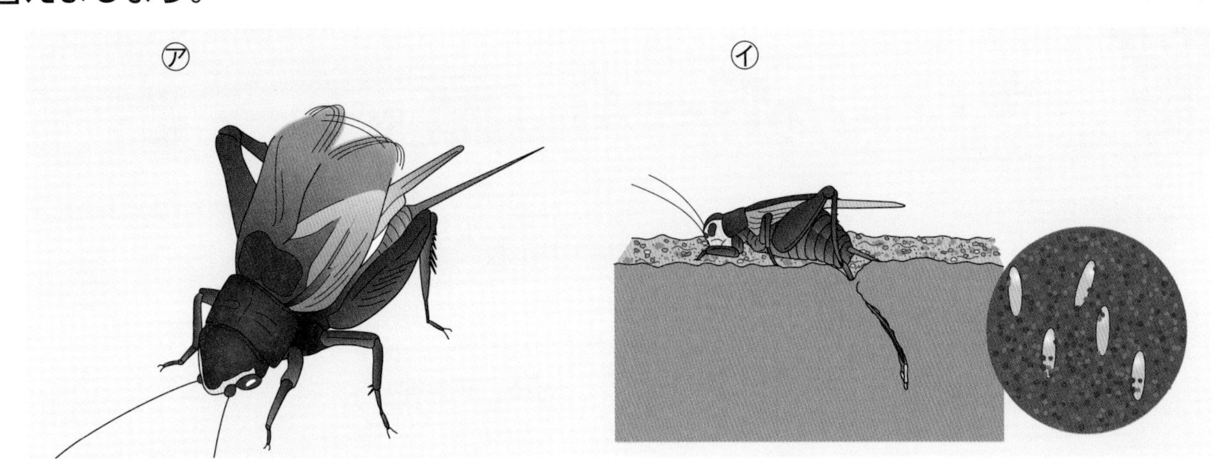

(1) 図のこん虫を何といいますか。 (　　　　　)

記述 (2) ㋐の図は、このこん虫が、はねをこすり合わせて何をしているところですか。
(　　　　　　　　　　)

記述 (3) 秋が深まると、このこん虫は、㋑の図のようなことをします。何をしていますか。 (　　　　　　　　　　)

(4) 次のうち、このこん虫のように、秋に(3)のことをする動物として正しいものに○をつけましょう。

①(　　　)シジュウカラ　②(　　　)ヒキガエル　③(　　　)アキアカネ

3 **サクラの秋のようす** **次の文のうち、サクラの秋のようすとして正しいもの2つに○をつけましょう。**

1つ6〔12点〕

①(　　　)さいていた花が散り、緑色の葉が出てきた。
②(　　　)葉の色が黄色く変わってきた。
③(　　　)葉は落ち始めたが、えだの先には小さな芽がついていた。
④(　　　)木全体が緑色の葉でおおわれていた。
⑤(　　　)えだには実(さくらんぼ)がついていた。

4 **ツバメの秋のようす** **次の文のうち、ツバメの秋のようすとして正しいものに○をつけましょう。**

〔8点〕

①(　　　)親ツバメが、どろやかれ葉で巣を作っている。
②(　　　)親ツバメが、巣にたまごを産んで、あたためている。
③(　　　)親ツバメが、たまごからかえったひなに食べ物をあたえている。
④(　　　)ツバメの子は、大きくなって空を飛べるようになったが、食べ物をじょうずにとれないので、親ツバメから食べ物をもらっている。
⑤(　　　)親ツバメと子のツバメが、いっしょに南の国へ飛び立っていく。

勉強した日 月 日

1 空気の温度と体積

もくひょう：温度のちがいによる空気の体積の変化についてかくにんしよう。

おわったらシールをはろう

きほんのワーク

教科書 128～133ページ　答え 15ページ

図を見て、あとの問いに答えましょう。

1 空気の温度と体積

あたためたとき

ゼリーの動く向きは①□。

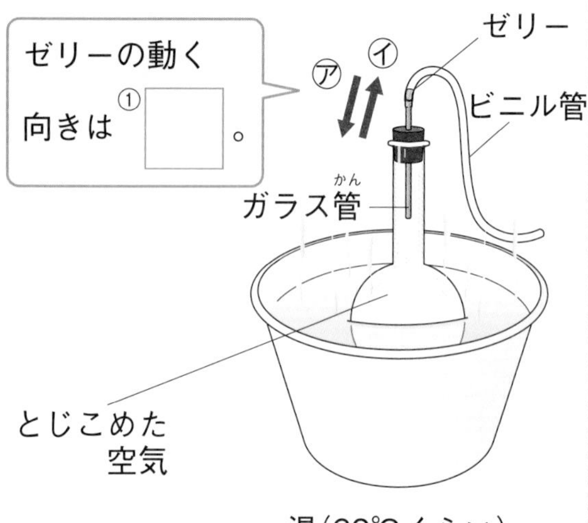

湯(60℃くらい)

空気は、あたためると体積が③(大きく 小さく)なる。

冷やしたとき

ゼリーの動く向きは②□。

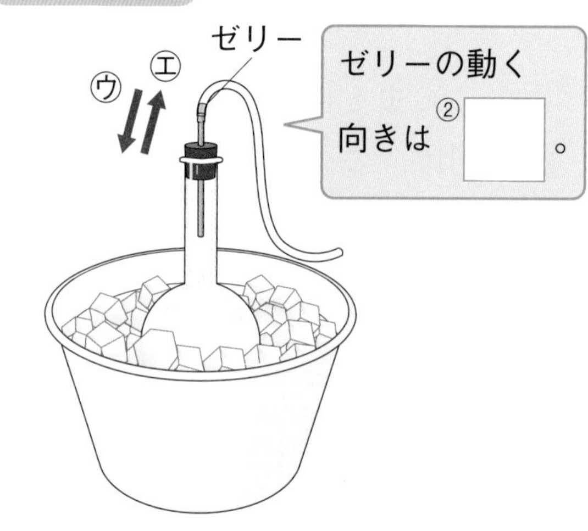

氷水(0℃くらい)

空気は、冷やすと体積が④(大きく 小さく)なる。

空気には、⑤□によって体積が変わるせいしつがある。

(1) 空気をあたためたときと冷やしたとき、ゼリーはそれぞれどの向きに動きますか。アとイ、ウとエからそれぞれ選んで、①、②の□に書きましょう。

(2) 空気をあたためたときと冷やしたとき、空気の体積はそれぞれどのように変化しますか。③、④の( )のうち、正しいほうを◯でかこみましょう。

(3) ⑤の□にあてはまる言葉を、下の〔 〕から選んで書きましょう。

〔 時間 温度 〕

空気の体積が変わっているね。

まとめ 〔 小さく 大きく 〕から選んで( )に書きましょう。

- 空気は、あたためると体積が①( )なる。
- 空気は、冷やすと体積が②( )なる。

ストロー式の水とうでは、中の冷たい飲み物がぬるくなると、水とうを開けたときに中身が飛び出します。これは、水とうの中の空気があたためられて体積が大きくなるからです。

1 次の図のように、空気を入れた丸底(まるぞこ)フラスコを、60℃くらいの湯と氷水に入れて、ゼリーの動きを調べます。あとの問いに答えましょう。

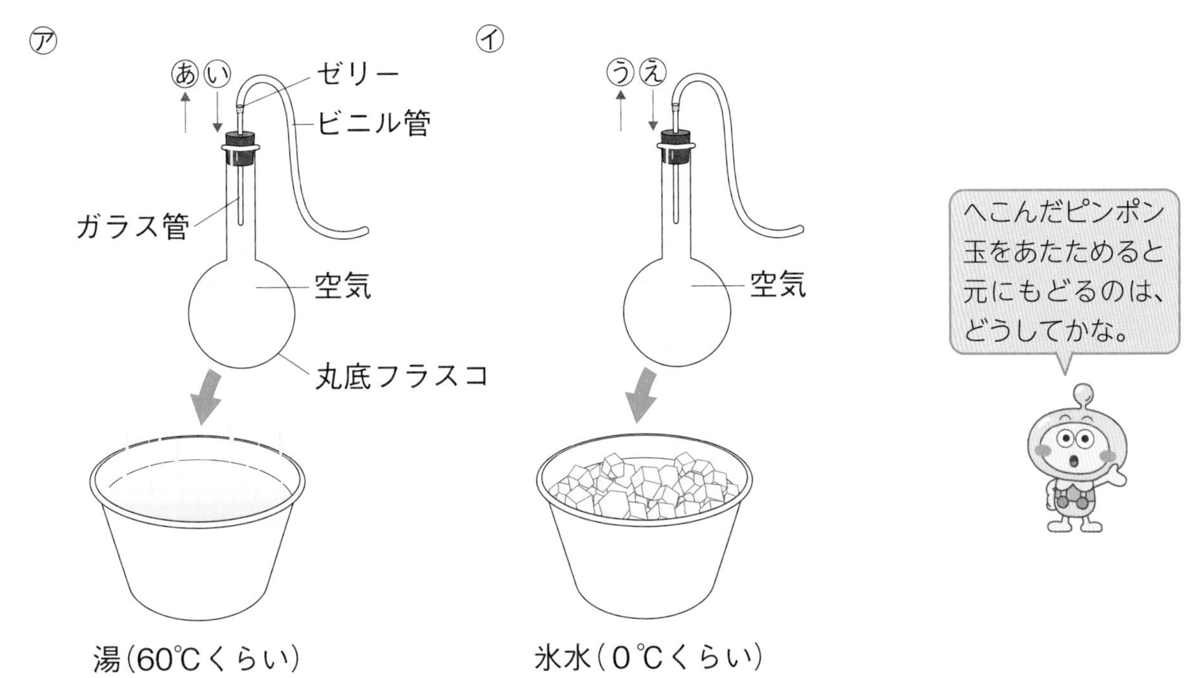

(1) 次のうち、㋐のゼリーの位置の変化として正しいものに○をつけましょう。

①(　　　)あのほうに動く。　②(　　　)いのほうに動く。

③(　　　)変わらない。

(2) 次のうち、㋑のゼリーの位置の変化として正しいものに○をつけましょう。

①(　　　)うのほうに動く。　②(　　　)えのほうに動く。

③(　　　)変わらない。

(3) ㋐と㋑で、空気の体積はどのようになりますか。次のア～ウから、正しいものをそれぞれ選びましょう。　㋐(　　　)　㋑(　　　)

ア 大きくなる。　**イ** 小さくなる。　**ウ** 変わらない。

(4) ㋐の実験(じっけん)をした後、㋐の丸底フラスコを氷水に入れると、ゼリーの位置はどのようになりますか。次のうち、正しいものに○をつけましょう。

①(　　　)あのほうに動く。　②(　　　)いのほうに動く。

③(　　　)変わらない。

(5) ゼリーの位置の変化は、空気の何が変わったことを表していますか。

(　　　　　)

(6) この実験から、空気の体積は何によって変わることがわかりますか。

(　　　　　)

勉強した日　月　日

2 水の温度と体積

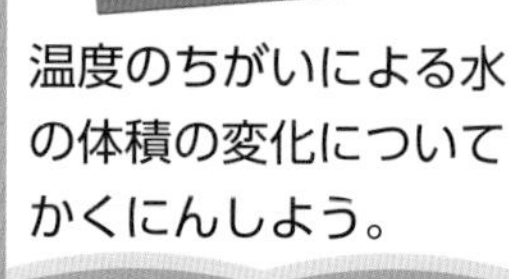

温度のちがいによる水の体積の変化についてかくにんしよう。

おわったらシールをはろう

きほんのワーク

教科書 134～136ページ　答え 15ページ

図を見て、あとの問いに答えましょう。

1 水の温度と体積

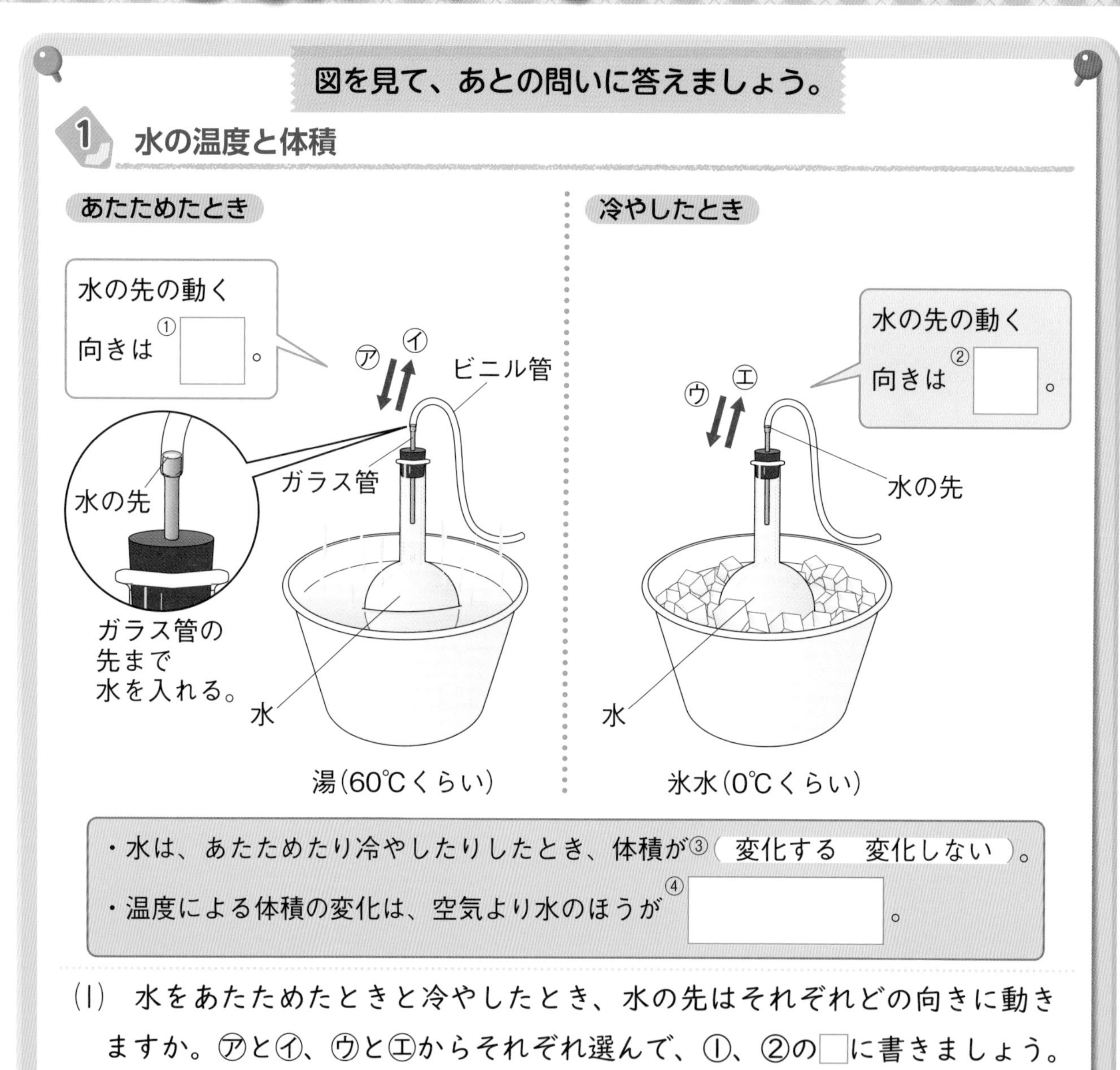

・水は、あたためたり冷やしたりしたとき、体積が③（ 変化する　変化しない ）。

・温度による体積の変化は、空気より水のほうが④□。

(1) 水をあたためたときと冷やしたとき、水の先はそれぞれどの向きに動きますか。㋐と㋑、㋒と㋓からそれぞれ選んで、①、②の□に書きましょう。

(2) 水をあたためたり冷やしたりしたとき、水の体積はどのようになりますか。③の（　）のうち、正しいほうを◯でかこみましょう。

(3) 水と空気をあたためたり冷やしたりしたときの体積の変化は、空気より水のほうが大きいですか、小さいですか。④の□に書きましょう。

まとめ　〔 小さい　変化する 〕から選んで（　）に書きましょう。

●水は、あたためたり冷やしたりすると、体積が①（　　　　）。

●温度による体積の変化は、空気よりも水のほうが②（　　　　）。

水の体積は、およそ4℃のときに、いちばん小さくなります。水を冷やし続けると、4℃までは体積が小さくなっていきますが、その後は体積が大きくなっていきます。

1 次の図のように、ガラス管の先まで水を入れた丸底フラスコを、60℃くらいの湯と０℃くらいの氷水に入れて、水の先の動きを調べます。あとの問いに答えましょう。

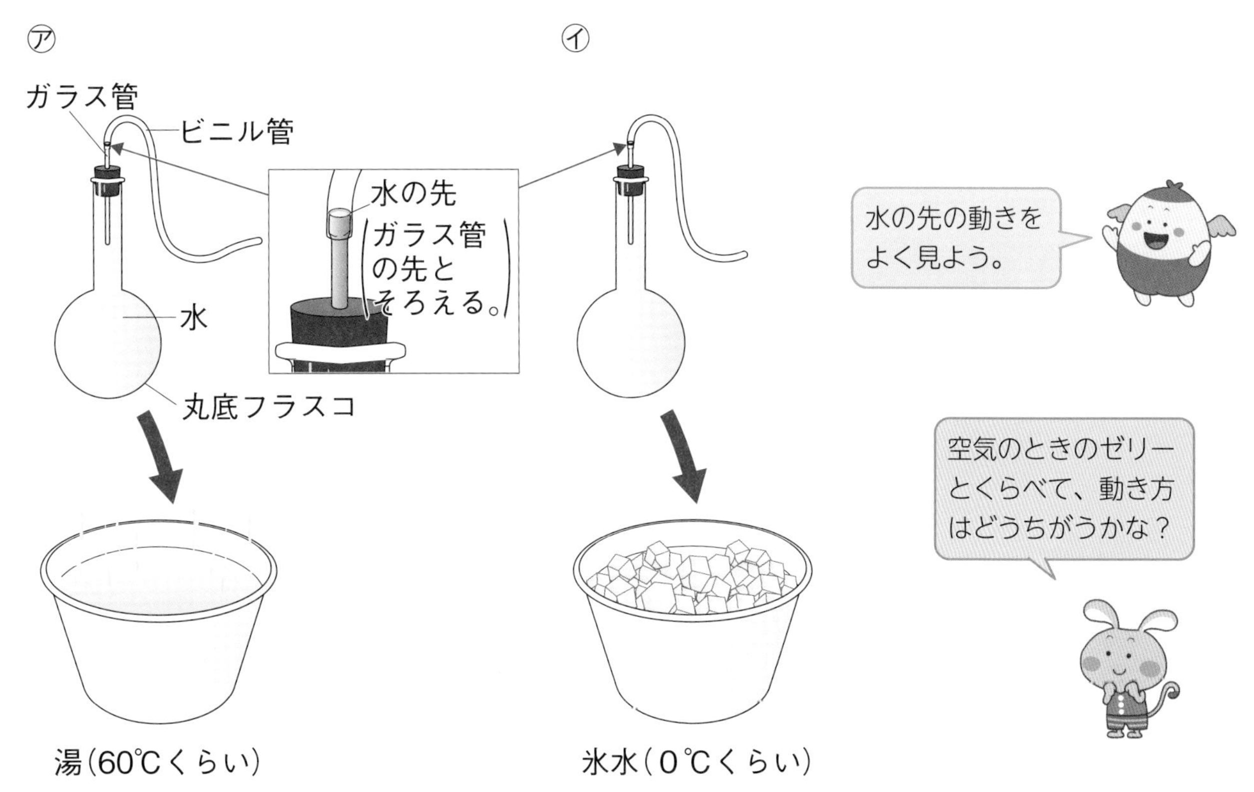

(1) 水の先の高さは、初め、ガラス管の先の位置にそろえてあります。このフラスコを60℃くらいの湯に入れてあたためた㋐と、氷水に入れて冷やした㋑では、水の先の位置はどのようになりますか。次の**ア**～**ウ**から、正しいものをそれぞれ選びましょう。

㋐（　　　　）　㋑（　　　　）

ア　上に動く。　　**イ**　下に動く。　　**ウ**　変わらない。

(2) 上の図の㋐、㋑のように、水を、湯であたためたときと、氷水で冷やしたときで、水の体積はどうなりますか。

あたためたとき（　　　　　　）

冷やしたとき（　　　　　　）

(3) 水の体積は、水の何によって変化しますか。（　　　　　　）

(4) 空気と水では、あたためたり冷やしたりしたときの体積の変化は、どちらのほうが大きいですか。（　　　　　　）

勉強した日 月 日

3 金ぞくの温度と体積

もくひょう
温度のちがいによる金ぞくの体積の変化についてかくにんしよう。

おわったら シールを はろう

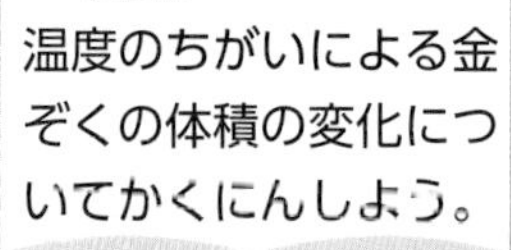

教科書 137~143、221、222ページ　答え 15ページ

図を見て、あとの問いに答えましょう。

1 金ぞくの温度と体積

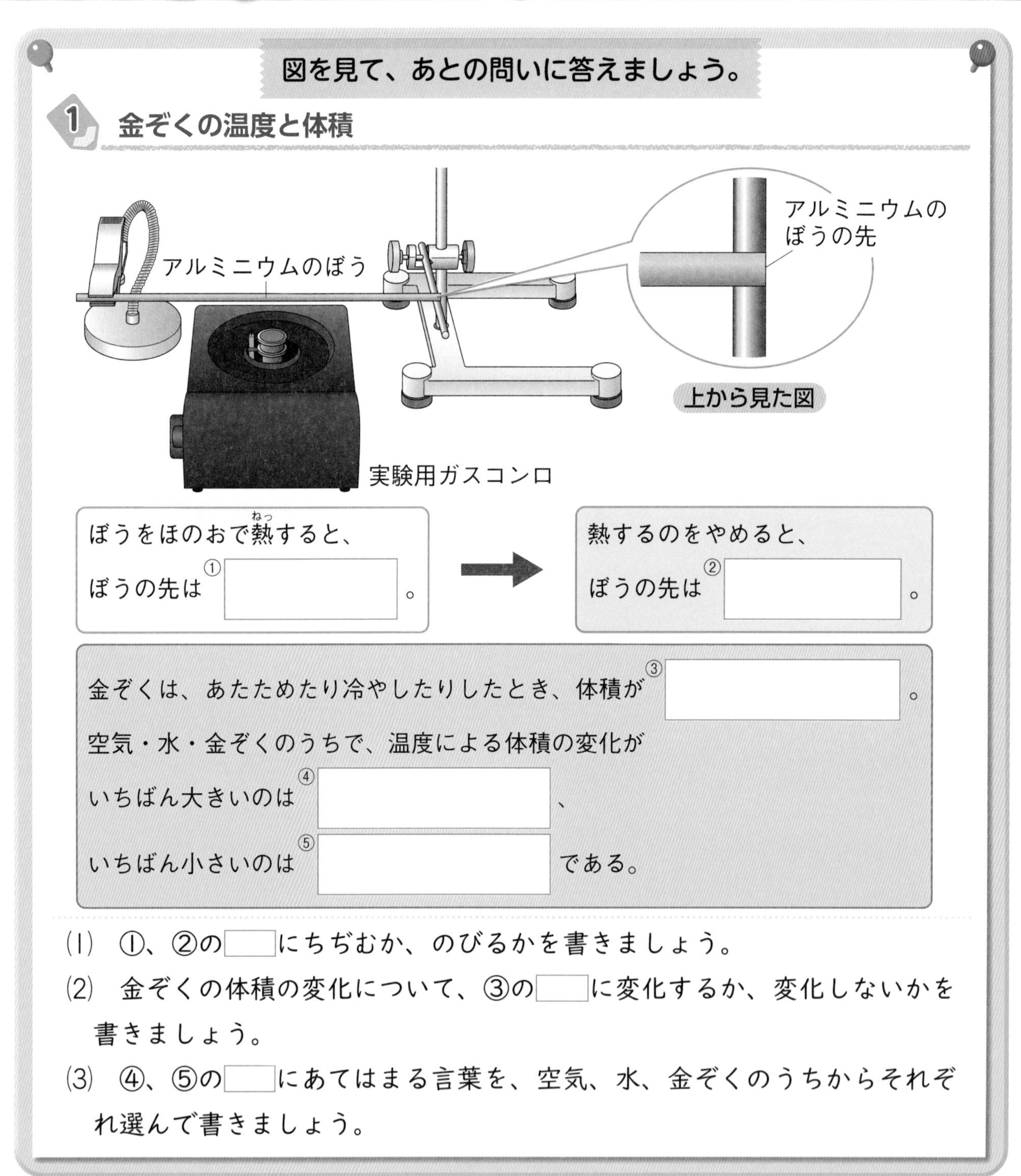

(1) ①、②の□にちぢむか、のびるかを書きましょう。

(2) 金ぞくの体積の変化について、③の□に変化するか、変化しないかを書きましょう。

(3) ④、⑤の□にあてはまる言葉を、空気、水、金ぞくのうちからそれぞれ選んで書きましょう。

まとめ　〔 小さい　変化する 〕から選んで（　）に書きましょう。

●金ぞくは、あたためたり冷やしたりすると、体積が①（　　　）。そのときの体積の変化は、空気や水とくらべてひじょうに②（　　　）。

ガラスも、あたためたり冷やしたりすると、体積が大きくなったり小さくなったりします。しかし、その変化は、金ぞくよりもさらに小さいです。

1 右の図のように、アルミニウムのぼうを実験用ガスコンロのほのおで熱して、ぼうの体積の変化を調べます。次の問いに答えましょう。

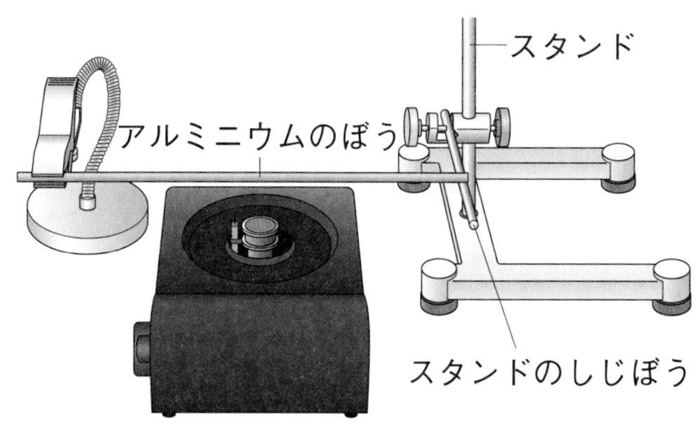

(1) 実験用ガスコンロの使い方として、正しいほうに○をつけましょう。

①(　　)マッチのほのおで火をつける。

②(　　)つまみを回して火をつける。

(2) アルミニウムのぼうをほのおで熱すると、アルミニウムのぼうの先はどのようになりますか。次の㋐～㋒から選びましょう。(　　)

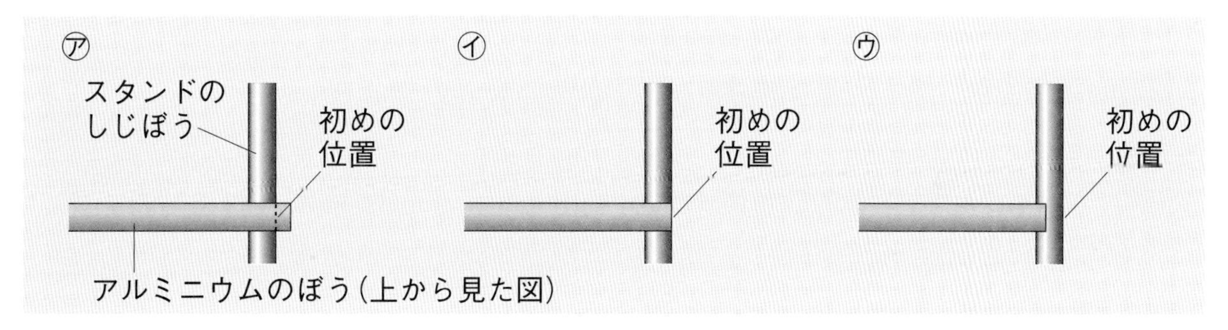

(3) (2)の後、ほのおを消して熱するのをやめ、しばらくすると、ぼうの先はどのようになりますか。(2)の㋐～㋒から選びましょう。(　　)

(4) 金ぞくの体積は、金ぞくの何によって変化しますか。(　　　　)

(5) 熱したり、冷やしたりしたときの金ぞくの体積の変化について、次の文の(　)にあてはまる言葉を書きましょう。

金ぞくは、熱すると、体積が①(　　　　)なり、冷やすと、体積が②(　　　　)なる。

(6) 温度による金ぞくの体積の変化は、空気や水とくらべてどうですか。正しいものに○をつけましょう。

①(　　)金ぞくのほうが、空気や水より体積の変化が大きい。

②(　　)空気や水のほうが、金ぞくより体積の変化が大きい。

③(　　)金ぞくも空気も水も、体積の変化は同じである。

まとめのテスト

8　ものの温度と体積

教科書 128～143、221、222ページ　答え 16ページ

1 **温度と空気・水の体積** 次の図のように、空気や水の入った丸底フラスコを湯や氷水に入れて、ゼリーと水の先の動き方から、空気や水の体積の変化を調べました。あとの問いに答えましょう。

1つ6〔36点〕

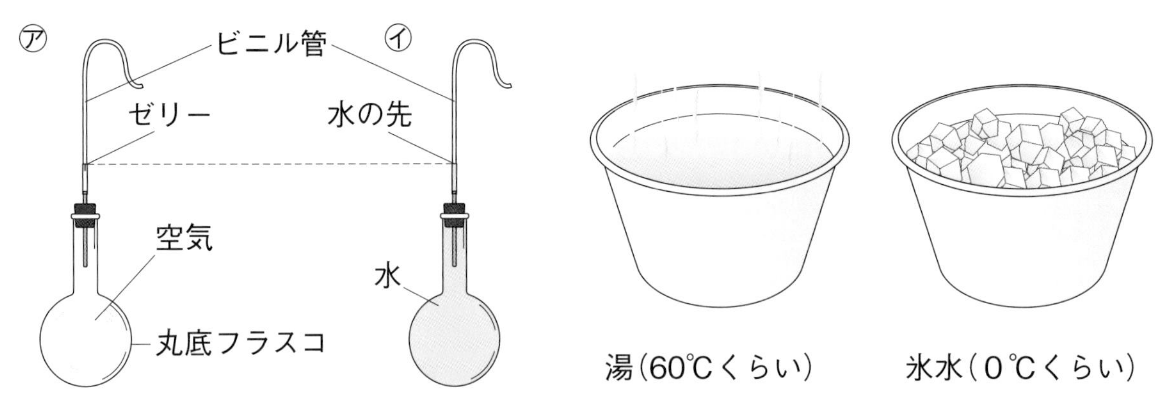

⑴　㋐、㋑の丸底フラスコを、湯の中に入れました。㋐、㋑のゼリーや水の先の位置は、上がりますか、下がりますか。（　　　　）

⑵　⑴のとき、ゼリーまたは水の先の位置が高いのは、㋐、㋑のどちらですか。（　　）

⑶　㋐、㋑の丸底フラスコを湯の中から出して、氷水の中に入れました。㋐、㋑のゼリーと水の先の位置は、上がりますか、下がりますか。（　　　　）

⑷　⑶のとき、ゼリーまたは水の先の位置が高いのは、㋐、㋑のどちらですか。（　　）

⑸　あたためたり冷やしたりしたときの、空気と水の体積の変化について、どのようなことがいえますか。次の文のうち、正しいものに○をつけましょう。

①（　　）空気も水も、あたためられると体積が小さくなるが、水のほうが体積の変化が大きい。

②（　　）空気も水も、冷やされると体積が小さくなるが、空気のほうが体積の変化が大きい。

③（　　）空気も水も、冷やされると体積が小さくなるが、水のほうが体積の変化が大きい。

④（　　）空気も水も、温度による体積の変化は同じである。

記述 ⑹　湯を使うと、へこんだピンポン玉の形を元にもどすことができます。どのようにすればよいか、その理由もあわせて説明しましょう。

（　　　　　　　　　　　　　　　　）

よく出る

2 温度と金ぞくの体積 次の図のように、何もしないとき輪をぎりぎりで通る金ぞくの球を、熱したり、冷やしたりして、体積が変わるかどうかを調べました。あとの問いに答えましょう。

1つ7〔42点〕

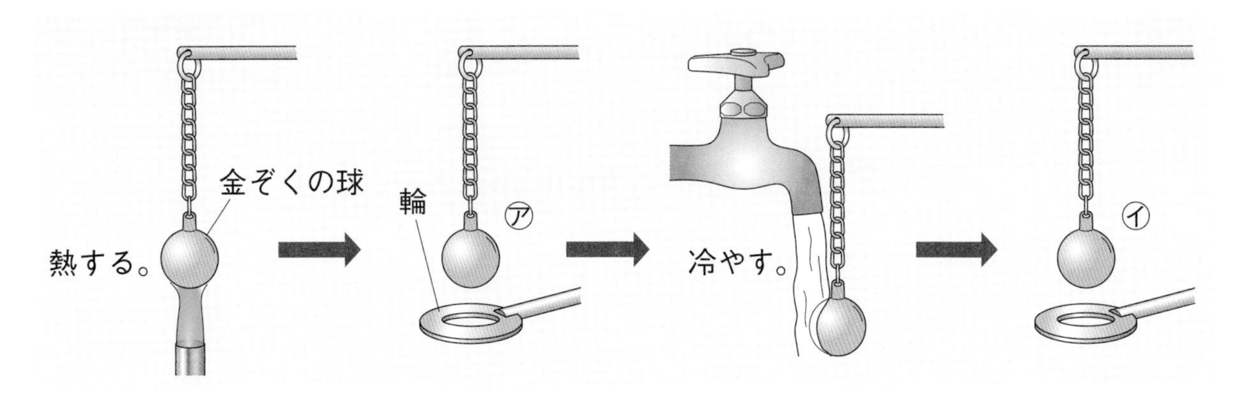

(1) 熱した後の㋐の金ぞくの球は、輪を通りますか、通りませんか。

（　　　　　　　）

(2) 冷やした後の㋑の金ぞくの球は、輪を通りますか、通りませんか。

（　　　　　　　）

(3) 温度による金ぞくの体積の変化について、次の文の（　）にあてはまる言葉を書きましょう。

金ぞくの体積は、熱すると①（　　　　　　）なり、冷やすと②（　　　　　　）なる。

(4) 温度による金ぞくの体積の変化を空気や水とくらべた文として、正しいもの2つに○をつけましょう。

①（　　　）金ぞくのほうが、空気や水より体積の変化が大きい。
②（　　　）空気や水のほうが、金ぞくより体積の変化が大きい。
③（　　　）金ぞくや水のほうが、空気より体積の変化が小さい。
④（　　　）金ぞくも空気も水も、体積の変わり方は同じである。

3 アルコールランプの使い方 次の問いに答えましょう。

1つ11〔22点〕

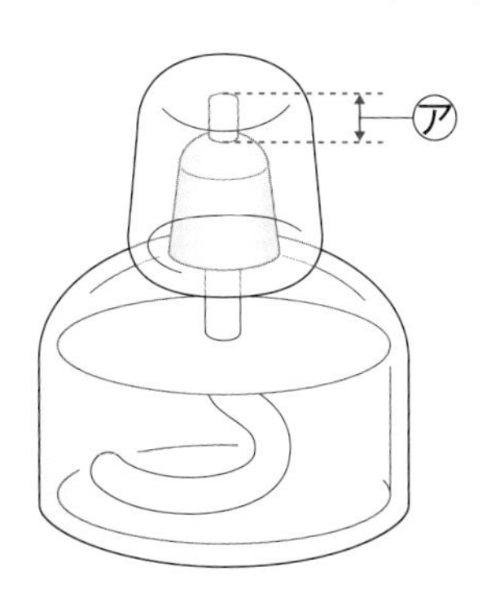

(1) アルコールランプのしん(㋐)は、どれくらい出して使いますか。正しいものをア～ウから選びましょう。

（　　　）

ア　1mm　　イ　5mm　　ウ　10mm

(2) アルコールランプの火を消すときには、どのようにしますか。正しいほうに○をつけましょう。

①（　　　）横からいきでふき消す。
②（　　　）ななめ上からふたをする。

勉強した日　　月　　日

1　金ぞくのあたたまり方

もくひょう
金ぞくのぼうや板のあたたまり方についてかくにんしよう。

おわったらシールをはろう

きほんのワーク

教科書 144～149ページ　答え 16ページ

図を見て、あとの問いに答えましょう。

1 金ぞくのぼうのあたたまり方

し温インクを上半分だけぬる。

金ぞくのぼう

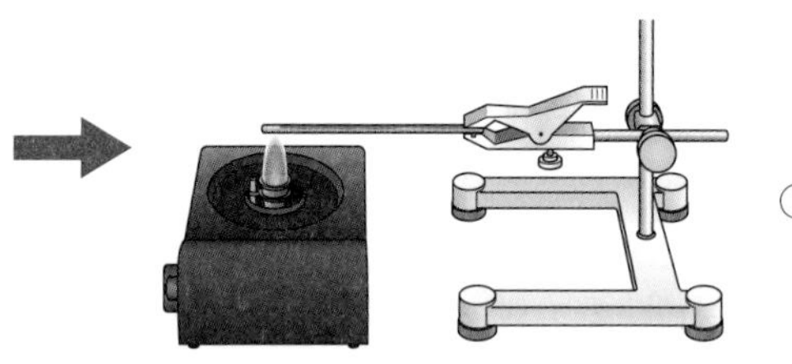

実験用ガスコンロ

㋐　㋑　㋒　㋓

㋐を熱する。

①

色が変わる順
→　→　→

● 上の図の㋐～㋓は、し温インクの色がどのような順で変わっていきますか。①の□に、色が変わる順に記号を書きましょう。

2 金ぞくの板のあたたまり方

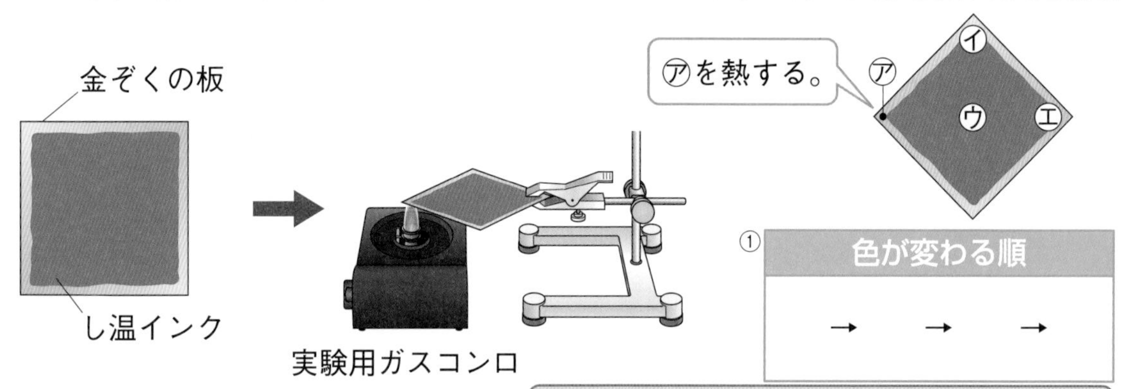

①

色が変わる順
→　→　→

金ぞくは、熱したところから順に、
②（ せばまる　広がる ）ようにあたたまる。

(1) 上の図の㋐～㋓は、し温インクの色がどのような順で変わっていきますか。①の□に、色が変わる順に記号を書きましょう。

(2) ②の（　）のうち、正しいほうを◯でかこみましょう。

まとめ　〔 熱したところ　全体 〕から選んで（　）に書きましょう。

●金ぞくは、①（　　　　）から順に、周りに広がるようにあたたまって、②（　　　　）があたたまる。

わくわくたんてい団　ガスコンロのほのおの温度は約1700～1900℃にもなります。そのため、長時間の加熱はきけんです。実験では、小さいほのおで短時間熱するようにします。

できた数　/6問中

おわったらシールをはろう

1 **金ぞくのあたたまり方を調べる方法について、次の問いに答えましょう。**

(1) 次の文の(　)のうち、正しいほうを◯でかこみましょう。

金ぞくのあたたまり方を金ぞくのぼうで調べる実験では、し温インクは、金ぞくのぼうの(ほのおを当てる側　ほのおを当てない側)にぬる。

(2) 次の文の(　)にあてはまるものを、下の〔　〕から選びましょう。

し温インクは、あたためると①(　　　)色から②(　　　)色に変わる。

〔 青　黄　黒　ピンク 〕

2 **右の図のように、し温インクをぬった金ぞくの板の一部を熱して、金ぞくのあたたまる順を調べます。次の問いに答えましょう。**

(1) 金ぞくの板にし温インクを使うのはなぜですか。正しいものに○をつけましょう。

①(　　) し温インクの色が変わることで、金ぞくのあたたまり方がわかるから。

②(　　) し温インクをぬったところがとけることで、金ぞくのあたたまり方がわかるから。

(2) 金ぞくの板は、どのようにあたたまっていきますか。正しいものを㋐～㋒から選びましょう。(　　　)

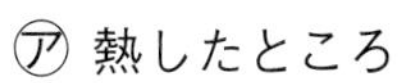

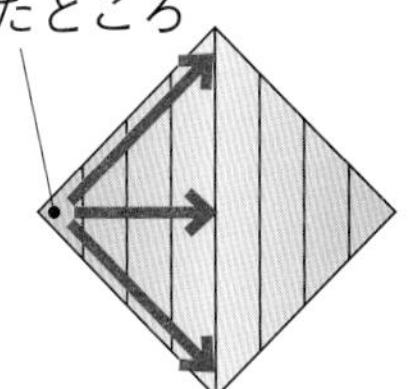

熱したところから、線を引いたように、順にあたたまっていく。

㋑

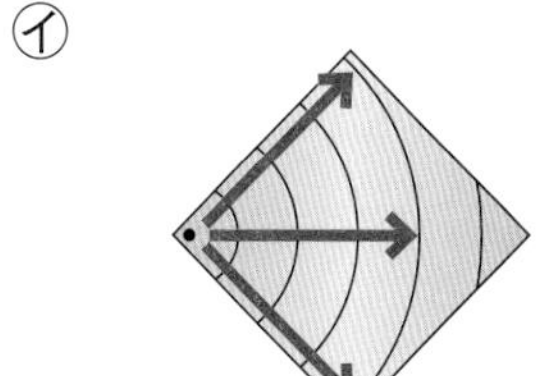

熱したところに近いところから順に、まるくあたたまっていく。

㋒

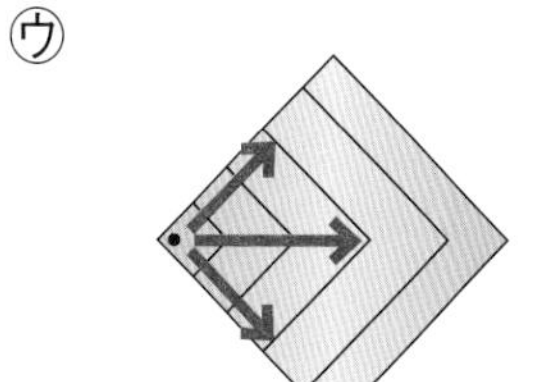

熱したところに近いところから順に、四角くあたたまっていく。

3 **し温インクをぬった金ぞくの板のまん中を熱すると、金ぞくの板はどのようにあたたまっていきますか。正しいものを㋐～㋒から選びましょう。**(　　　)

㋐

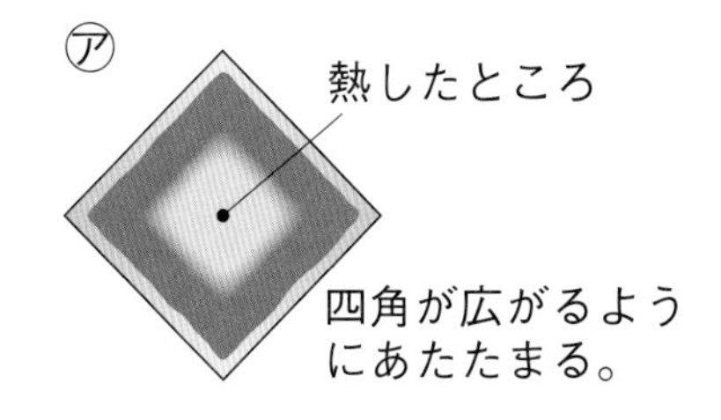

四角が広がるようにあたたまる。

㋑

半円が4方向に広がるようにあたたまる。

㋒

円が広がるようにあたたまる。

勉強した日　月　日

2　水のあたたまり方

もくひょう
水のあたたまり方について かくにんしよう。

おわったら シールを はろう

きほんのワーク

教科書 150～155ページ　答え 16ページ

図を見て、あとの問いに答えましょう。

1 水のあたたまり方

下のほうを熱する

㋐

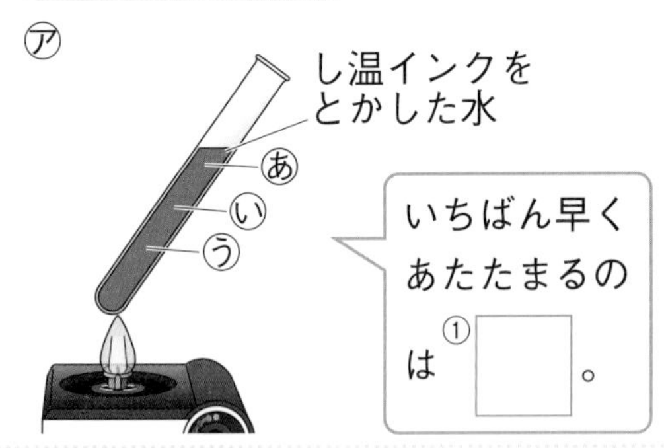

いちばん早く あたたまるのは①[　]。

中ほどを熱する

㋑

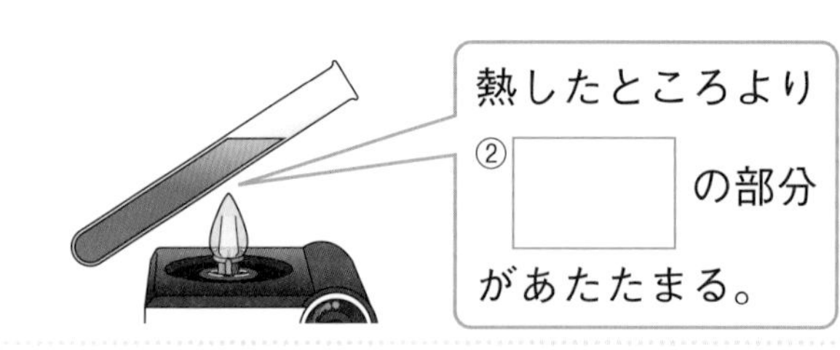

熱したところより②[　]の部分があたたまる。

(1)　㋐のあ～うのうち、いちばん早くあたたまるところを、①の[　]に書きましょう。

(2)　試験管(しけんかん)の中ほどを熱したときのあたたまり方について、②の[　]に上か、下かを書きましょう。

2 ビーカーの水のあたたまり方

ピンク色…①(あたたかい　冷(つめ)たい)水

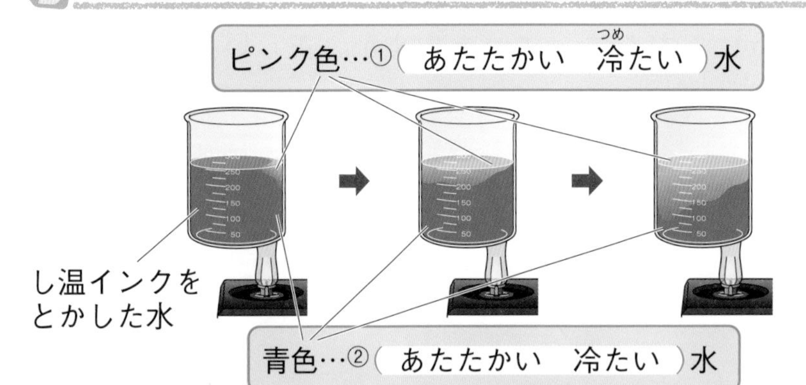

青色…②(あたたかい　冷たい)水

おふろは、上だけがあたたかくて、下が冷たいときがあるね。

水の下のほうを熱すると、熱せられた水が③(上　下)のほうに動くので、水は④(上　下)から順にあたたまる。

● ①～④の(　)のうち、正しいほうを◯でかこみましょう。

まとめ　〔 全体　上 〕から選んで(　)に書きましょう。

●水は、熱してあたためられたところが、①(　　　)のほうに動き、上から順にあたたまって、やがて②(　　　)があたたまる。

わくわくたんてい団
ふろの湯をあたためると、上のほうは熱くなっているのに、下のほうは冷たいことがあります。あたためられた水(湯)は上のほうへ動くので、ふろに入る前に湯をまぜておくとよいです。

できた数　　/6問中

おわったらシールをはろう

1 **右の図のように、し温インクをとかした水を入れた試験管をガスコンロで熱しました。次の問いに答えましょう。**

(1) 右の図で、温度が高いのは青い部分とピンク色の部分のどちらですか。（　　　　　）

(2) (1)のことから、どのようなことがわかりますか。次の文の（　）にあてはまる言葉を書きましょう。

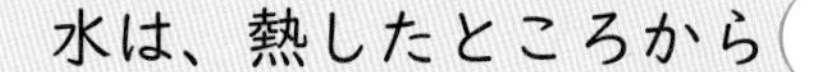

水は、熱したところから（　　　　）のほうの部分が、先にあたたまる。

2 **右の図のように、し温インクをとかした水を入れて、ビーカーの底のはしを熱しました。しばらく熱すると、あたためられた水が動き始めました。次の問いに答えましょう。**

(1) し温インクを入れるのは、何をわかりやすくするためですか。次のうち、正しいほうに○をつけましょう。

①（　　　）水の体積の変わり方
②（　　　）水の動き方

(2) し温インクをとかした水は、どのように動きましたか。次の㋐～㋒のうち、正しいものに○をつけましょう。

㋐（　　　　）　㋑（　　　　）　㋒（　　　　）

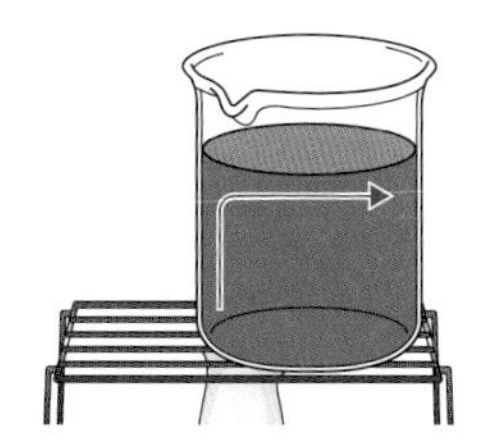
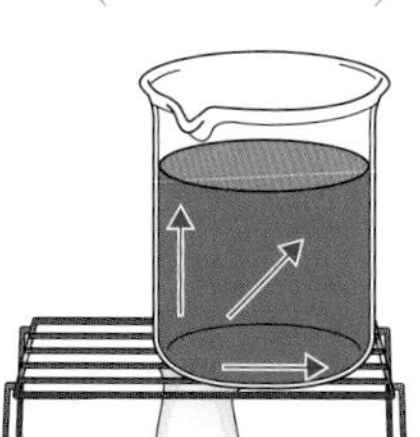

(3) 次の文のうち、水のあたたまり方として正しいものに○をつけましょう。

①（　　　）あたためられた水が上のほうに動き、上から順にあたたまる。
②（　　　）あたためられた水は、下から順にあたたまる。
③（　　　）あたためられた水が横のほうに動き、下から順にあたたまる。

(4) 水のあたたまり方は、金ぞくのあたたまり方と同じですか、ちがいますか。

（　　　　　　　）

勉強した日　　月　　日

3　空気のあたたまり方

もくひょう
空気のあたたまり方についてかくにんしよう。

おわったらシールをはろう

きほんのワーク

教科書 156～161ページ　答え 17ページ

図を見て、あとの問いに答えましょう。

1 空気のあたたまり方

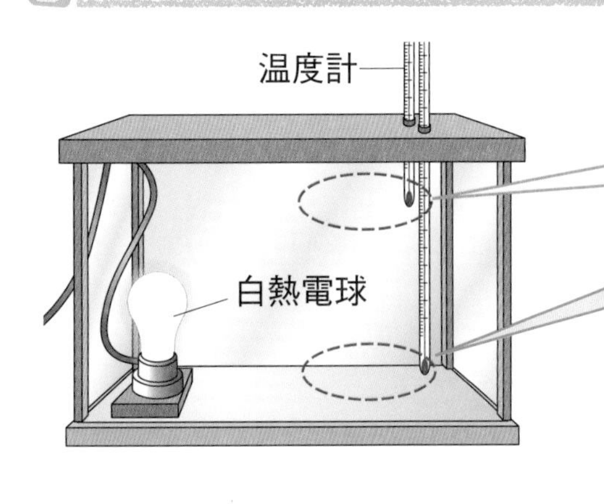

上のほうは温度が①[　　]。

下のほうは温度が②[　　]。

あたたかい空気は、③[　　]のほうに動く。

(1)　上のほうと下のほうの温度をくらべたとき、①、②の[　　]に、高いか、低いかを書きましょう。

(2)　③の[　　]に、上か、下かを書きましょう。

2 部屋の空気があたたまるしくみ

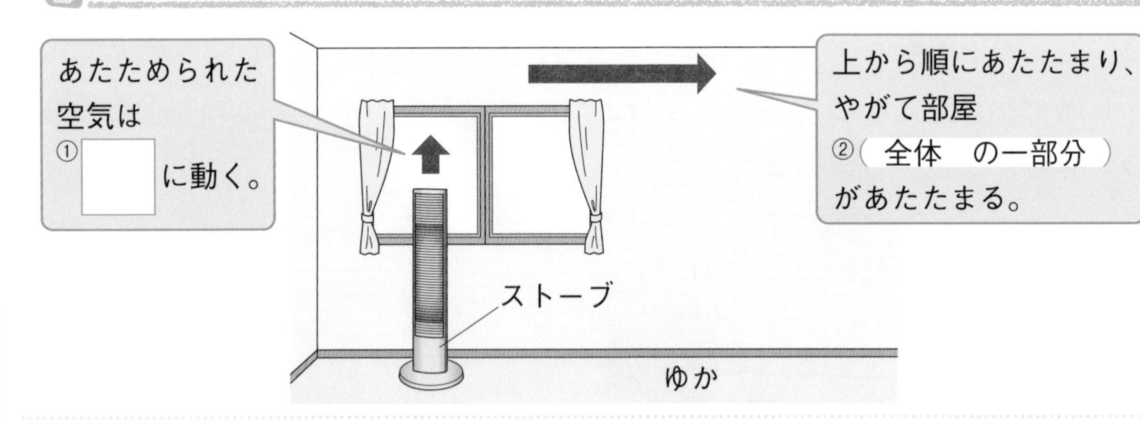

● 部屋の中の空気の動き方について、①の[　　]に、上か、下かを書きましょう。また、②の(　)のうち、正しいほうを◯でかこみましょう。

まとめ　〔 全体　上 〕から選んで(　)に書きましょう。

●空気は、熱してあたためられたところが、①(　　　　)のほうに動き、上から順にあたたまって、やがて②(　　　　)があたたまる。

わくわくたんてい団　空気はあたためられると軽くなり、上のほうに動きます。これは、あたためられた空気の重さは変わりませんが、体積がふえるためです。

1 右のそうちを使って、空気のあたたまり方を調べました。次の問いに答えましょう。

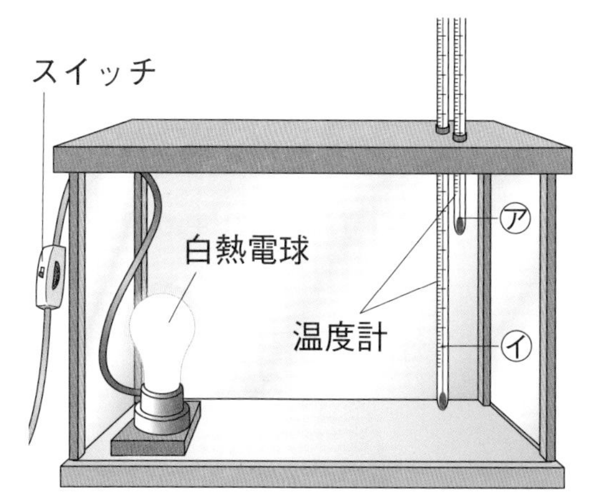

(1) 白熱電球のスイッチを入れる前、㋐、㋑の温度計の示す温度は、同じですか、ちがいますか。（　　　）

(2) 白熱電球のスイッチを入れて10分間空気をあたためると、㋐、㋑の温度計のうち、どちらの示す温度が高くなりますか。（　　　）

(3) 次の文の（　）にあてはまる言葉を書きましょう。

あたためられた空気は、①（　　　）のほうに動いて、②（　　　）から順にあたたまる。

2 ストーブやエアコンを使って、部屋をあたためます。次の問いに答えましょう。

(1) ストーブであたためられた空気は、最初どのように動きますか。次のア～ウから選びましょう。（　　　）

ア　上に動く。
イ　下に動く。
ウ　動かない。

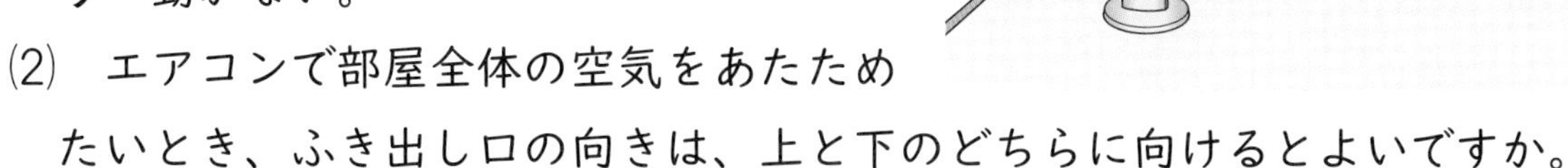

(2) エアコンで部屋全体の空気をあたためたいとき、ふき出し口の向きは、上と下のどちらに向けるとよいですか。（　　　）

(3) あたためられた空気の動きについて、次の文の（　）にあてはまる言葉を下の〔　〕から選びましょう。

あたためられた空気は①（　　　）と同じように②（　　　）に動き、上から順にあたたまっていき、やがて部屋③（　　　）の空気があたたまる。

〔　金ぞく　　水　　上　　横　　下　　全体　〕

(4) (1)の空気のせいしつを利用しているものを、次のア～ウから選びましょう。（　　　）

ア　ロケット　　イ　熱気球　　ウ　風船

まとめのテスト

9 もののあたたまり方

教科書 144～161ページ　答え 17ページ

よく出る **1 金ぞくのあたたまり方** 次の図の㋐のようにして、し温インクをぬった正方形の金ぞくの板を、実験用ガスコンロで熱しました。㋑は、し温インクをぬった金ぞくの板を上から見たものです。あとの問いに答えましょう。　1つ8〔40点〕

㋐
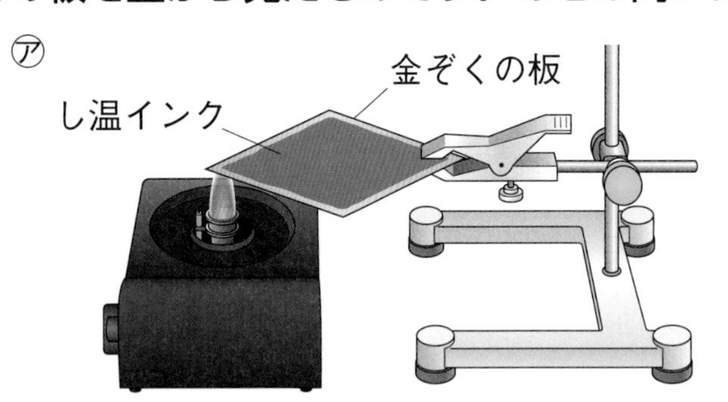

㋑
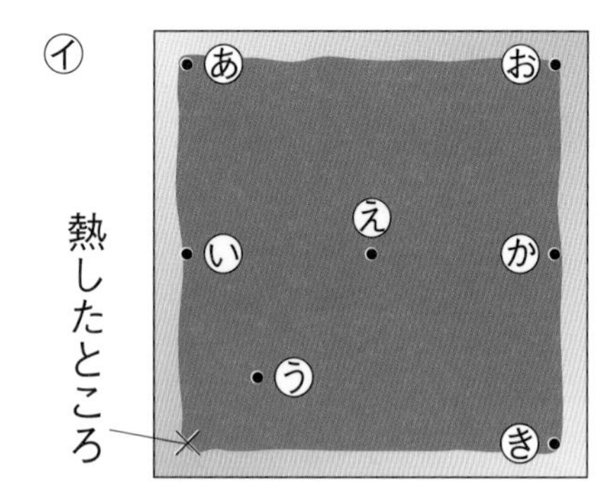

⑴ 次の①～③にあう部分を、㋑のあ～きから選びましょう。
① 最初にし温インクの色が変わった部分　(　　　)
② 最後にし温インクの色が変わった部分　(　　　)
③ し温インクの色があの部分とほぼ同時に変わった部分　(　　　)

⑵ 次の文のうち、金ぞくのあたたまり方として正しいものに○をつけましょう。
①(　　　)熱したところに遠い部分から順にあたたまる。
②(　　　)熱したところから順に、周りに広がるようにあたたまる。
③(　　　)熱したところに関係なく、一度に全体があたたまる。

⑶ いとかの部分のし温インクの色がほぼ同時に変わるようにするためには、あ、う、え、お、きのうち、どの部分を実験用ガスコンロで熱すればよいですか。
(　　　)

2 水のあたたまり方 右の図のように、し温インクをとかした水を入れた試験管を熱し、し温インクの色の変化で水のあたたまり方を調べました。次の問いに答えましょう。　1つ7〔21点〕

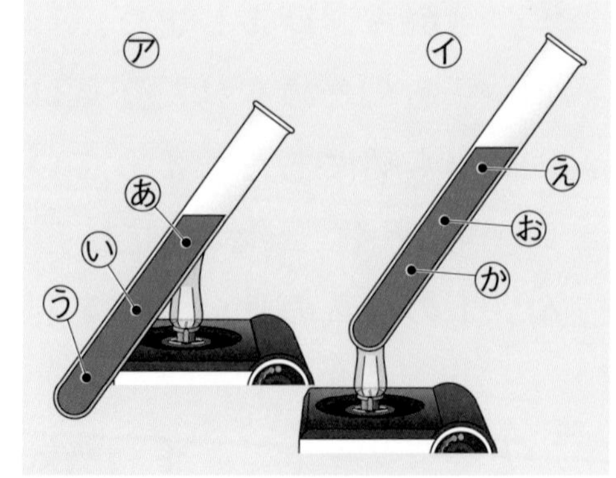

⑴ とかすタイプのし温インクは、あたためると何色に変わりますか。　(　　　)

⑵ ㋐で、最初にし温インクの色が変わるのは、あ～うのどこですか。　(　　　)

⑶ ㋑で、最後にし温インクの色が変わるのは、え～かのどこですか。　(　　　)

よく出る

3 水のあたたまり方

右の図のようにして、し温インクをとかした水をビーカーに入れてガスコンロで熱し、水のあたたまり方を調べました。次の問いに答えましょう。　1つ9〔18点〕

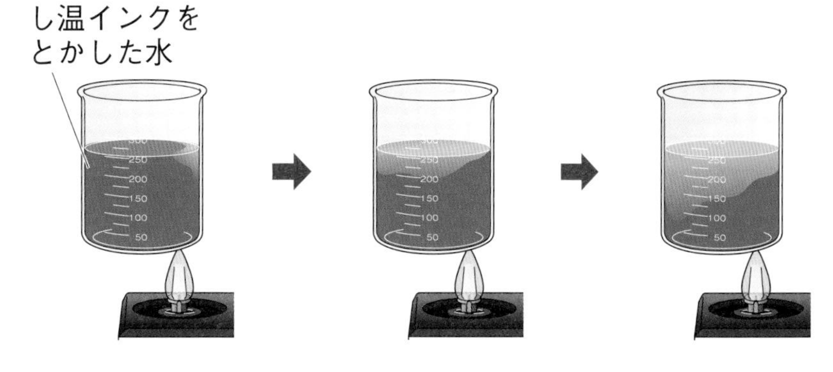

(1) 水はどのようにしてあたたまりますか。次の文の（　）にあてはまる言葉を書きましょう。

あたためられた水が（　　　　）のほうに動いて、やがて水全体があたたまる。

(2) 水のあたたまり方とにているのは、金ぞくと空気のどちらのあたたまり方ですか。　（　　　　）

4 空気のあたたまり方

右の図のようにして、ストーブでだんぼうしている部屋の空気のあたたまり方を調べました。次の問いに答えましょう。　1つ7〔21点〕

(1) ゆかの近くと、部屋の上のほうの温度をくらべると、温度が高いのはどちらですか。　（　　　　）

(2) ストーブの周りのあたためられた空気の動きを⟶で正しく表しているものを、㋐～㋒から選びましょう。　（　　　）

㋐

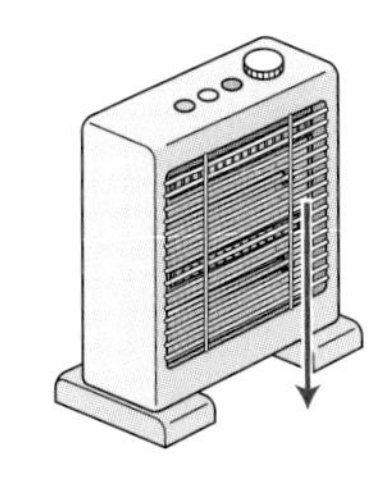

㋑

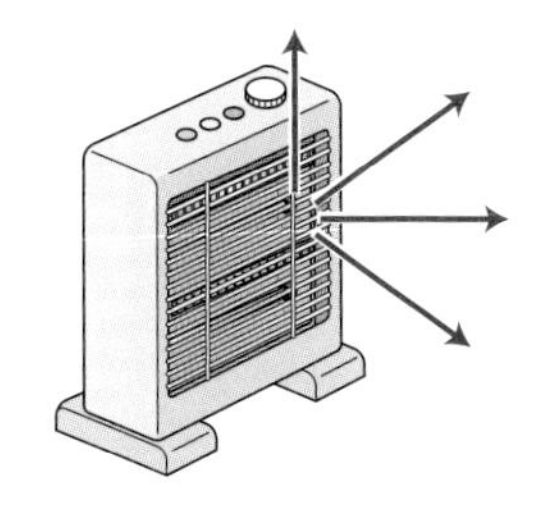

㋒

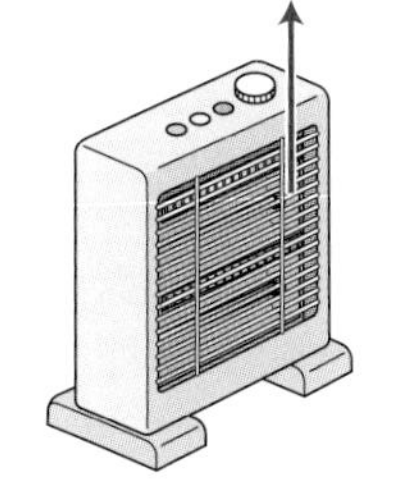

(3) 空気のあたたまり方と、金ぞくや水のあたたまり方をくらべると、どのようなことがいえますか。次の文のうち、正しいものに○をつけましょう。

①（　　）空気のあたたまり方は、金ぞくのあたたまり方とにている。

②（　　）空気のあたたまり方は、水のあたたまり方とにている。

③（　　）空気のあたたまり方は、金ぞくや水のあたたまり方とはちがう。

勉強した日　月　日

冬の星

きほんのワーク

もくひょう
冬の夜空に見られる星ざの位置の変化についてかくにんしよう。

おわったらシールをはろう

教科書 162～169ページ　答え 18ページ

図を見て、あとの問いに答えましょう。

1 冬の星の位置の変化

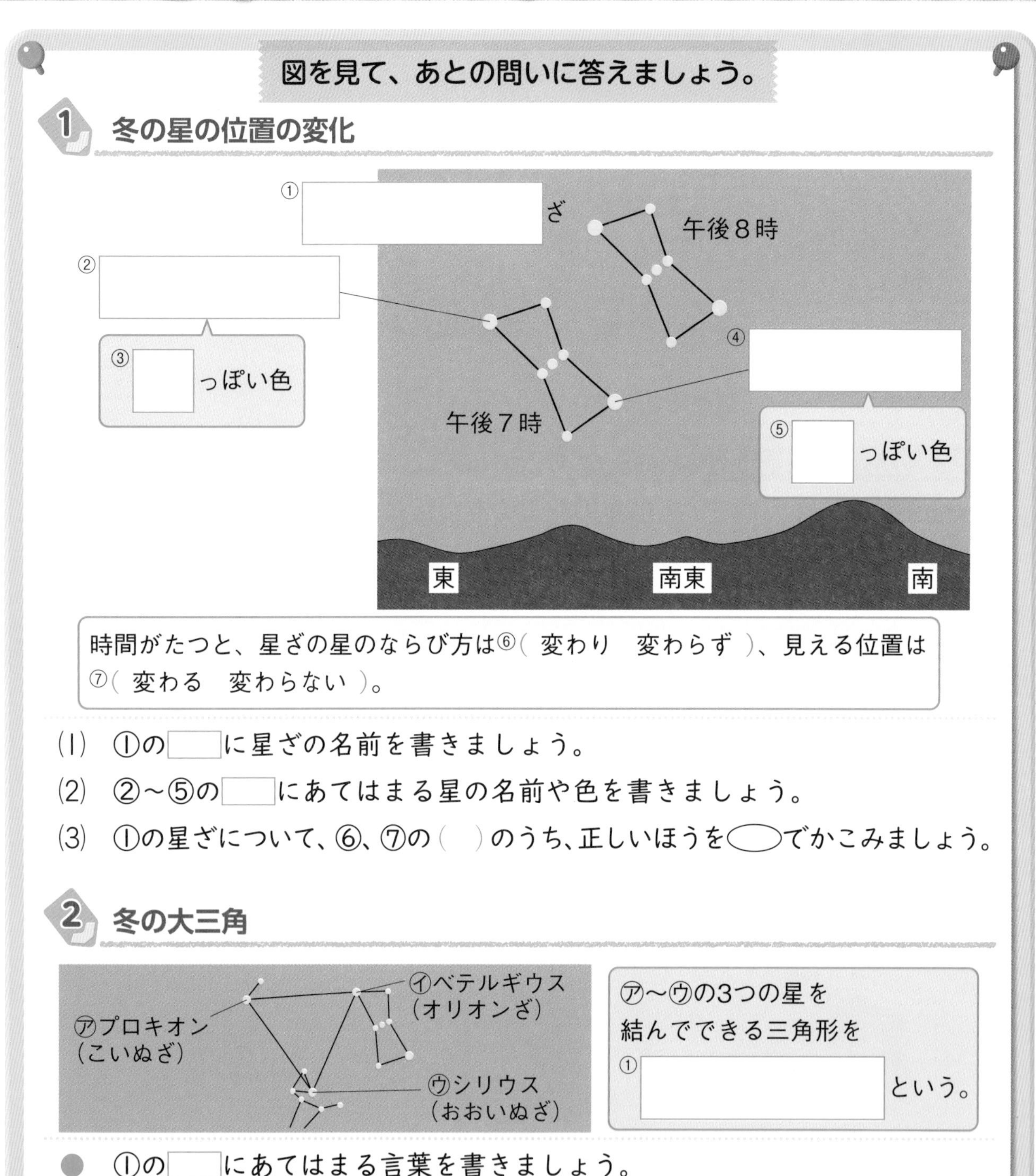

時間がたつと、星ざの星のならび方は⑥（ 変わり　変わらず ）、見える位置は⑦（ 変わる　変わらない ）。

(1) ①の□に星ざの名前を書きましょう。

(2) ②～⑤の□にあてはまる星の名前や色を書きましょう。

(3) ①の星ざについて、⑥、⑦の（　）のうち、正しいほうを◯でかこみましょう。

2 冬の大三角

㋐～㋒の3つの星を結んでできる三角形を①□という。

● ①の□にあてはまる言葉を書きましょう。

まとめ　〔 位置　ならび方 〕から選んで（　）に書きましょう。

●オリオンざは、時間がたつにつれて、星の①（　　　）は変わらないが、②（　　　）が変わる。

わくわくたんてい団　星の色は、星の表面温度によってちがいます。表面温度が１万℃以上あるとても高温の星は青っぽく、3000℃くらいの星は赤っぽく見えます。

1 右の図は、1月10日の午後7時と午後8時のオリオンざのようすです。次の問いに答えましょう。

⑴ ㋐、㋑の星を何といいますか。

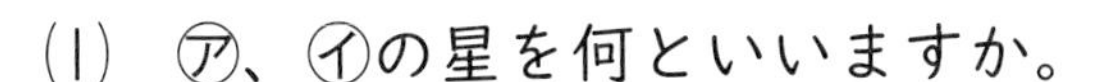

㋐（　　　　　　）
㋑（　　　　　　）

⑵ ㋐、㋑の星は、それぞれどのような色をしていますか。青っぽい色、赤っぽい色から選んで書きましょう。

㋐（　　　　　　）
㋑（　　　　　　）

⑶ ㋐、㋑の星はそれぞれ何等星ですか。

㋐（　　　　　　）
㋑（　　　　　　）

⑷ 次の文のうち、星ざの形や動きとして正しいものに○をつけましょう。

①（　　　）形は変わらないが、時間がたつと位置が変わる。
②（　　　）位置は変わらないが、時間がたつと形が変わる。
③（　　　）時間がたっても、位置と形は変わらない。

⑸ オリオンざの㋐の星と、こいぬざのプロキオン、おおいぬざのシリウスの3つの星を結んだ三角形を何といいますか。（　　　　　　）

⑹ ⑸について、次のうち、正しいほうに○をつけましょう。

①（　　　）1年中見ることができる。　②（　　　）夏には見られなくなる。

2 右の図は、冬の夜、北の空に見られる星のようすです。次の問いに答えましょう。

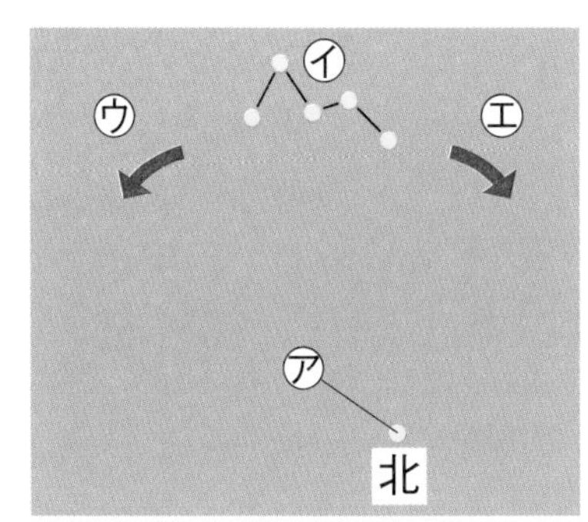

⑴ ほぼ真北にあって、時間がたっても、ほとんど位置が変化しない㋐の星を、何といいますか。

（　　　　　　）

⑵ ㋑の星ざの名前は何ですか。（　　　　　　）

⑶ ㋑の星ざの位置は、この後、㋒、㋓のどちらの方向に変化していきますか。（　　　　　　）

勉強した日　月　日

冬と生き物①

きほんのワーク

もくひょう
冬の植物のようすについてかくにんしよう。

おわったらシールをはろう

教科書 170～174ページ　答え 19ページ

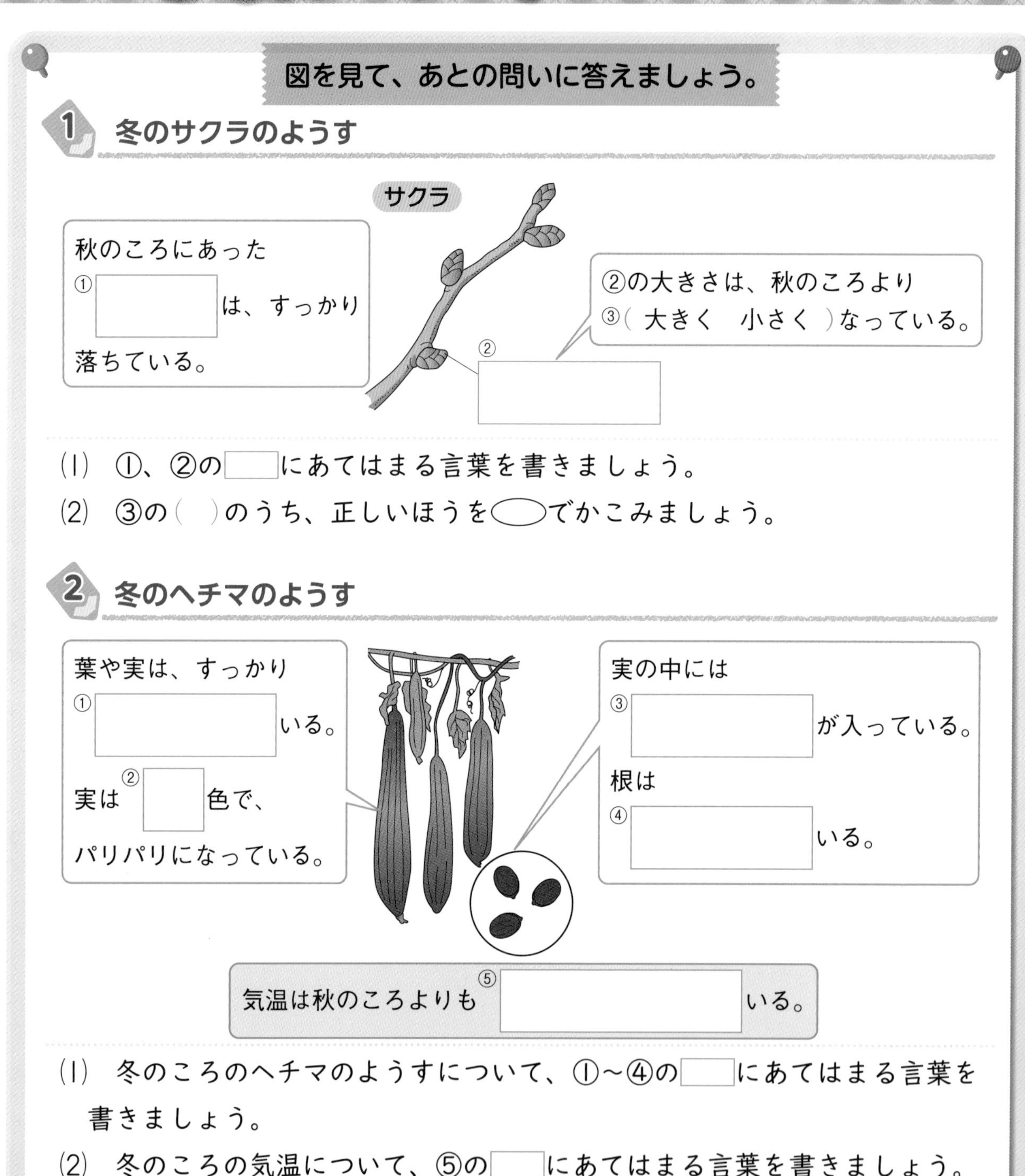

図を見て、あとの問いに答えましょう。

1 冬のサクラのようす

秋のころにあった①［　　］は、すっかり落ちている。

②［　　］

②の大きさは、秋のころより③（ 大きく　小さく ）なっている。

(1) ①、②の［　　］にあてはまる言葉を書きましょう。

(2) ③の（　）のうち、正しいほうを◯でかこみましょう。

2 冬のヘチマのようす

葉や実は、すっかり①［　　］いる。

実は②［　　］色で、パリパリになっている。

実の中には③［　　］が入っている。

根は④［　　］いる。

気温は秋のころよりも⑤［　　］いる。

(1) 冬のころのヘチマのようすについて、①～④の［　　］にあてはまる言葉を書きましょう。

(2) 冬のころの気温について、⑤の［　　］にあてはまる言葉を書きましょう。

まとめ　〔 下がる　たね 〕から選んで（　）に書きましょう。

- ヘチマは、実の中に①（　　　　）を残したままかれる。
- 冬になると、秋のころよりも、気温がさらに②（　　　　）。

わくわくたんてい団

道路の横には、冬に葉を落とす木が多く植えられます。暑い夏には多くの葉で日かげをつくり、寒い冬には葉を落として日光が当たるようになるので、ちょうどよいのです。

練習のワーク

教科書 170～174ページ　答え 19ページ

できた数　　/7問中

おわったらシールをはろう

1 右の図は、冬のサクラのようすです。次の問いに答えましょう。

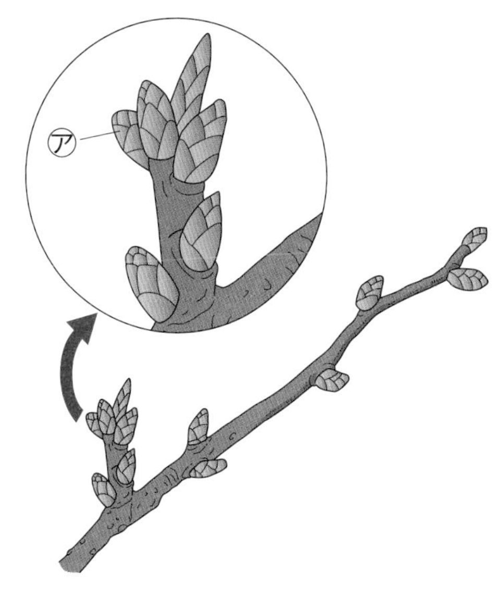

(1) 次のうち、冬のサクラの葉のようすとして正しいものに○をつけましょう。

①（　　　）緑色の葉がしげっている。
②（　　　）黄色っぽくなっている。
③（　　　）すっかり落ちている。

(2) サクラのえだの先にある㋐を何といいますか。（　　　　　　）

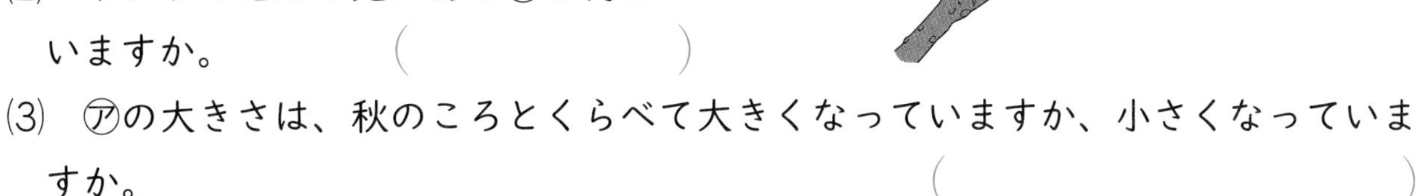

(3) ㋐の大きさは、秋のころとくらべて大きくなっていますか、小さくなっていますか。（　　　　　　　　）

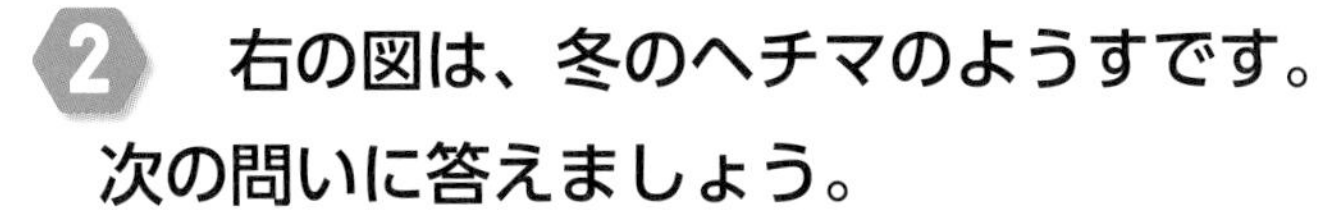

2 右の図は、冬のヘチマのようすです。次の問いに答えましょう。

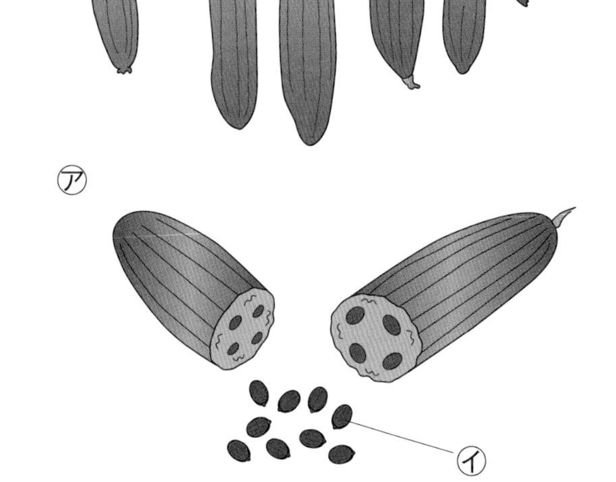

(1) 次のうち、冬のヘチマの葉やくきのようすとして正しいほうに○をつけましょう。

①（　　　）すべてかれている。
②（　　　）どんどんのびている。

(2) ㋐は、ヘチマの実を切ったようすです。㋑は何ですか。（　　　　　　）

(3) ヘチマが右の図のようになったのは、なぜですか。次のうち、正しいものに○をつけましょう。

①（　　　）気温が下がったから。
②（　　　）太陽の光に当たりすぎたから。
③（　　　）ひりょうが少なくなったから。

(4) ヘチマは、どのような形で冬をすごしますか。次のうち、正しいものに○をつけましょう。

①（　　　）芽　②（　　　）子葉　③（　　　）たね　④（　　　）葉

勉強した日　月　日

冬と生き物②

きほんのワーク

もくひょう
冬の生き物のようすについてかくにんしよう。

おわったらシールをはろう

教科書 175～177ページ　答え 19ページ

図を見て、あとの問いに答えましょう。

1 冬の生き物のようす

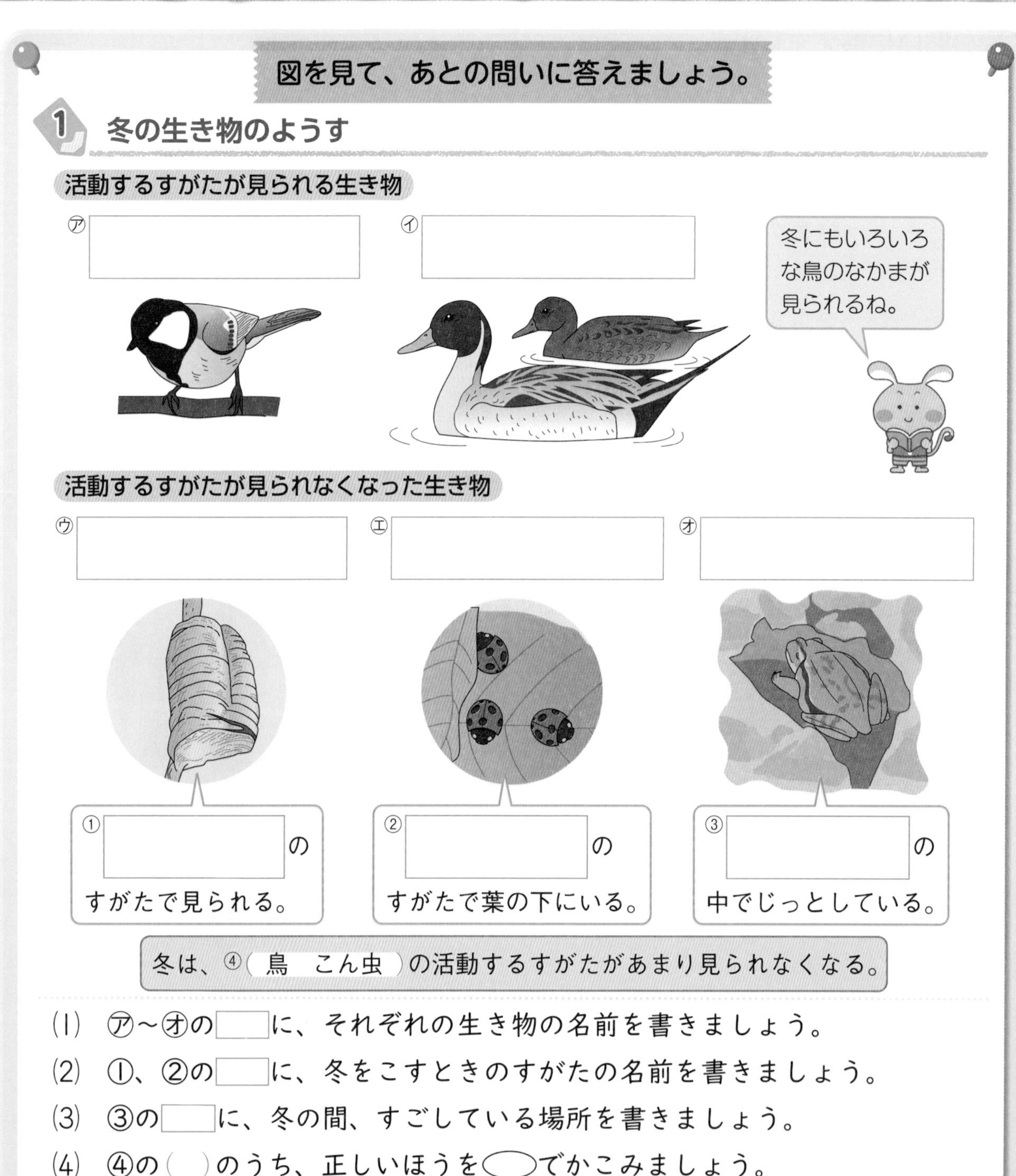

冬は、④(鳥　こん虫)の活動するすがたがあまり見られなくなる。

(1) ㋐～㋔の□に、それぞれの生き物の名前を書きましょう。
(2) ①、②の□に、冬をこすときのすがたの名前を書きましょう。
(3) ③の□に、冬の間、すごしている場所を書きましょう。
(4) ④の(　)のうち、正しいほうを◯でかこみましょう。

まとめ　〔 見られる　見られない 〕から選んで(　)に書きましょう。

● 冬の間、鳥の活動するすがたは、①(　　　　)。
● 冬の間、こん虫の活動するすがたは、あまり②(　　　　)。

冬になると、マツの木にワラがまかれていることがあります。マツにすむ害虫を、ワラの中にい動させ、春になる前に害虫のついたワラを外し、害虫をたい治しているのです。

できた数　/14問中

おわったらシールをはろう

教科書 175～177ページ　答え 19ページ

1 次の動物について、あとの問いに答えましょう。

㋐

㋑

(1) ㋐と㋑の鳥の名前を何といいますか。

㋐(　　　　　)　㋑(　　　　　)

(2) 夏も冬も日本で見られる鳥は、㋐、㋑のうち、どちらですか。(　　　)

(3) 秋から冬にかけてだけ日本で見られる鳥は、㋐、㋑のうち、どちらですか。

(　　　)

(4) 次の文のうち、正しいものには○、まちがっているものには×をつけましょう。

①(　　)夏に見られる鳥のなかには、冬には見られなくなる鳥もいる。

②(　　)冬に見られる鳥はすべて、夏の間は北の国でくらしている。

③(　　)㋑の鳥は、冬の間は池などでよく見られる。

④(　　)㋐の鳥は、冬の間は何も食べない。

2 右の図は、いろいろな生き物の冬のようすです。次の問いに答えましょう。

(1) ㋐～㋓の生き物の名前を、下の〔　〕から選んで書きましょう。

㋐(　　　　　)

㋑(　　　　　)

㋒(　　　　　)

㋓(　　　　　)

〔 オオカマキリ　ナナホシテントウ
カブトムシ　ヒキガエル 〕

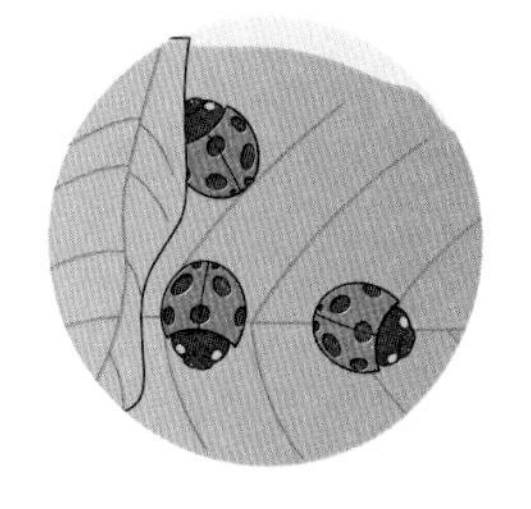

㋑

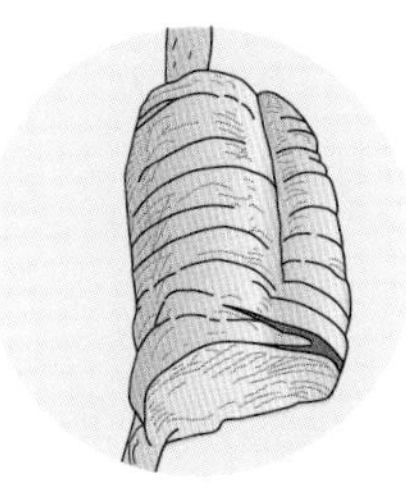

㋒

㋓

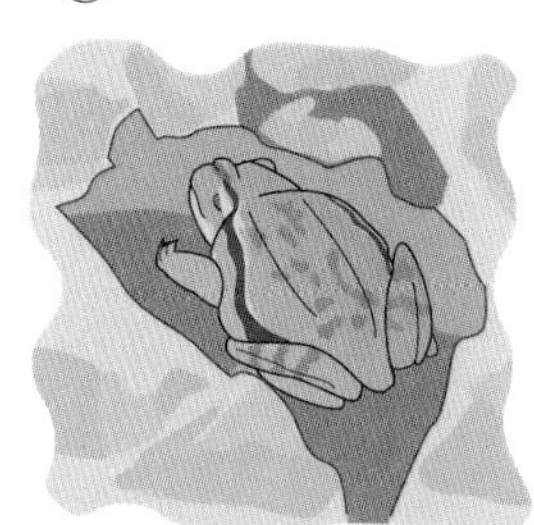

(2) ㋑の生き物のすがたを何といいますか。

(　　　　　)

述 (3) ㋓の生き物は地面の上をさがしても見つかりませんでした。それはなぜですか。

(　　　　　　　　　　)

勉強した日　月　日

まとめのテスト

冬と生き物

とく点　/100点

おわったらシールをはろう

時間 20分

教科書 170～177ページ　答え 20ページ

よく出る **1** **サクラの冬のようす** 右の図は、冬のころのサクラのえだのようすです。次の問いに答えましょう。 1つ7〔28点〕

(1) サクラのえだは、かれていますか、かれていませんか。

(　　　　　　　　)

(2) (1)のことは、どのようなことからわかりますか。次の文の(　)にあてはまる言葉を、下の〔　〕から選んで書きましょう。

(1)のことは、サクラのえだには、小さな①(　　　)がたくさんできていて、その大きさが②(　　　)のころよりも③(　　　)のころのほうが大きくなっていることからわかる。

〔 秋　冬　花　実　芽　たね　根 〕

よく出る **2** **植物の冬のようす** 右の図は、植物の実の冬のころのようすです。次の問いに答えましょう。 1つ4〔24点〕

㋐

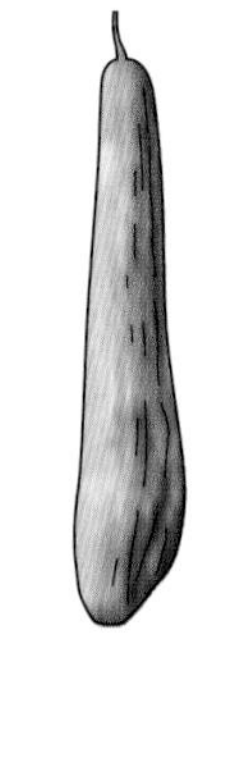

㋑

㋒

(1) ㋐、㋑の植物を何といいますか。下の〔　〕から選んで書きましょう。

㋐(　　　　　)

㋑(　　　　　)

〔 ツルレイシ　ホトケノザ　ヘチマ 〕

(2) 冬のころ、㋐、㋑の実全体は、どんな色をしていますか。

(　　　　　)

(3) 次の文のうち、㋐、㋑の植物の冬のころのようすとして正しいものに○をつけましょう。

①(　　)くきがぐんぐんのびている。

②(　　)つぼみができている。

③(　　)かれている。

(4) 右の㋒は、㋐、㋑の植物のどちらかの実の中に入っていた黒っぽいつぶです。㋒は植物の何ですか。

(　　　　　)

(5) ㋒は、㋐、㋑のどちらからとれたものですか。

(　　　　　)

3 **オオカマキリの冬のようす** **次の図は、いろいろなこん虫のたまごを表しています。あとの問いに答えましょう。** 1つ4〔12点〕

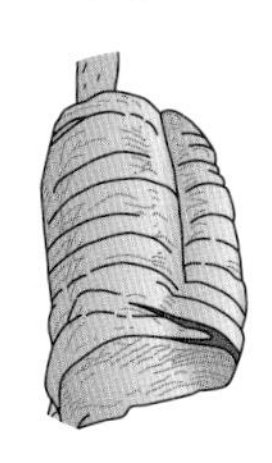

㋑
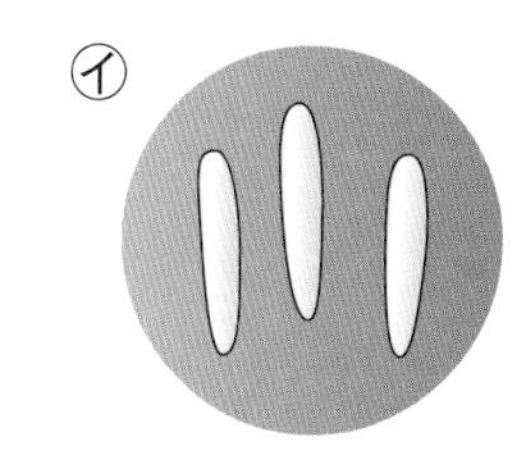

㋒
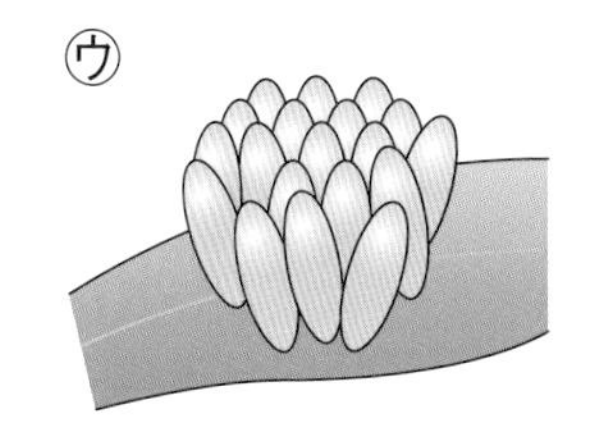

(1) オオカマキリのたまごは、図の㋐〜㋒のどれですか。 （　　　）

(2) オオカマキリは、どこにたまごを産みますか。正しいものに○をつけましょう。

①（　　　）水の中　②（　　　）土の中　③（　　　）植物のくき

(3) オオカマキリのたまごは、この後どのようになりますか。次の文のうち、正しいものに○をつけましょう。

①（　　　）冬の間にたまごからよう虫がかえる。

②（　　　）秋までたまごですごす。

③（　　　）春になるとたまごからよう虫がかえる。

4 **生き物の冬のようす** **次の文のうち、生き物の冬のようすとして正しいものには○、まちがっているものには×をつけましょう。** 1つ4〔24点〕

①（　　　）ヘチマの葉、くき、根、実はすべてかれてしまったが、かれた実の中にたねがたくさんできていた。

②（　　　）土の中で動かずにじっとしているヒキガエルがいた。

③（　　　）ツバメが巣を作っていた。

④（　　　）ヘチマのくきがどんどんのび、黄色い花がたくさんさいていた。

⑤（　　　）植物のくきの上を、オオカマキリのよう虫がならんで歩いていた。

⑥（　　　）ナナホシテントウは、よう虫のすがたで落ち葉の下などに集まっていた。

5 **冬の気温** **次の図は、春・夏・秋・冬の午前10時の気温をはかったときのようすを示しています。あとの問いに答えましょう。** 1つ4〔12点〕

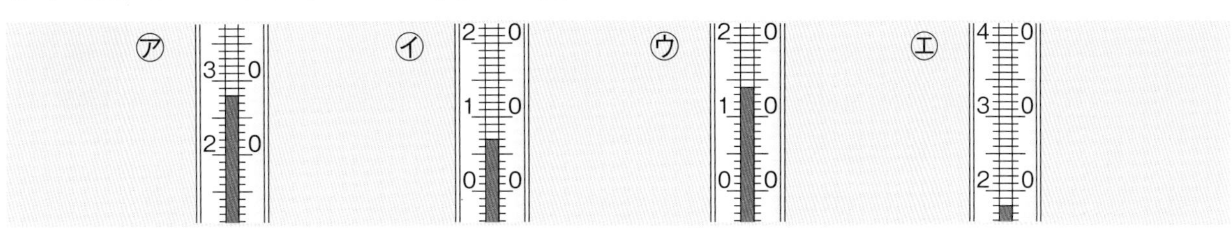

(1) ㋒の温度計が示している気温は、何℃ですか。 （　　　）

(2) ㋐〜㋓のうち、冬の気温を示しているものはどれですか。 （　　　）

述 (3) (2)のように考えたのはなぜですか。

（　　　　　　　　　　　　　　　　　　　　　　　　　　　　）

勉強した日　月　日

1　水を冷やしたときの変化

もくひょう
水を冷やしていくと、どのような変化が起こるかかくにんしよう。

おわったらシールをはろう

きほんのワーク

教科書 178 ～ 184ページ　答え 21ページ

図を見て、あとの問いに答えましょう。

1 水を冷やしたときのようす

温度計
試験管
ビニルテープ
ストローを温度計の先につける。
①［　　］を入れた氷水。

水のすがた	
水は⑤［　　］体	
氷は⑥［　　］体	

こおるときのようす

ビニルテープ
水
体積が②［　　］なる。
③［　　］

(℃) 初め　こおり始める。　全部こおる。

温度　0, 5, 10, -5
時間　0, 5, 10, 15（分）

全部こおるまで、温度は④［　　］℃のまま。

(1)　試験管の中の水を冷やすために、くだいた氷水に何をまぜるとよいですか。①の［　］に書きましょう。

(2)　②の［　］に、大きくか、小さくかを書きましょう。

(3)　水がこおると、何になりますか。③の［　］に書きましょう。

(4)　水が全部こおるまでの温度は何℃のままですか。④の［　］に数字を書きましょう。

(5)　水や氷のようなすがたを何といいますか。⑤、⑥の［　］にあてはまる言葉を書きましょう。

水面の変化をよく見くらべてみよう！

まとめ　〔　大きく　変わらない　氷　〕から選んで（　）に書きましょう。

●水は、こおり始めてから、全部こおるまでの間、温度は0℃のまま①（　　　　）。
●水は、②（　　　　）にすがたが変わると、体積が③（　　　　）なる。

氷に、水と食塩をまぜたものを加えると、温度がどんどん低くなり、冷とう庫と同じくらいの温度まで下がります。

1 次の図のように、水が入った試験管を冷やして、水の温度の変化をグラフにしました。あとの問いに答えましょう。

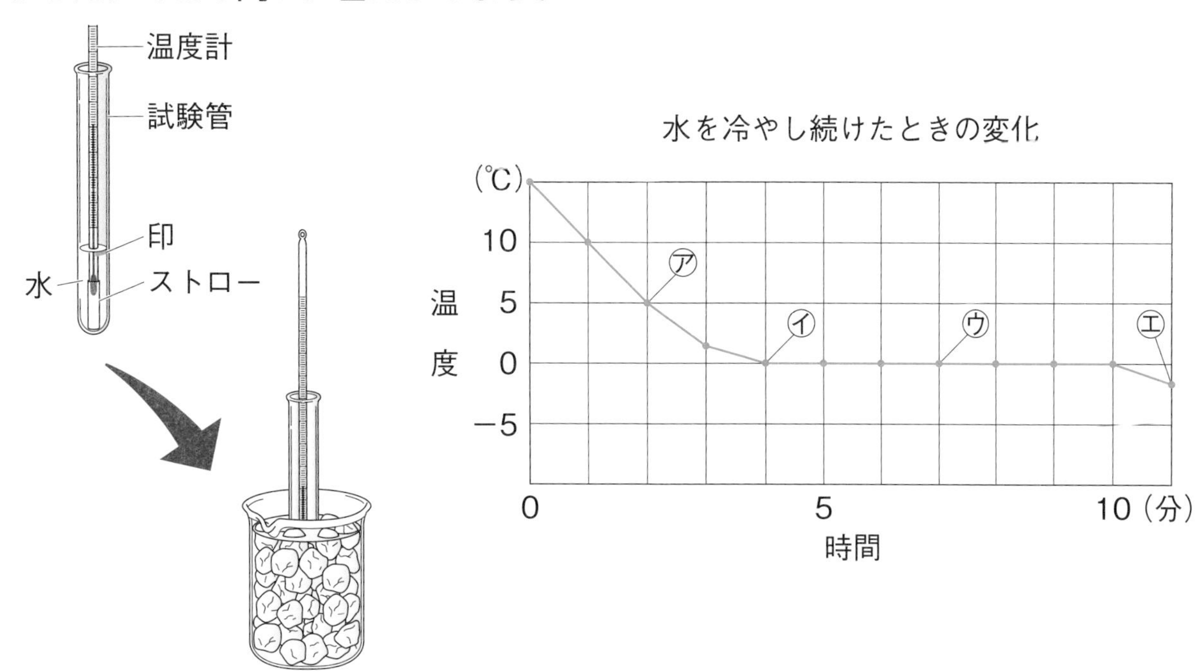

(1) ビーカーの中の氷水の温度を、水の温度よりも低くするためには、氷と水のほかに何を入れればよいですか。 (　　　　)

(2) 試験管に印をつけたのは、こおる前とこおった後の何の変化がわかるようにするためですか。 (　　　　)

(3) 水がこおり始めたのは、グラフの㋐～㋒のどのときですか。また、そのときの温度は何℃ですか。

記号(　　　　)

温度(　　　　)

(4) 水がこおり始めてから全部こおるまで、水の温度はどうなっていますか。次のア～ウから選びましょう。 (　　　　)

ア 下がっている。　　イ 変わらない。　　ウ 上がっている。

(5) 全部こおった後、さらにしばらく冷やし続けると、温度計の目もりが右の図のようになりました。この温度は、何と読んで、どのように書きますか。

読み方(　　　　)

書き方(　　　　)

10
0
10

(6) グラフの㋐、㋓のときの体積をくらべます。体積が大きいのはどちらですか。 (　　　　)

勉強した日　月　日

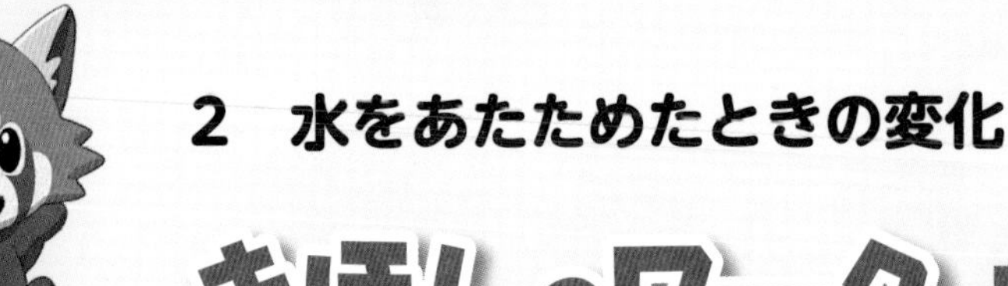

2 水をあたためたときの変化

もくひょう　水をあたためていくと、どのような変化が起こるかかくにんしよう。

おわったらシールをはろう

きほんのワーク　教科書 185～195ページ　答え 21ページ

図を見て、あとの問いに答えましょう。

1 水をあたためたときのようす

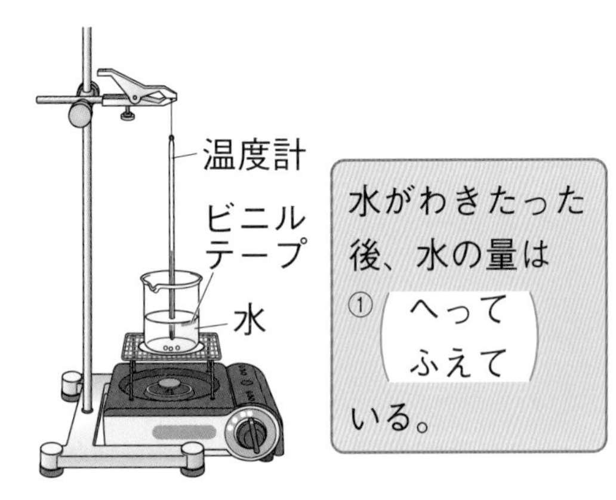

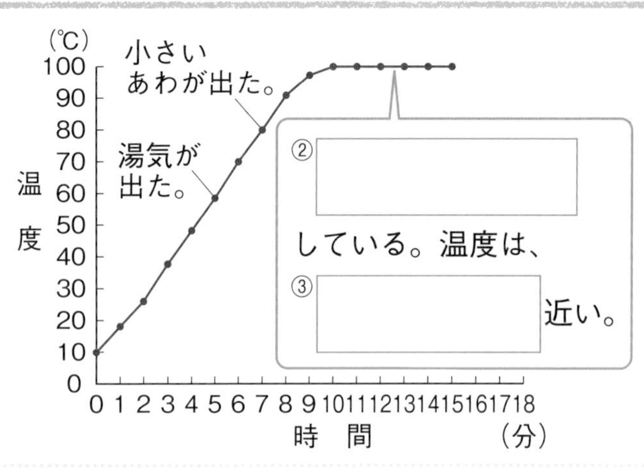

(1) ①の（　）のうち、正しいほうを◯でかこみましょう。

(2) ②の□には水がわきたつことを表す言葉を、③の□にはそのときの温度を書きましょう。

2 水をあたため続けたときのあわの正体

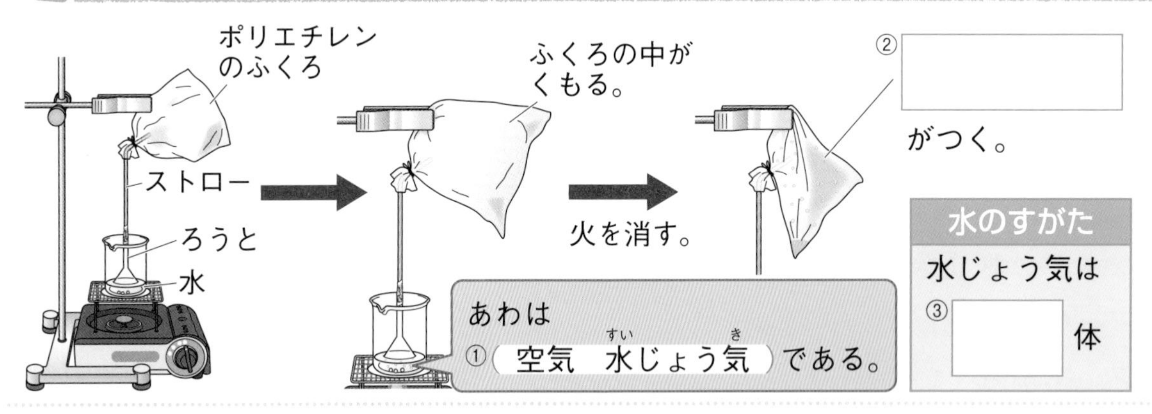

(1) ①の（　）のうち、正しいほうを◯でかこみましょう。

(2) ②、③の□にあてはまる言葉を書きましょう。

まとめ　〔 気体　水じょう気　ふっとう 〕から選んで（　）に書きましょう。

- 水が①（　　　）しているときに出るあわは②（　　　）である。
- ②は、水が液体から③（　　　）のすがたに変わったものである。

高い山の上では、水が100℃になる前にふっとうします。日本一高い山である富士山のちょう上では、90℃になる前にふっとうします。

1 水をあたため続けたときの水のすがたについて、次の問いに答えましょう。

(1) 白いけむりのように見える図の㋐を何といいますか。（　　　　　）

(2) ㋐～㋒は、液体・気体・固体（こたい）のうち、どれですか。
㋐（　　　　　）
㋑（　　　　　）
㋒（　　　　　）

(3) 図のとき、水の温度は何℃近くになっていますか。（　　　　　）

(4) 次のうち、正しいものには○、まちがっているものには×をつけましょう。
①（　　　）出てくる大きいあわは、水にとけた空気である。
②（　　　）さかんに大きいあわが出ている間、温度は上がらない。
③（　　　）湯気は、水じょう気が冷やされてできたものである。

(5) 図のように、大きいあわが出て水がわきたつことを何といいますか。
（　　　　　）

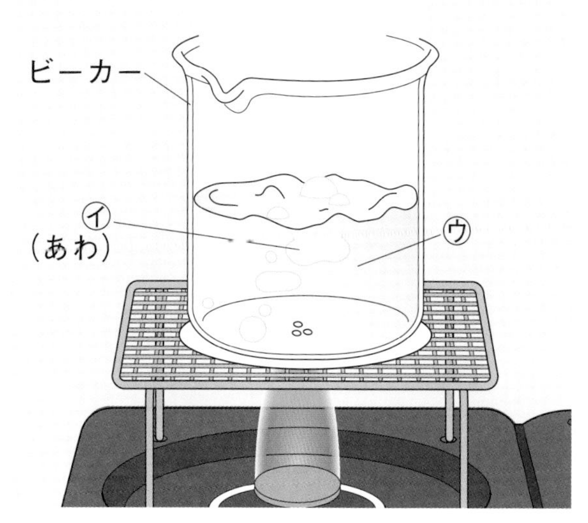

(6) 熱するのをやめたとき、ビーカーの中の水の量は初めにくらべてどのようになっていますか。正しいものに○をつけましょう。
①（　　　）ふえている。　②（　　　）へっている。　③（　　　）同じ。

(7) この実験で、水はどのように変わりますか。正しいもの2つに○をつけましょう。
①（　　　）固体から液体に変わる。
②（　　　）液体から固体に変わる。
③（　　　）液体から気体に変わる。
④（　　　）気体から液体に変わる。

水がこおった後のすがたが固体だね。

まとめのテスト

10　水のすがたの変化

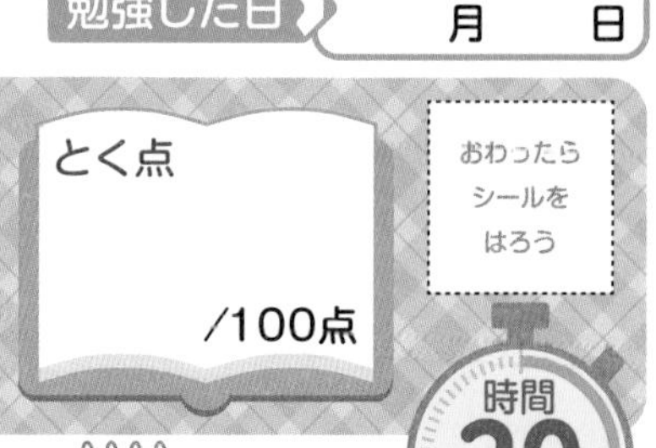

教科書 178～195ページ　答え 22ページ

1 水を冷やしたときのようす　次の図の㋐のようにして試験管の中の水を冷やし続けました。㋑は、そのときの温度の変化をグラフに表したものです。あとの問いに答えましょう。

1つ5〔45点〕

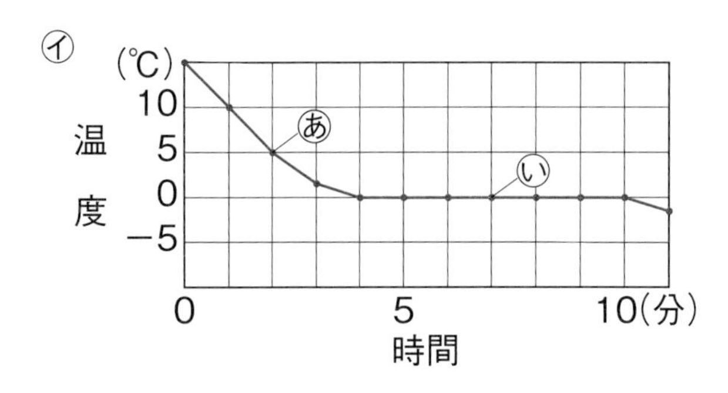

(1)　温度を0℃よりも下げるために、氷水にまぜるものは何ですか。（　　　）

(2)　水がこおり始めたときの温度は、何℃ですか。（　　　）

(3)　次のうち、水がこおり始めてから全部こおるまでの水の温度の変化として、正しいものに○をつけましょう。

①（　　　）温度は上がっていく。

②（　　　）温度は下がっていく。

③（　　　）温度は変わらない。

(4)　グラフのあ、いのとき、試験管の中の水は、どのようなようすになっていますか。次のア～ウからそれぞれ選びましょう。　あ（　　　）　い（　　　）

ア　水だけ　　イ　水と氷　　ウ　氷だけ

(5)　水は液体で、冷やされると氷になります。氷は、水が何というすがたに変わったものですか。（　　　）

(6)　水が全部こおったときのようすを、次の㋐～㋒から選びましょう。（　　　）

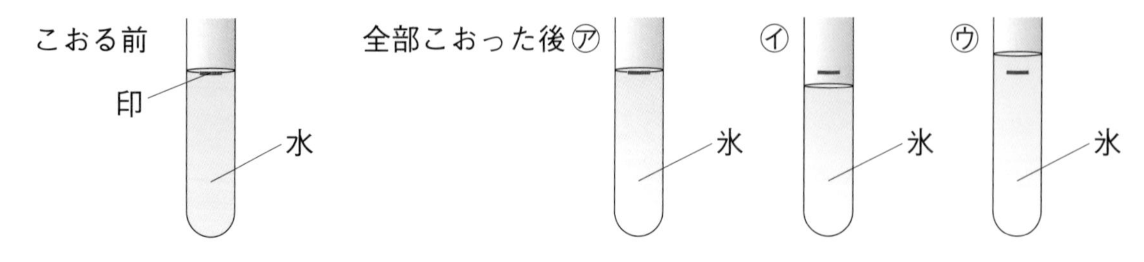

(7)　(6)から、水が氷になると、体積はどうなりますか。（　　　）

(8)　水が全部こおった後、氷をさらに冷やし続けると、氷の温度はどうなりますか。

（　　　）

2 水をあたためたときのようす 水をあたため続けたときのようすを調べるために、次の図のようにして水を入れたビーカーを熱し、結果をグラフに表しました。あとの問いに答えましょう。

1つ6〔30点〕

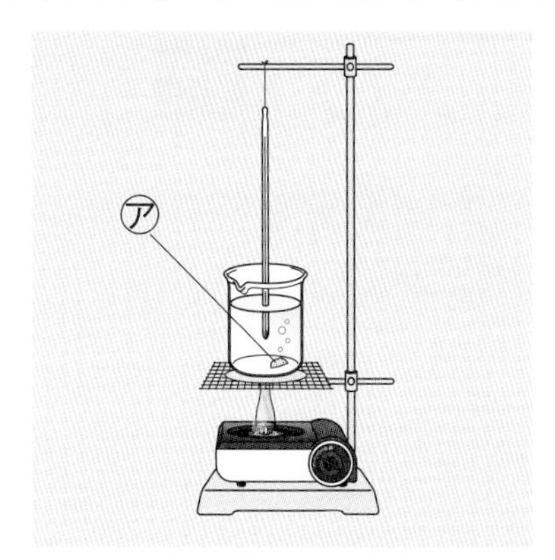

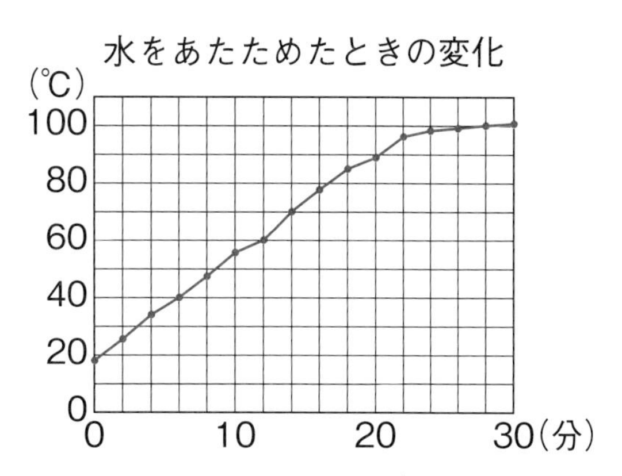

(1) 水をあたためるときに入れる㋐の石を何といいますか。（　　　　）

(2) あたためられた水がわきたつことを、何といいますか。（　　　　）

(3) (2)のときの温度は、何℃近くですか。（　　　　）

(4) 水がわきたった後も水をあたため続けると、温度はどうなりますか。次のア～ウから選びましょう。（　　）

ア 上がる。　イ 下がる。　ウ 変わらない。

記述 (5) 水がわきたつ前とわきたった後では、後のほうが水の量がへっていました。その理由を説明しましょう。（　　　　）

3 水がふっとうしたときのようす 右の図は、水がふっとうしたときのようすです。次の問いに答えましょう。

1つ5〔15点〕

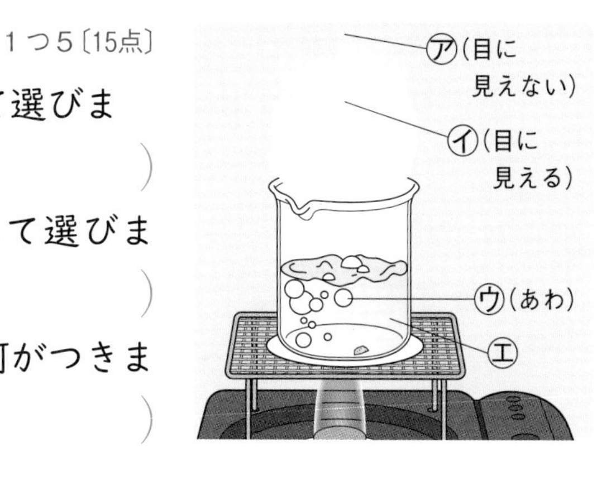

(1) ㋐～㋓のうち、気体はどれですか。すべて選びましょう。（　　　　）

(2) ㋐～㋓のうち、液体はどれですか。すべて選びましょう。（　　　　）

(3) ㋑にスプーンを近づけると、スプーンに何がつきますか。（　　　　）

4 水のすがたの変化 水の３つのすがたについて、次の問いに答えましょう。

1つ5〔10点〕

(1) 氷のようなすがたを何といいますか。（　　　　）

(2) 図の㋐～㋓のうち、冷やしたときの変化をすべて選びましょう。（　　　　）

勉強した日　　月　　日

1　水の量がへるわけ

もくひょう
水がじょうはつして空気中に出ていくことをかくにんしよう。

おわったらシールをはろう

きほんのワーク

教科書 196 ～ 202ページ　答え 23ページ

図を見て、あとの問いに答えましょう。

1 ようきの中の水の量

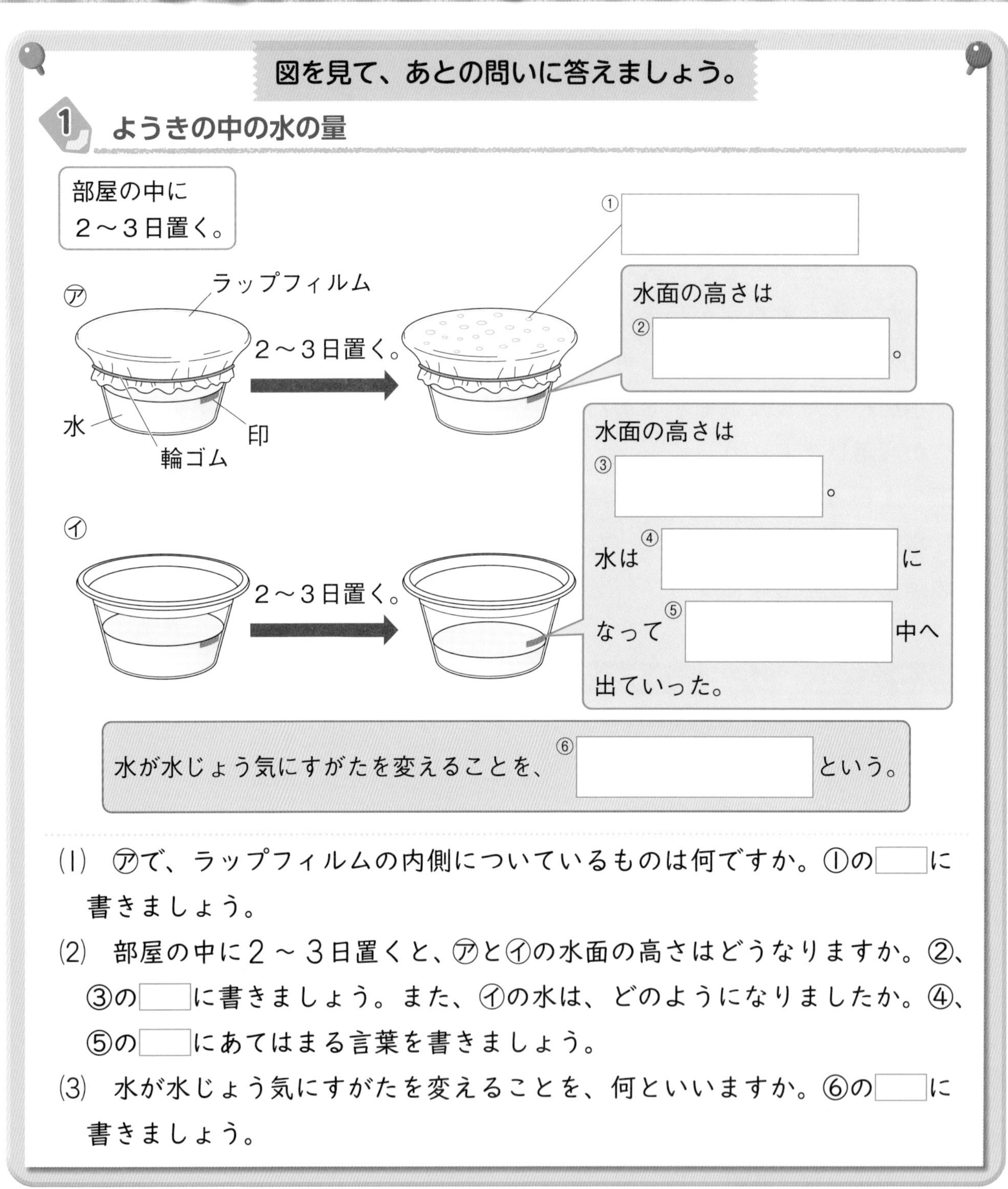

(1)　㋐で、ラップフィルムの内側についているものは何ですか。①の□に書きましょう。

(2)　部屋の中に2～3日置くと、㋐と㋑の水面の高さはどうなりますか。②、③の□に書きましょう。また、㋑の水は、どのようになりましたか。④、⑤の□にあてはまる言葉を書きましょう。

(3)　水が水じょう気にすがたを変えることを、何といいますか。⑥の□に書きましょう。

まとめ　〔　水じょう気　じょうはつ　〕から選んで（　）に書きましょう。

●水は、ふっとうしていなくても、①（　　　　）になって空気中に出ていく。これを②（　　　　）という。

ケーキの箱の中などに入っているドライアイスは、時間がたつとなくなります。これは、ドライアイスが液体にならず、固体からすぐに気体になるためです。

1　右の図は、雨がふった日とその２日後の校庭のようすです。２日後には、水たまりがなくなっていました。次の問いに答えましょう。

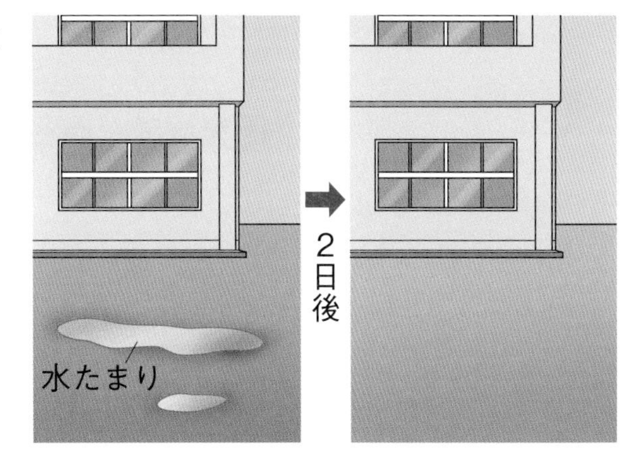

(1)　水たまりがなくなったのは、水が何にすがたを変えたからですか。　（　　　）

(2)　(1)で答えたものは、どこへいきましたか。ア、イから選びましょう。　（　　　）

ア　土の中　　イ　空気中

(3)　(1)のように、水がすがたをかえることを、何といいますか。（　　　）

(4)　水たまりの水は、土の中にもしみこみます。次の文のうち、土の中にしみこんだ水のゆくえとして正しいものに○をつけましょう。

①（　　）土の中にしみこんだ水は、しみこんだまま出ていかない。
②（　　）土の中にしみこんだ水も、雨の日に地面から空気中へ出ていく。
③（　　）土の中にしみこんだ水も、晴れの日に地面から空気中へ出ていく。
④（　　）土の中にしみこんだ水も、湯気になって地面から空気中へ出ていく。

2　ふたをしない水そうで、金魚をかっています。次の問いに答えましょう。

(1)　しばらく置いておくと、水面の高さはどうなりますか。正しいものに○をつけましょう。

①（　　）下がる。　②（　　）上がる。
③（　　）変わらない。

(2)　水そうの上にふたをして、しばらく置いておくと、水面の高さはどうなりますか。次のア～ウから選びましょう。　（　　　）

ア　下がる。　イ　上がる。　ウ　変わらない。

(3)　次のうち、(2)のようになる理由として正しいものに○をつけましょう。

①（　　）ふたをしたことで、水が空気中へ出ていかなくなったから。
②（　　）水がふたにしみこんでいったから。
③（　　）水がふたを通して出ていったから。

2 冷たいものに水てきがつくわけ

もくひょう
水じょう気が水になることとしくみをかくにんしよう。

おわったらシールをはろう

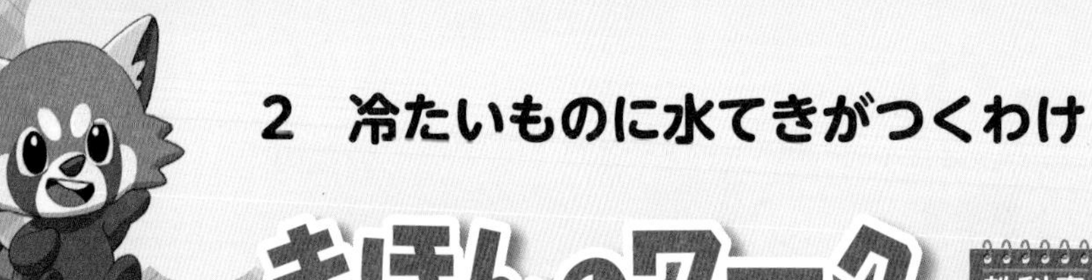

教科書 203～211ページ　答え 23ページ

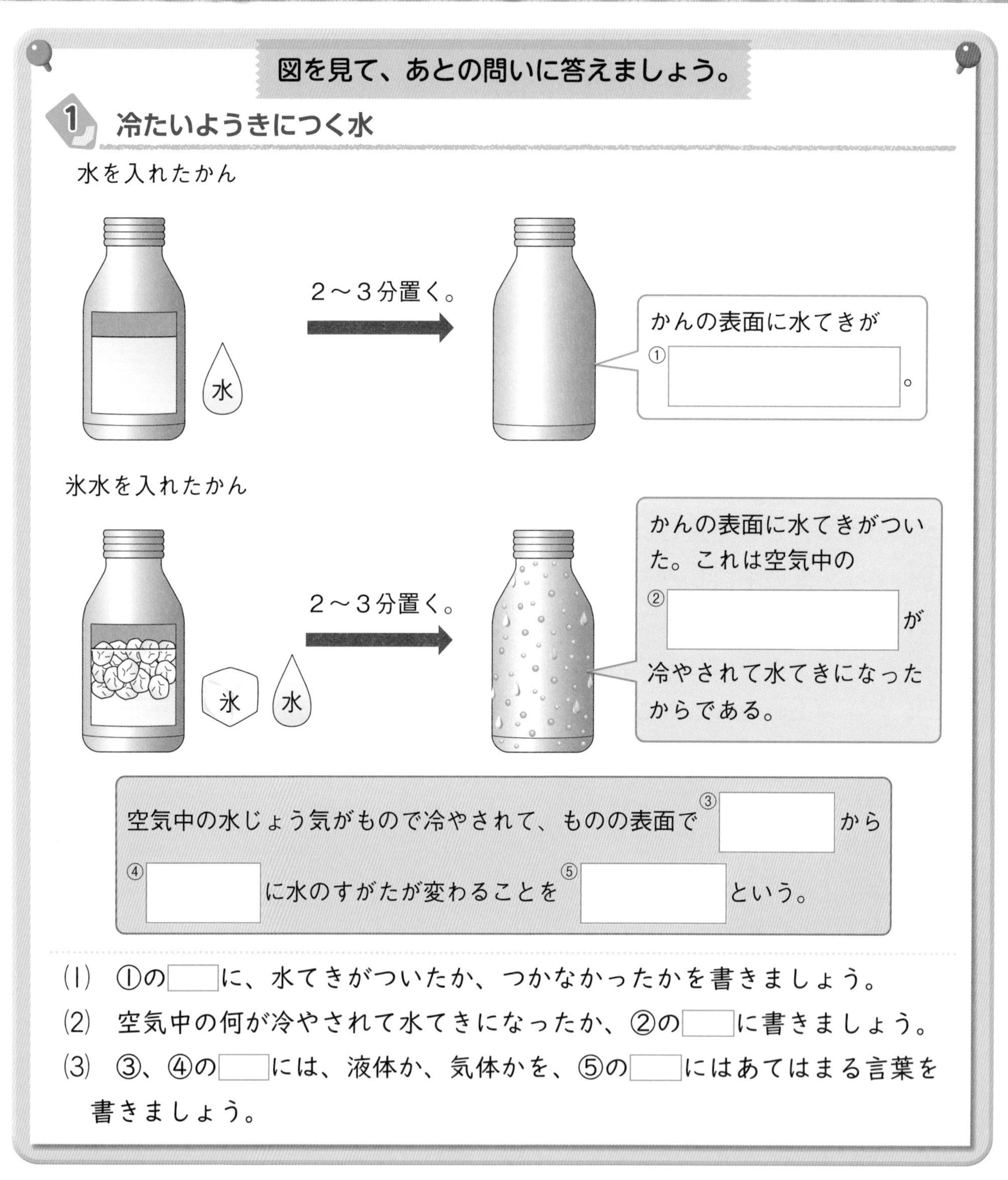

(1) ①の□に、水てきがついたか、つかなかったかを書きましょう。
(2) 空気中の何が冷やされて水てきになったか、②の□に書きましょう。
(3) ③、④の□には、液体か、気体かを、⑤の□にはあてはまる言葉を書きましょう。

まとめ 〔 水　水じょう気　けつろ 〕から選んで( )に書きましょう。

●空気中にある気体の①(　　　　)が冷たいものの表面で冷やされると液体の②(　　　　)になる。これを③(　　　　)という。

はってん 〈自然の中をめぐる水〉水は、水面や地面などからじょうはつして、水じょう気になります。水じょう気が冷やされると雲ができて、雨や雪になって地上に落ちてきます。

できた数　/12問中

おわったらシールをはろう

1 **教室で、びんに水と氷を入れると、右の図のようにびんの表面がぬれました。次の問いに答えましょう。**

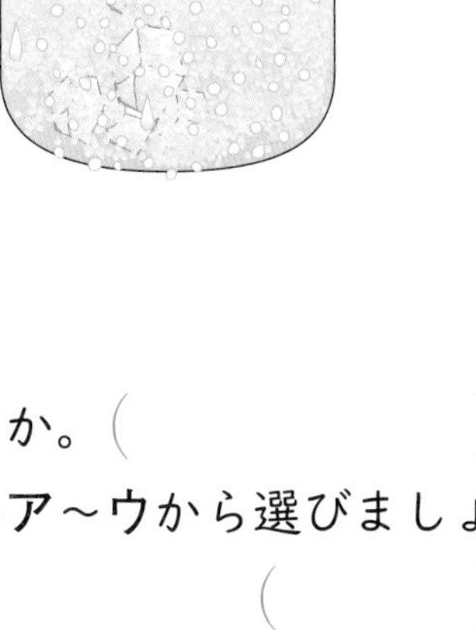

(1) びんの表面についた㋐は、何ですか。
（　　　　）

(2) びんの表面がぬれたのは、なぜですか。次の文のうち、正しいものに○をつけましょう。

①（　　）びんの中の水が外側にしみ出してきたから。

②（　　）空気中の水じょう気が、冷やされて水になったから。

③（　　）びんの中の水じょう気が、びんの外側に出てきたから。

(3) (2)のように、ものの表面がぬれることを、何といいますか。（　　　　）

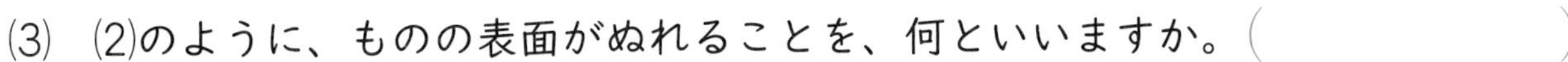

(4) (3)は、水のすがたがどのように変わることですか。次のア～ウから選びましょう。（　　）

ア　液体から気体に変わる。　**イ**　気体から液体に変わる。

ウ　気体から固体に変わる。

(5) 同じびんをもう1つ用意して、校庭に持っていきました。校庭でも、(4)のようなことは見られますか、見られませんか。（　　　　）

(6) 次の文のうち、(5)からわかることとして正しいほうに○をつけましょう。

①（　　）水じょう気はどこにでもある。

②（　　）水じょう気は決まった場所にしかない。

2 **水のすがたが気体から液体に変わっているものには○、ちがうものには×をつけましょう。**

①（　　）あたたかくなったので、雪だるまがとけてきた。

②（　　）寒い日の朝、バケツの水がこおっていた。

③（　　）寒い日にだんぼうを使うと、まどガラスの内側がぬれた。

④（　　）冷（れい）ぞう庫から出したペットボトルの表面がぬれた。

⑤（　　）せんたく物が、とてもよくかわいた。

⑥（　　）冷とう庫から氷を出して、皿の上に置いておいたら、氷がとけて皿から水があふれていた。

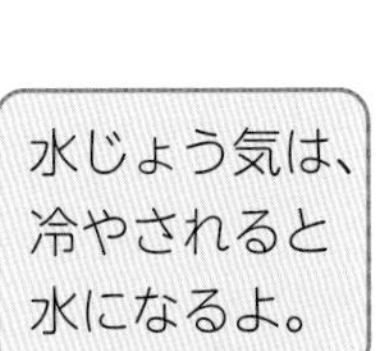

まとめのテスト

11 水のゆくえ

とく点 /100点

おわったら シールを はろう

時間 20分

教科書 196～211ページ 答え 23ページ

よく出る **1** **ようきの中の水の量** **右の図のようにして、おおいをしないようき㋐と、おおいをしたようき㋑を日なたに置いて、中に入れた水がどうなるかを調べました。次の問いに答えましょう。**

1つ6〔24点〕

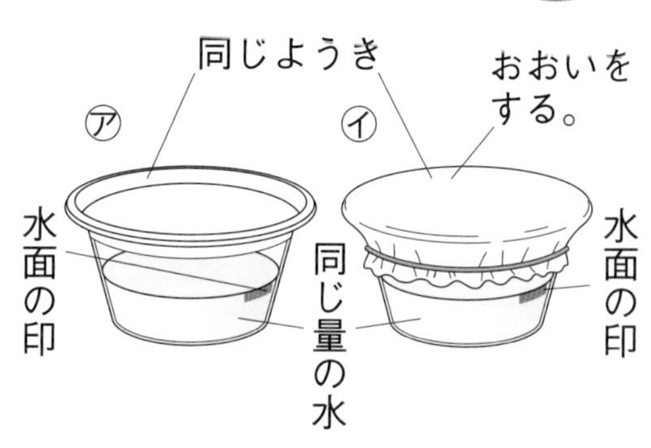

⑴ 3日後に調べたとき、水がへっているのは、㋐と㋑のどちらですか。 （　　　）

⑵ おおいをしたようきの内側にたくさんついている㋒は何ですか。

（　　　　　　）

記述 ⑶ ⑵より、⑴で選んだようきの、へった水はどうなったと考えられますか。「水じょう気」という言葉を使って答えましょう。

（　　　　　　　　　　　　　　　　　　　　）

⑷ 右の㋓のように、日なたの地面にようきをかぶせてしばらく置いておくと、ようきの内側に水てきがついていました。このことからわかることを書いた次の文の（　）にあてはまる言葉を書きましょう。

水は、地面からも、たえず（　　　　　）している。

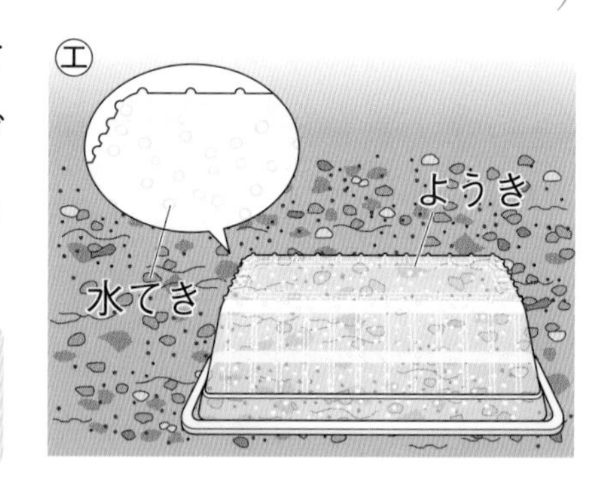

2 **水のゆくえ** **水のゆくえについて書いた次の文のうち、正しいものには○、まちがっているものには×をつけましょう。**

1つ5〔20点〕

①（　　　）雨がふったときに、校庭の土の上にできた水たまりの水は、全部が土の中にしみこんでいくので、やがて校庭はかわいてくる。

②（　　　）水は、ふっとうしているときもふっとうしていないときも、水じょう気となって、空気中に出ていっている。

③（　　　）水は、水たまりからだけでなく、川の水面からもじょうはつしていて、水面から出た水じょう気が冷やされると、湯気のように見えることがある。

④（　　　）金魚を入れた水そうの水がへるのは、金魚が水を飲んでいるためで、水のじょうはつとは関係しない。

3 せんたく物のかわき方 右の図のように、ぬれたせんたく物をほしてかわかしたところ、せんたく物はほす前にくらべて軽くなりました。次の問いに答えましょう。 1つ4〔20点〕

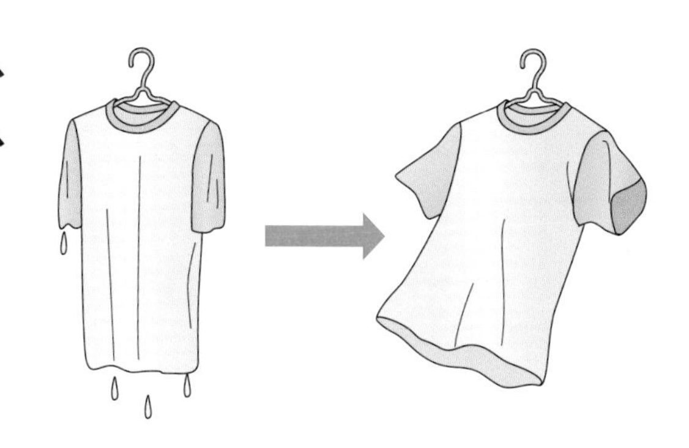

(1) せんたく物が軽くなったのは、なぜですか。次の文の(　)にあてはまる言葉を書きましょう。

ぬれたせんたく物から、①(　　　　)が②(　　　　)して、③(　　　　)に出ていったためである。

(2) ぬれたせんたく物をふくろに入れてふくろの口をしっかりしばり、日なたに置いておくと、ふくろの内側に水てきはつきますか、つきませんか。

(　　　　)

(3) (2)のようになるのは、せんたく物にふくまれる水のすがた(液体)が、日なたに置いた後、何から何に変わったからですか。「固体→液体」のように表しましょう。 (液体 → 　　→ 　　)

4 冷たいようきにつく水 冷ぞう庫の中で冷やしておいたペットボトルを外に出して、表面のようすを観察しました。次の問いに答えましょう。 1つ4〔36点〕

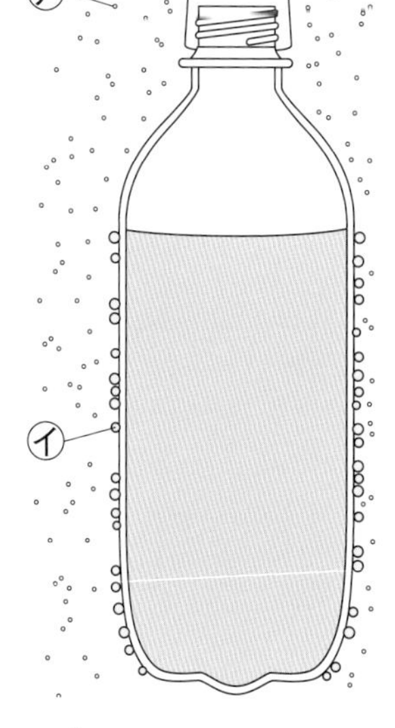

述 (1) ペットボトルの表面には、どのような変化が見られますか。 (　　　　)

(2) 右の図は、(1)のときのようすです。㋐は目に見えない気体、㋑は目に見える液体です。㋐と㋑は何を表していますか。 ㋐(　　　　) ㋑(　　　　)

(3) (1)のようになる理由について、次の文の(　)にあてはまる言葉を、下の〔　〕から選んで書きましょう。

空気中にふくまれている①(　　　　)が、ペットボトルの表面で②(　　　　)て、③(　　　　)に変わったためである。

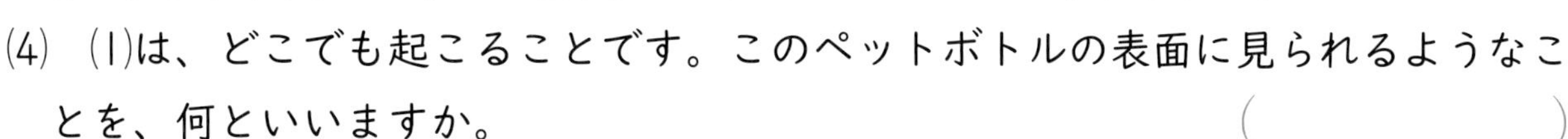

(4) (1)は、どこでも起こることです。このペットボトルの表面に見られるようなことを、何といいますか。 (　　　　)

述 (5) (4)がどこでも起こることから、水じょう気はどのようなところにあるといえますか。 (　　　　)

(6) 雲は、空気中のあるものがすがたを変えたものです。あるものとは何ですか。

(　　　　)

勉強した日　月　日

生き物の１年

きほんのワーク

もくひょう
いろいろな生き物の１年間のようすをかくにんしよう。

おわったらシールをはろう

教科書 212～217ページ　答え 25ページ

図を見て、あとの問いに答えましょう。

1 生き物の１年

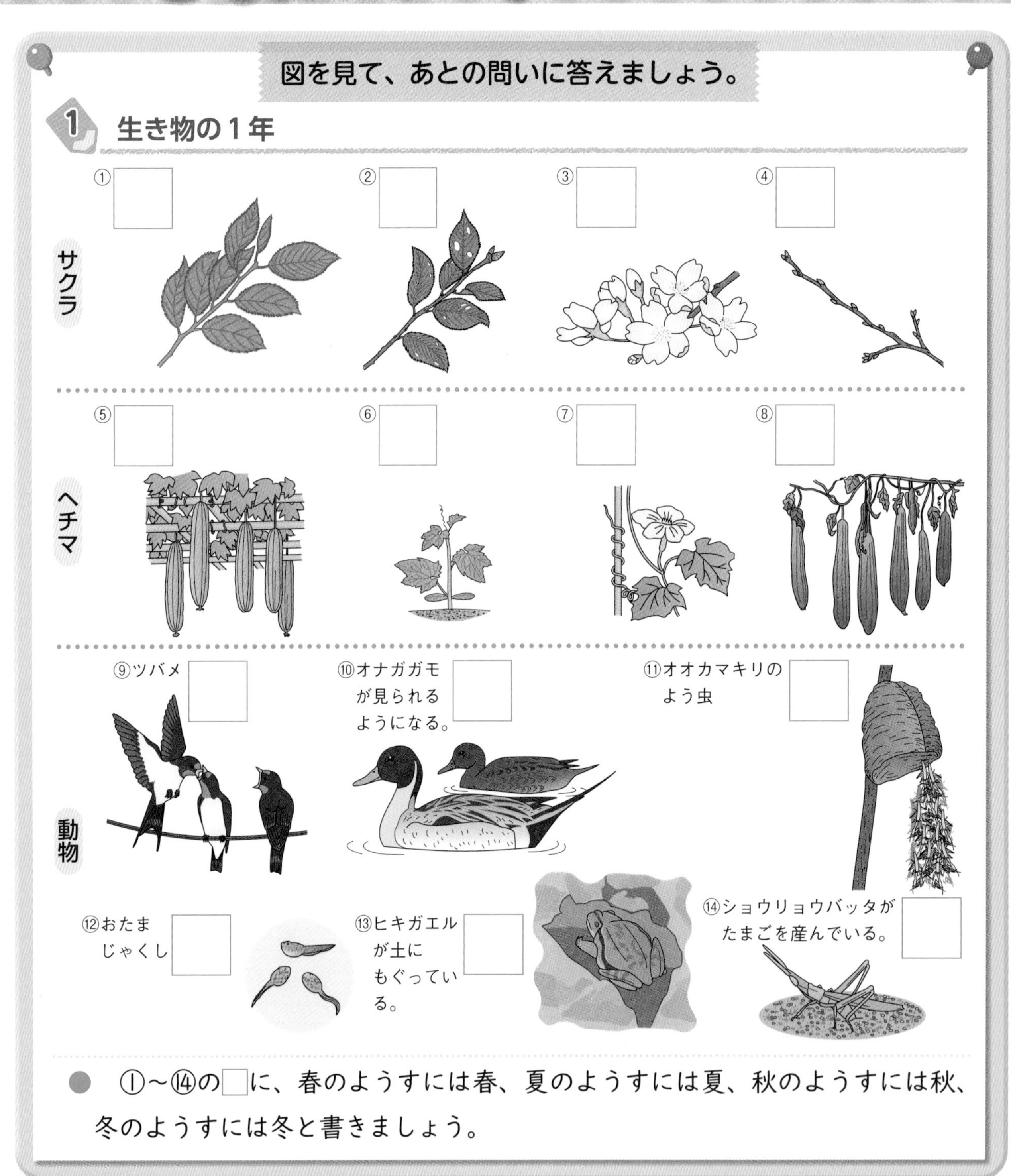

● ①～⑭の□に、春のようすには春、夏のようすには夏、秋のようすには秋、冬のようすには冬と書きましょう。

まとめ　〔 上がる　下がる 〕から選んで（　）に書きましょう。

- 気温が①（　　　　　）ころ、植物は成長し、動物は見られる種類が多くなる。
- 気温が②（　　　　　）ころ、植物はかれ、動物は見られる種類が少なくなる。

生き物のようすで、季節のうつり変わりがわかります。気しょうちょうでは毎年、サクラの花がさいた日などを観そくし、季節のうつり変わりを調べています。

1 生き物の１年間のようすについて、あとの問いに答えましょう。

春	夏	秋	冬

(1) 上の図の□にあてはまる、秋のサクラのようすは、右の図の㋐、㋑のどちらですか。

(　　　)

(2) 春、夏、秋、冬のそれぞれの季節に見られる生き物のようすを、下のあ～くから２つずつ選びましょう。

春(　　　)(　　　)　夏(　　　)(　　　)
秋(　　　)(　　　)　冬(　　　)(　　　)

(3) 春から夏にかけて、植物は成長し、虫もさかんに活動します。これは、何が高くなるためですか。

(　　　)

生き物の１年

時間 20分

教科書 212 ～ 217ページ　答え 25ページ

よく出る

1 植物の１年　次の図は、ヘチマとサクラの１年間の観察カードの記録を集めたものです。あとの問いに答えましょう。　１つ５〔35点〕

	春	夏・秋・冬		
ヘチマ		㋐	㋑	㋒
サクラ		㋓	㋔	㋕

⑴　上の図のヘチマとサクラについて、㋐～㋒、㋓～㋕を夏、秋、冬の順になるように正しくならべましょう。

ヘチマ（　　→　　→　　）

サクラ（　　→　　→　　）

⑵　次の文のうち、春から夏のヘチマのようすとして正しくないものに○をつけましょう。

①（　　）花が次々とさいている。

②（　　）くきがぐんぐんのびている。

③（　　）実がどんどん大きくなっている。

⑶　次の文のうち、春から夏のサクラのようすとして正しいものに○をつけましょう。

①（　　）葉が色づき、黄色くなってくる。

②（　　）えだに葉はなく、えだの先に芽がついている。

③（　　）緑色の葉がしげるようになる。

⑷　ヘチマやサクラがあまり成長しなくなるころ、気温はどうなっていきますか。

（　　　　）

⑸　ヘチマとサクラは、どのようなすがたで冬ごしをしますか。次のア～エからそれぞれ選びましょう。　ヘチマ（　　）　サクラ（　　）

ア　花　　イ　たね　　ウ　芽　　エ　つぼみ

2 植物の１年 次の写真は、ある木の１年間のようすを表しています。あとの問いに答えましょう。

1つ6〔30点〕

㋐

㋑

㋒

㋓

(1) ㋐～㋓の写真は、それぞれ春、夏、秋、冬のうち、どの季節のようすを表していますか。　㋐(　　　　)　㋑(　　　　)　㋒(　　　　)　㋓(　　　　)

述 (2) 夏の木のようすにはどのような特ちょうがありますか。

(　　　　　　　　　　　　　　　　　　　　　　　　　　)

3 動物の１年 次の図は、いろいろな季節に見られる動物のようすを表しています。あとの問いに答えましょう。

1つ5〔35点〕

㋐

㋑

㋒
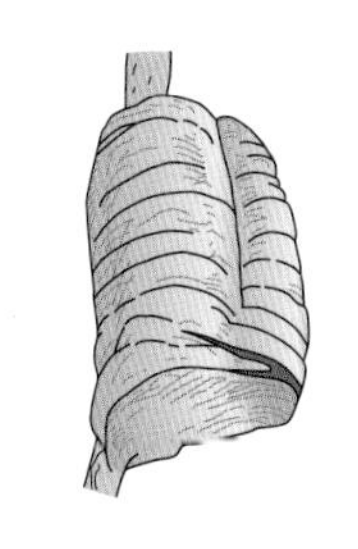
㋓

たまごを産んでいる。

㋔

㋕

㋖
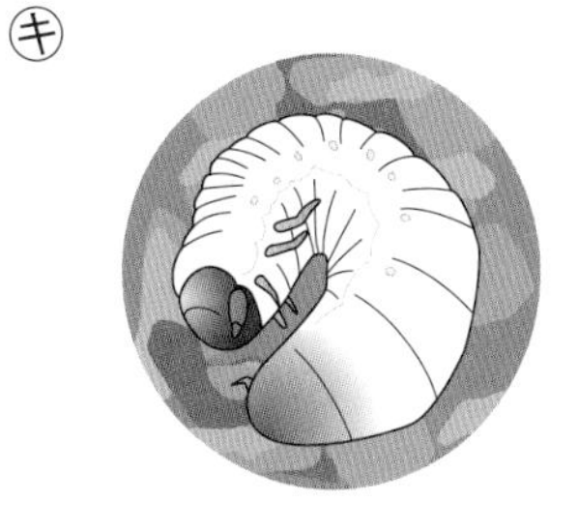

(1) ㋐～㋖のうち、夏と冬に見られるものをそれぞれすべて選んで、記号を書きましょう。

夏(　　　　　　　)

冬(　　　　　　　)

(2) ㋐の鳥の名前を何といいますか。　(　　　　　　　)

(3) ㋕の動物は、成長すると何になりますか。　(　　　　　　　)

(4) 多くの動物が活発に活動するのは、夏ですか、冬ですか。

(　　　　　　　)

(5) 見られる鳥やこん虫の種類やすがたは、季節によって同じですか、ちがいますか。それぞれについて書きましょう。

種類(　　　　　　　)

すがた(　　　　　　　)

考えてとく問題にチャレンジ！

プラスワーク

おわったら
シールを
はろう

答え 26ページ

1 季節と生き物 教科書 8～19、218、219ページ 気温をはかるとき、右の図のように、下じきなどを使って温度計にじかに日光が当たらないようにするのはなぜですか。

（　　　　　　　　　　　　　　）

2 天気による気温の変化 教科書 20～31、225ページ 晴れた日の午前９時から午後３時まで、１時間ごとに校庭の気温を温度計ではかりました。次の図を見て、結果をあとの表にまとめましょう。

午前９時　10時　11時　正午　午後１時　２時　３時

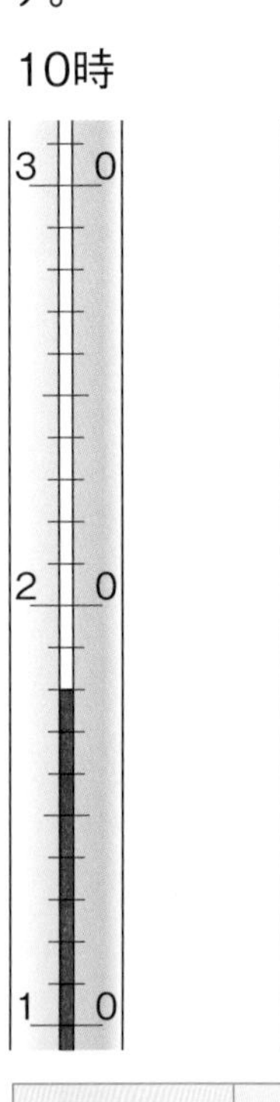

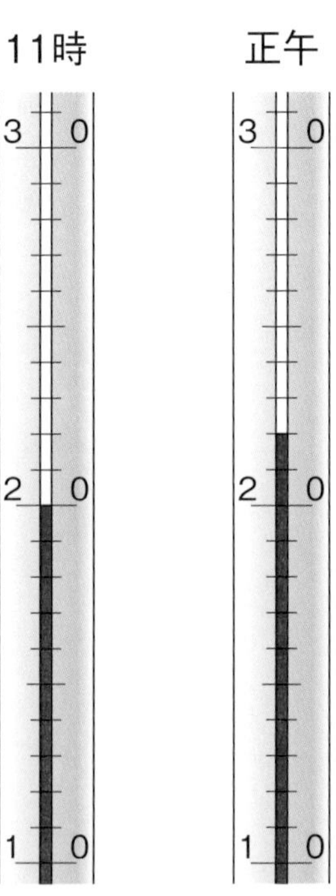

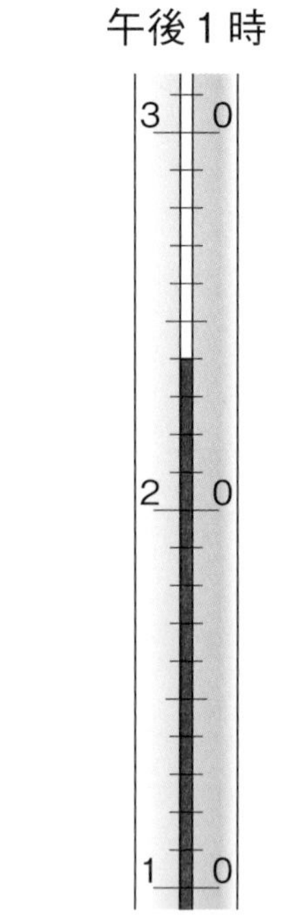

時こく	気温
午前９時	
午前10時	
午前11時	
正　午	

時こく	気温
午後１時	
午後２時	
午後３時	

3 天気による気温の変化 教科書 20～31、225ページ

2でまとめた表をもとにして、この日の気温の変化を折れ線グラフに表しましょう。

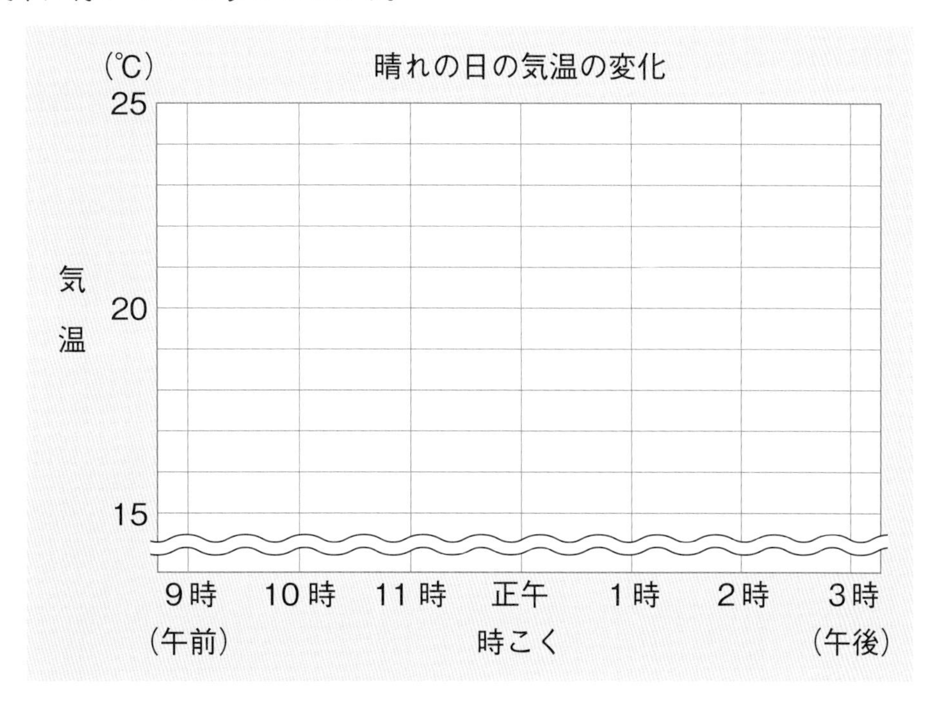

4 月の位置の変化 教科書 90～103ページ

下の左の図は、ある日の夕方に観察した月のようすです。この月は昼に東の空からのぼってくるとき、どのように見えますか。右の□にかきましょう。

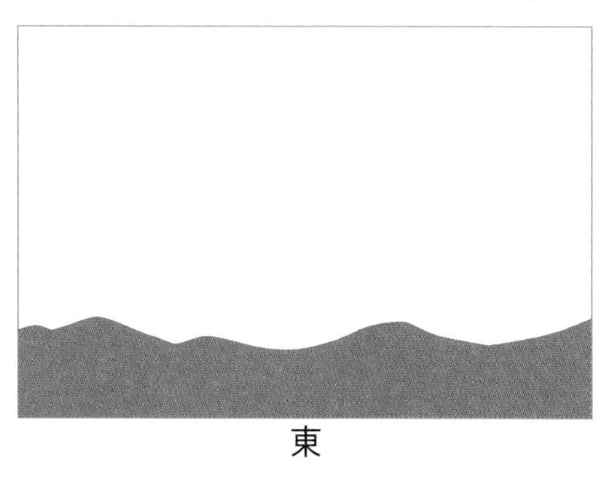

5 ものの温度と体積 教科書 128～143、221、222ページ

ゆうさんは、ジャムのびんのふたが開かなかったので、びんの金ぞくのふただけをしばらく湯につけてあたためると、ふたを開けることができました。ふたをあたためたことで、ふたがどのようになり、開けることができたのでしょうか。説明しましょう。

(　　　　　　　　　　　　　　　　　　　　)

6 もののあたたまり方 教科書 144〜161ページ

部屋の温度を上げるために、部屋の中に次の図のようにストーブを置きました。ストーブにあたためられた空気は、どのように動きますか。次の図の●から始まる矢印で、×まで示しましょう。

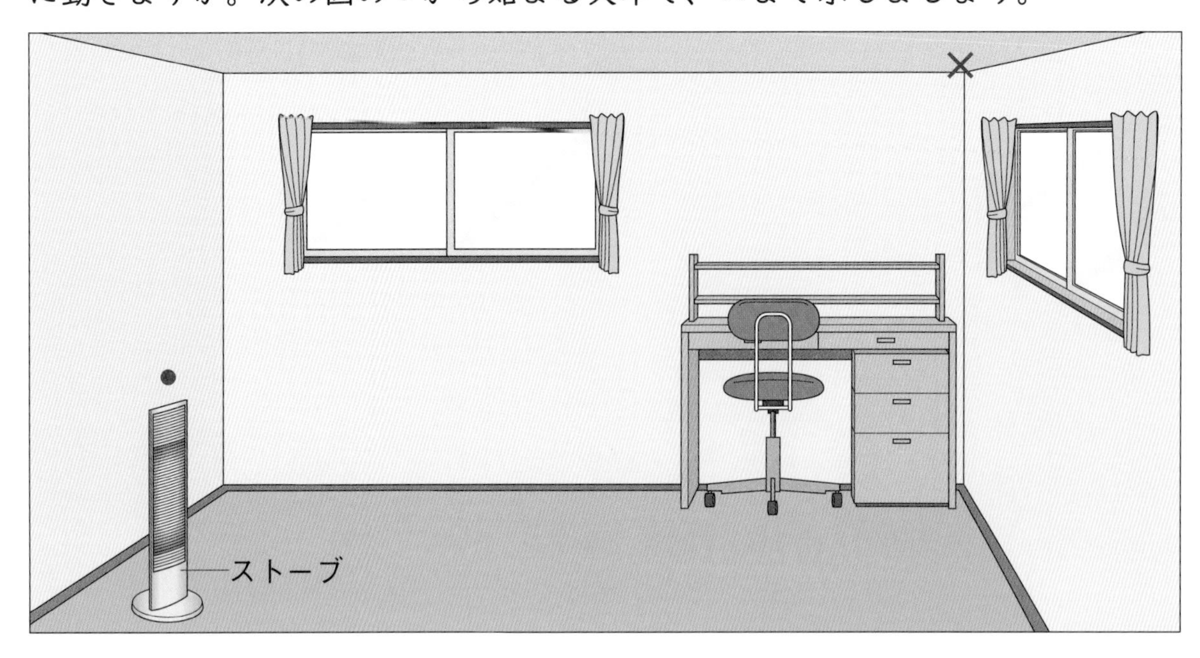

思考 7 水のゆくえ 教科書 196〜211ページ

暑い季節などに、雨がほとんどふらず、水不足（ぶそく）になると、田んぼに農業用の水を入れることができなくなるため、右の図のように、田んぼがすっかりひあがってしまうことがあります。このように、田んぼがすっかりひあがってしまうのはなぜですか。その理由を、水のゆくえについてふれながら説明しましょう。

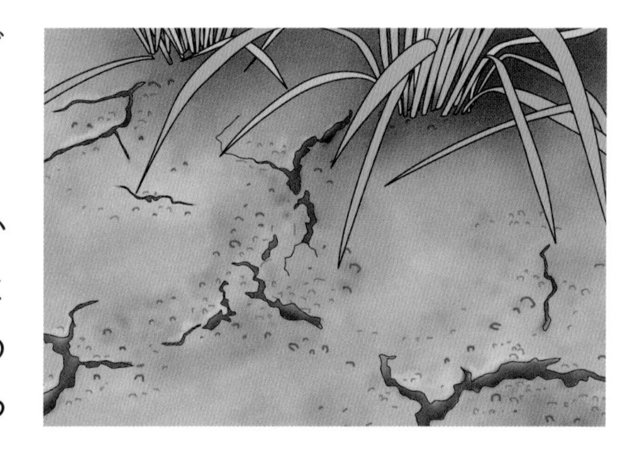

（　　　　　　　　　　　　　　　　　　　　）

思考 8 生き物の1年 教科書 212〜217ページ

とおるさんは、3年生のとき、家の花だんにホウセンカを植えました。ホウセンカは大きくなって花をさかせましたが、秋になると実ができ、かれてしまいました。4年生になって、4月に同じ花だんを見ると、たねまきをしていないのにホウセンカの芽が出ていました。たねまきをしていないのに芽が出たのはなぜですか。理由を説明しましょう。

（　　　　　　　　　　　　　　　　　　　　）

●勉強した日　　月　　日

実力判定テスト 夏休みのテスト②

名前　　とく点　　／100点

おわったらシールをはろう

教科書　44〜59、70〜75、219ページ　　答え　28ページ

1 電流のはたらきについて、次の問いに答えましょう。

1つ5〔40点〕

(1) 右の図のように、回路に流れる電流の向きを調べました。

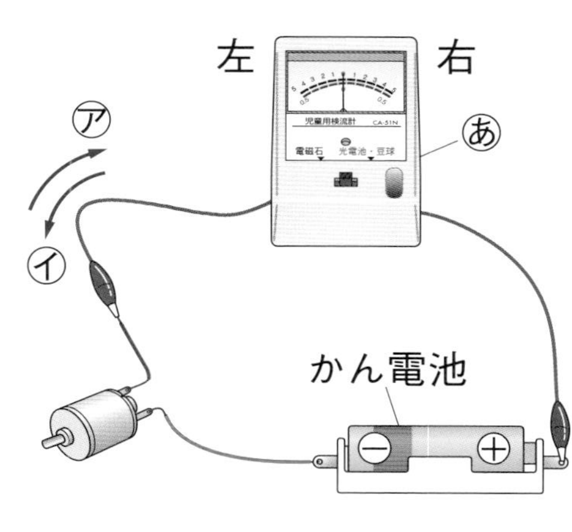

① 回路に流れる電流の向きや大きさを調べる器具(きぐ)あを何といいますか。
(　　　)

② 図の回路では、あのはりは右と左のどちらにふれますか。　(　　　)

③ 図の回路では、電流が流れる向きは㋐、㋑のどちらですか。　(　　　)

④ かん電池の向きを変えると、電流が流れる向きは、㋐、㋑のどちらになりますか。
(　　　)

(2) 次の図のように、かん電池をモーターにつないで、モーターの回る速さと向きについて調べました。

㋐

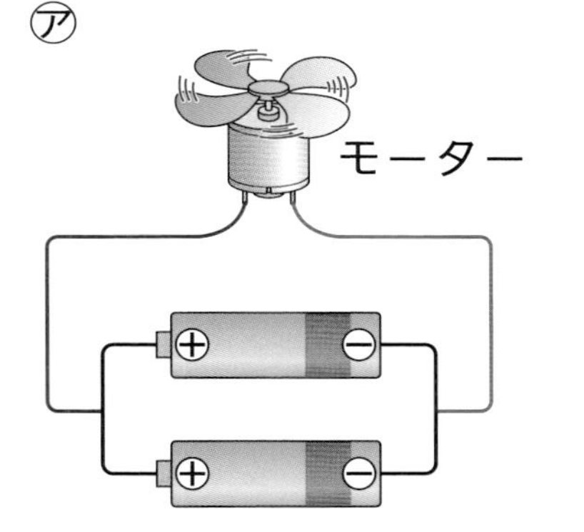

㋑

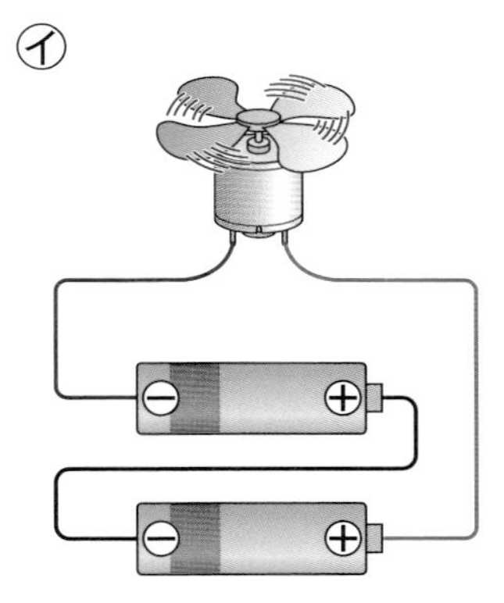

① ㋐、㋑のかん電池2このつなぎ方を、何といいますか。　㋐(　　　)
㋑(　　　)

② かん電池1このときよりもモーターが速く回るつなぎ方を、㋐、㋑から選(えら)びましょう。
(　　　)

③ ㋐と㋑のモーターの回る向きは、同じですか、反対ですか。　(　　　)

2 夏の夜、東の空と南の空に見られる星について、あとの問いに答えましょう。

1つ5〔60点〕

東の空

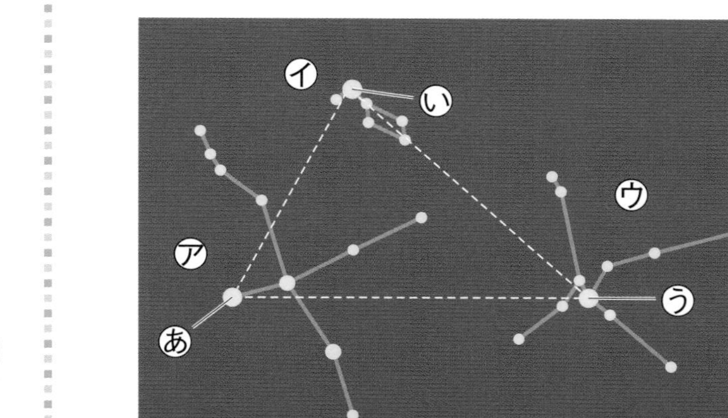

南の空

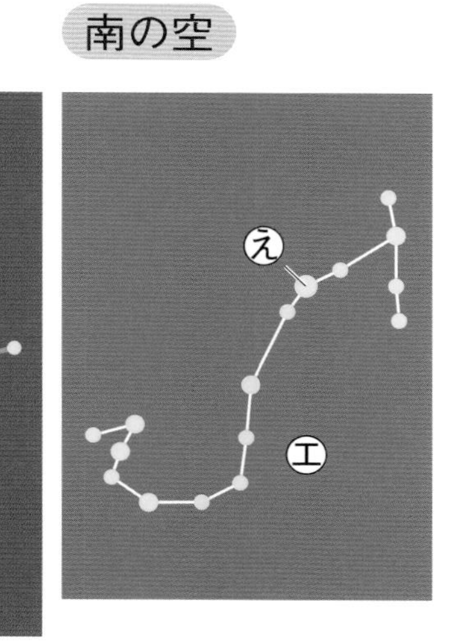

(1) ㋐〜㋓の星(せい)ざを何といいますか。
㋐(　　　)
㋑(　　　)
㋒(　　　)
㋓(　　　)

(2) あ〜えの星を何といいますか。
あ(　　　)
い(　　　)
う(　　　)
え(　　　)

(3) あ〜うの星を結(むす)んでできる三角形を何といいますか。　(　　　)

(4) 星の明るさや色は、すべて同じですか、星によってちがいがありますか。次の文のうち、正しいものに○をつけましょう。

①(　　)明るさも色もすべて同じ。

②(　　)明るさはすべて同じだが、色はちがう。

③(　　)明るさはちがうが、色はすべて同じ。

④(　　)明るさも色も、星によってちがう。

(5) えの星は何等星ですか。また、どのような色をしていますか。
明るさ(　　　)
色(　　　)

実力判定テスト 夏休みのテスト①

時間30分

名前　　とく点　　/100点

おわったらシールをはろう

教科書　8〜43、60〜69ページ　　答え　28ページ

1 春から夏のころの生き物のようすについて、次の問いに答えましょう。　1つ5〔40点〕

(1) 次の①〜④のうち、春のころの生き物のようすには○、そうでないものには×をつけましょう。

①(　　)　②(　　)

サクラ　ヘチマ

③(　　)　④(　　)

ヒキガエル

カブトムシ

(2) 夏のころの生き物のようすについて、次の文の(　)にあてはまる言葉を、下の〔　〕から選んで書きましょう。

夏になると、春とくらべて気温は①(　　　)なっている。
動物は、春のころよりも②(　　　　　　)。
植物は、春のころよりもくきが③(　　　　)、葉が④(　　　　)して、よく成長するようになる。

〔高く　低く　しげったり　かれたり　のびたり　ちぢんだり　活発に活動するようになる　すがたが見られなくなる〕

2 晴れの日と雨の日の1日の気温の変化を調べました。あとの問いに答えましょう。　1つ7〔21点〕

㋐

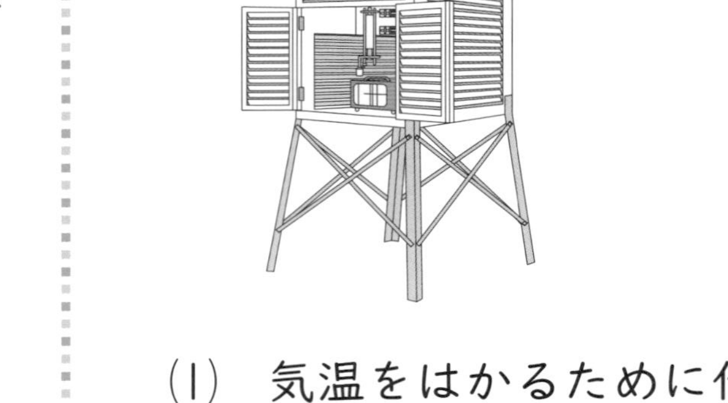

㋑

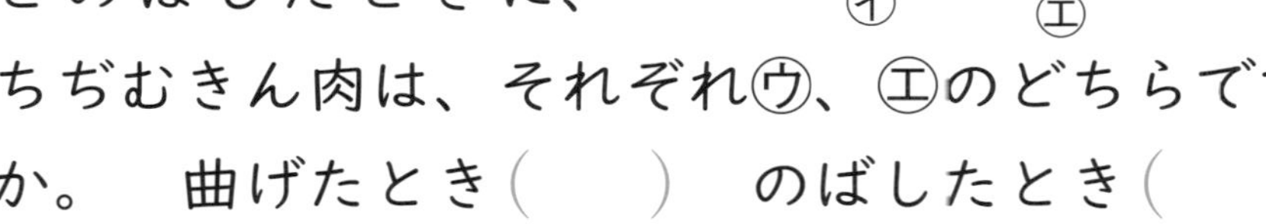

(1) 気温をはかるために作られた㋐の箱を何といいますか。(　　　　)

(2) ㋑で、晴れの日の気温の変化を表しているものを、あ、いから選びましょう。(　　)

(3) (2)のように選んだのはなぜですか。
(　　　　　　　　　　)

3 人のうでのつくりと動くしくみについて、次の問いに答えましょう。　1つ6〔24点〕

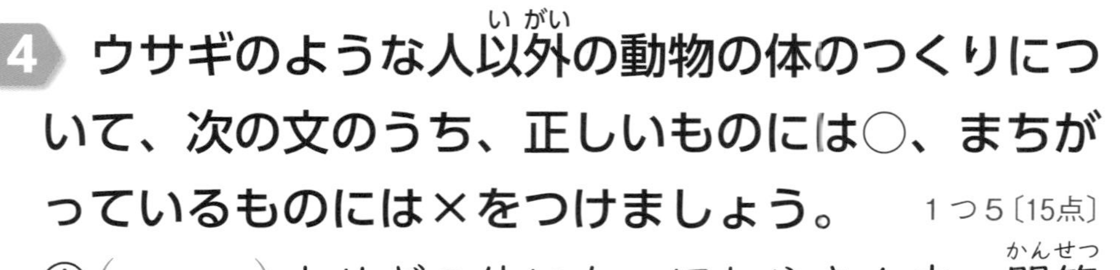

(1) ㋐、㋑のつくりを何といいますか。
㋐(　　　　)
㋑(　　　　)

(2) うでを曲げたときとのばしたときに、ちぢむきん肉は、それぞれ㋒、㋓のどちらですか。　曲げたとき(　　)　のばしたとき(　　)

4 ウサギのような人以外の動物の体のつくりについて、次の文のうち、正しいものには○、まちがっているものには×をつけましょう。　1つ5〔15点〕

①(　　)ウサギの体にも、ほねやきん肉、関節がある。

②(　　)ウサギの体には、きん肉はあるが、ほねはない。

③(　　)ウサギは、ほねだけのはたらきで、体を曲げたりのばしたりしている。

実力判定テスト

冬休みのテスト①

時間30分　名前　とく点　/100点　おわったらシールをはろう

教科書　78～115ページ　答え　29ページ

1 雨水と地面のようすについて、次の問いに答えましょう。 1つ8〔16点〕

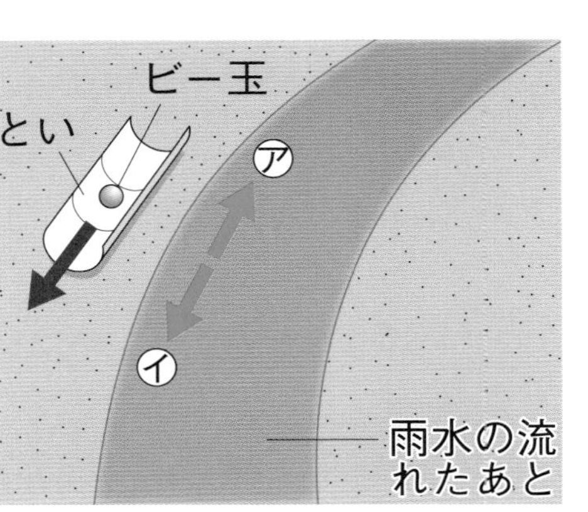

(1)　雨がふった次の日の運動場で、右の図のように、雨水の流れたあとの近くにビー玉をのせたといを置きました。ビー玉が➡の向きに転がったとき、地面が高いのは、㋐、㋑のどちらですか。（　　　）

(2)　(1)より、雨水は㋐、㋑のどちらの向きに流れていたとわかりますか。（　　　）

2 運動場の土、すな場のすなをペットボトルで作ったそうちにそれぞれ入れて、水のしみこみ方をくらべました。次の図は、同じ量の水を同時に注いでから3分後のようすです。あとの問いに答えましょう。 1つ7〔21点〕

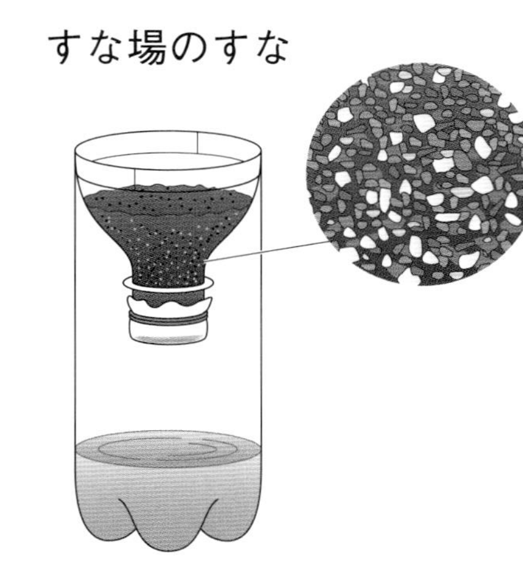

(1)　つぶが大きいのは、運動場の土と、すな場のすなのどちらですか。（　　　）

(2)　水が速くしみこむのは、運動場の土と、すな場のすなのどちらですか。（　　　）

(3)　水のしみこみ方は、土のつぶの大きさによってちがいますか、同じですか。（　　　）

3 右の図は、午後4時ごろに月を観察したときのものです。次の問いに答えましょう。 1つ7〔35点〕

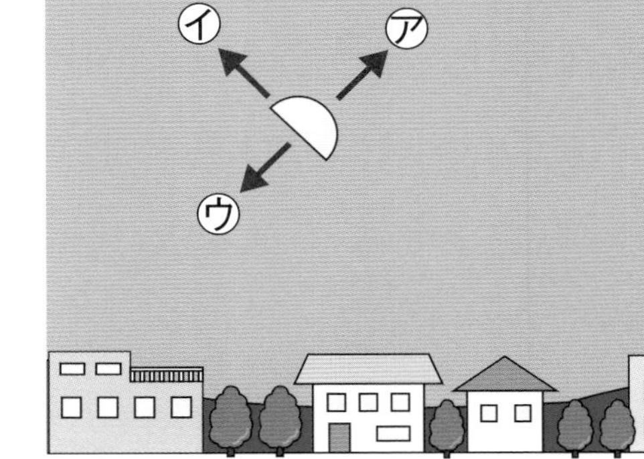

(1)　図のような形に見える月を何といいますか。（　　　）

(2)　午後5時には、月は㋐～㋒のどの位置に見えますか。（　　　）

(3)　月の形と位置の変化について、次の文の（　）にあてはまる方位を書きましょう。

> 月は、日によって見える形がちがうが、太陽と同じように、①（　　　）のほうからのぼり、②（　　　）を通って、③（　　　）のほうへとしずむ。

4 次の図のように、ちゅうしゃ器を2本用意して、㋐には空気、㋑には水を入れて、ピストンをおしました。あとの問いに答えましょう。 1つ7〔28点〕

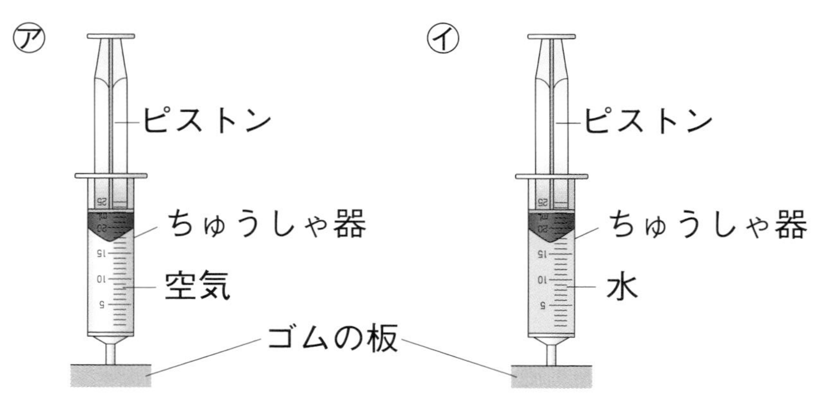

(1)　㋐と㋑のピストンをおすと、空気と水の体積は、それぞれどうなりますか。

空気（　　　）
水（　　　）

(2)　(1)より、とじこめた空気や水は、おしちぢめられますか、おしちぢめられませんか。

空気（　　　）
水（　　　）

●勉強した日　月　日

実力判定テスト

冬休みのテスト②

時間 30分

名前　とく点　/100点

おわったらシールをはろう

教科書 116～161ページ　答え 29ページ

1 秋のころの生き物のようすについて、次の問いに答えましょう。
1つ6〔30点〕

(1) 次の①～④のうち、秋のころの生き物のようすには○、そうでないものには×をつけましょう。

①(　　)　②(　　)　③(　　)　④(　　)

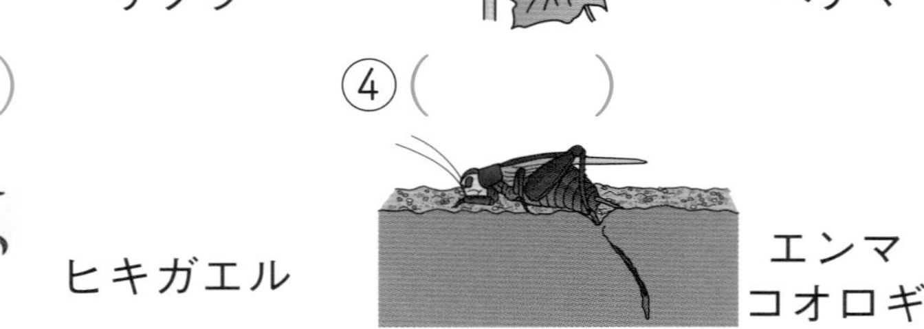

(2) 秋が深まると、動物の活動はどうなりますか。
(　　　　　)

2 ものの温度と体積について、あとの問いに答えましょう。
1つ7〔28点〕

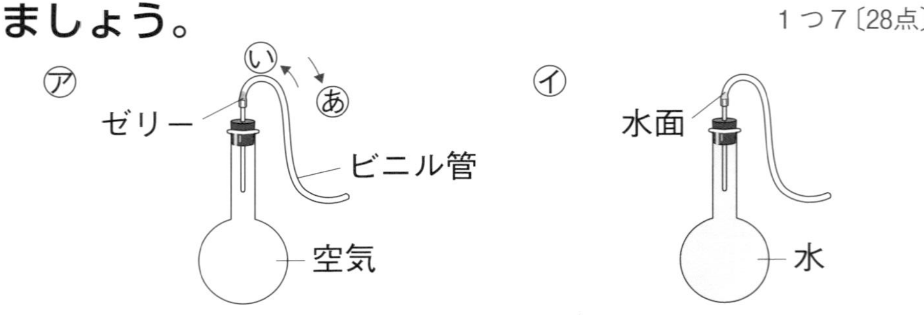

(1) 上の図のような２つの丸底フラスコを60℃の湯や氷水につけて、空気や水の体積の変わり方を調べました。

① アの丸底フラスコを湯につけると、ゼリーは、あ、いのどちらに動きますか。(　　　)

② ア、イの丸底フラスコを氷水につけると、アのゼリーやイの水面の位置は、初めの位置より上がりますか、下がりますか。

ゼリー(　　　　)
水面(　　　　)

(2) 金ぞくのぼうを実験用ガスコンロで熱し、ぼうの体積の変わり方を調べました。金ぞくをあたためると、体積は変わりますか、変わりませんか。(　　　)

3 もののあたたまり方について、次の問いに答えましょう。
1つ7〔42点〕

(1) 次の図のように、し温インクをぬった金ぞくのぼうのはしを熱しました。ア～ウを、金ぞくのぼうがあたたまる順にならべましょう。

(　　→　　→　　)

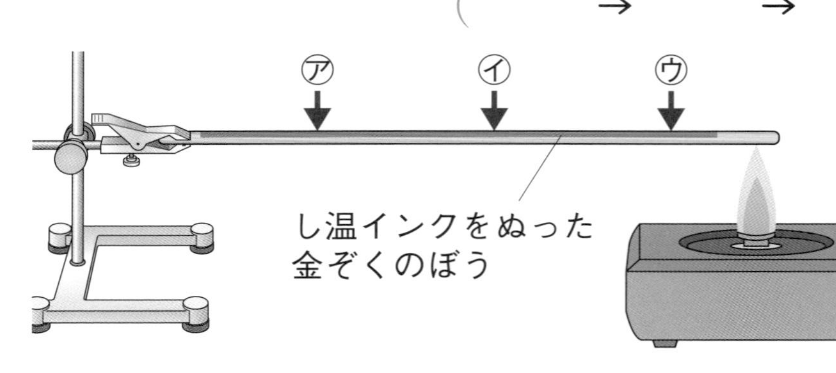

(2) し温インクが入った水を入れたビーカーの底のはしをガスコンロで熱しました。水があたたまってきたときのし温インクの色の変化のようすを、ア～ウから選びましょう。(　　　)

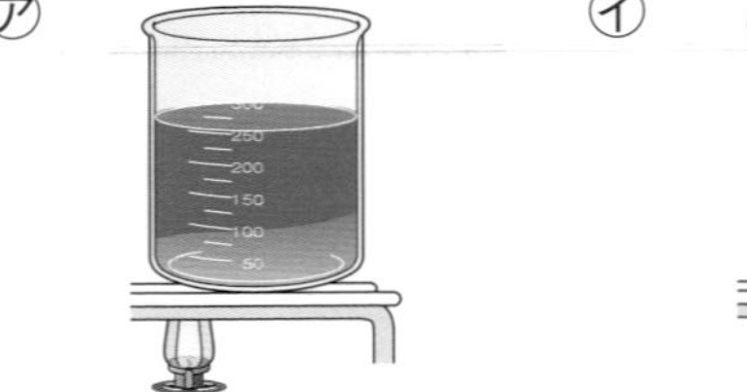

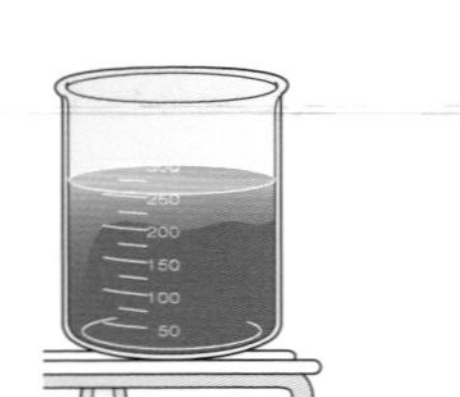

(3) 次の文の(　)にあてはまる言葉を書きましょう。

水は、下のほうを熱すると、あたためられた水が①(　　　)のほうに動いて、②(　　　)から順にあたたまる。

(4) 図のように、水そうの中の●の部分をあたためて空気の温度をはかったところ、あたためられた空気は→のように動いたことがわかりました。次の文の(　)のうち、正しいほうを◯でかこみましょう。

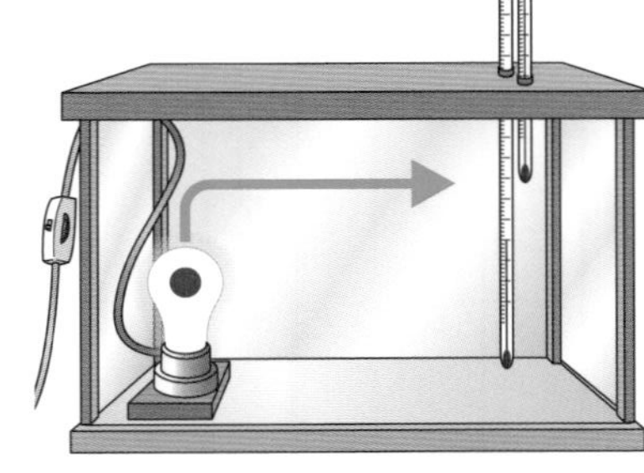

空気は、①(　金ぞく　水　)と同じように、熱せられてあたためられた空気が②(　上　下　)のほうへ動いて、やがて全体があたたまっていく。

実力判定テスト

学年末のテスト②

時間 30分

名前　　とく点　　/100点

おわったらシールをはろう

教科書　8～217ページ　答え　30ページ

1 サクラ、ショウリョウバッタの１年間のようすをまとめました。それぞれどの季節(きせつ)のようすを表しているかを春、夏、秋、冬で書きましょう。　１つ６〔42点〕

(1) サクラ

①(　　　)　②(　　　)

③(　　　)

④(　　　)

(2) ショウリョウバッタ

①(　　　)　②(　　　)

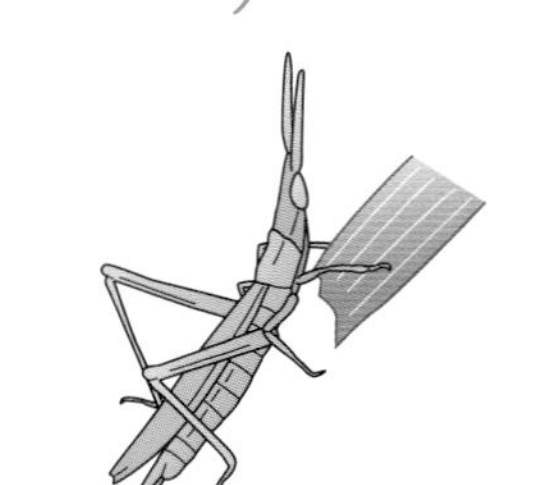

③(　　　)

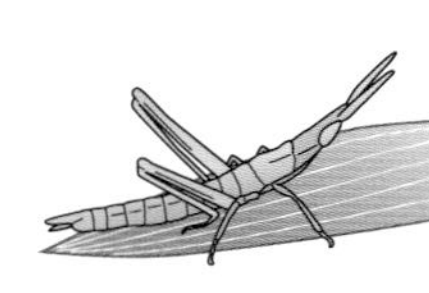

2 右の図は、ある日の夏の大三角を表しています。次の問いに答えましょう。　１つ６〔12点〕

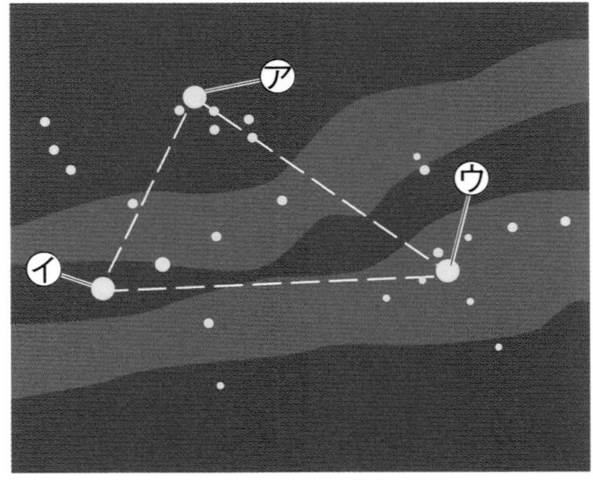

(1) ㋐の星をふくむ星ざを何といいますか。
(　　　　　　)

(2) ㋐～㋒の３つの星は、ほぼ同じ色に見えます。何色に見えますか。(　　　　　　)

3 晴れの日と雨の日の１日の気温の変化を調べました。次の文のうち、正しいものには○、まちがっているものには×をつけましょう。　１つ６〔18点〕

①(　　　)気温は、風通しのよい、温度計にじかに日光が当たるところではかる。

②(　　　)晴れの日のほうが雨の日より、１日の気温の変化が大きい。

③(　　　)晴れの日の気温は、朝や夕方に高くなる。

4 電流のはたらきについて、次の問いに答えましょう。　１つ７〔28点〕

(1) 右の図のように、かん電池とモーターをつなぐと、モーターが回りました。

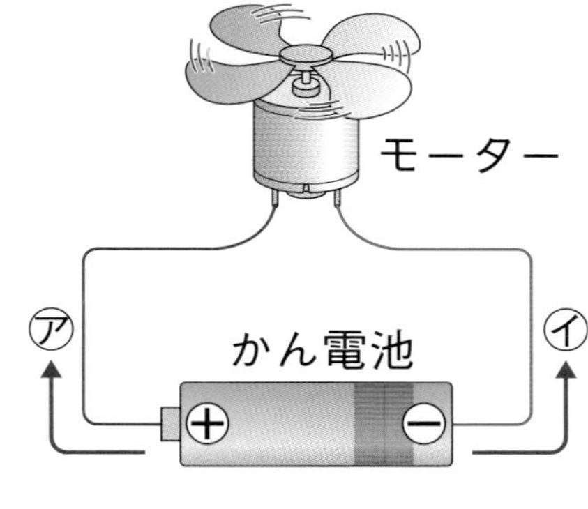
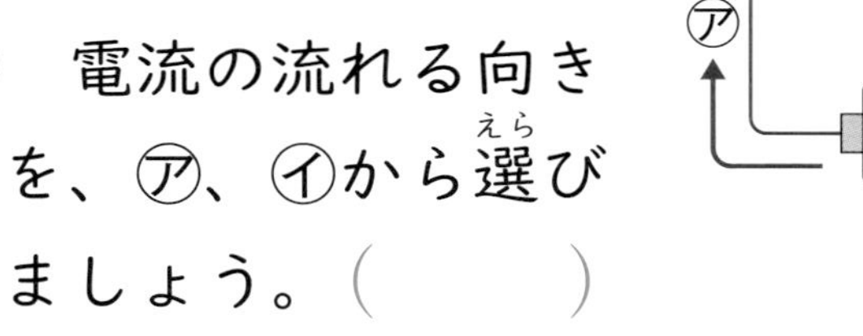

① 電流の流れる向きを、㋐、㋑から選(えら)びましょう。(　　　)

② かん電池の向きを反対にしてモーターにつなぐと、モーターの回る向きはどうなりますか。(　　　　　　)

(2) 次の図のように、かん電池２ことモーターをつなぎました。

㋐

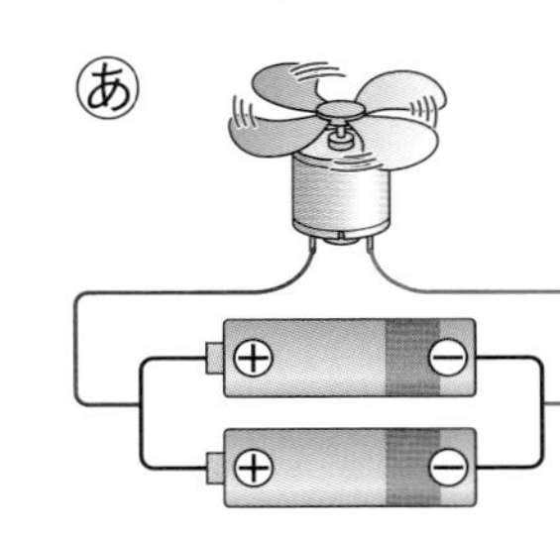

㋑

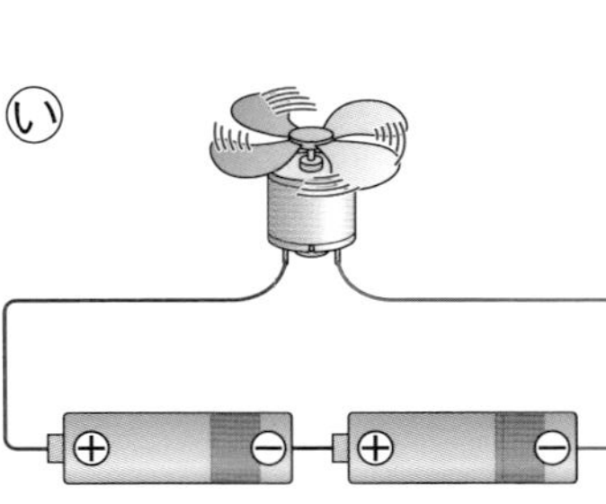

① モーターに流れる電流の大きさについて、正しいものを、ア～ウから選びましょう。
ア　㋐のほうが大きい。　(　　　)
イ　㋑のほうが大きい。
ウ　同じ。

② モーターが速く回るのは、㋐、㋑のどちらですか。(　　　)

実力判定テスト

学年末のテスト①

時間30分

名前

とく点　/100点

おわったらシールをはろう

教科書　162～169、178～211ページ　答え　30ページ

1 冬の空の星ざについて、次の問いに答えましょう。 1つ5〔20点〕

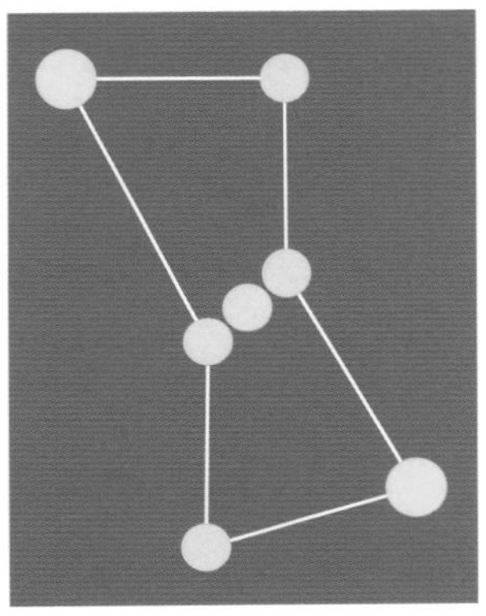

(1) 右の図の星ざを何といいますか。（　　）

(2) (1)の星ざの星は、色や明るさにちがいがありますか、ないですか。（　　）

(3) 星ざの位置や星のならび方は、時間がたつと変わりますか、変わりませんか。

位置（　　）

ならび方（　　）

2 水をあたためたり、冷やしたりしたときの水のすがたの変化について、次の問いに答えましょう。 1つ5〔40点〕

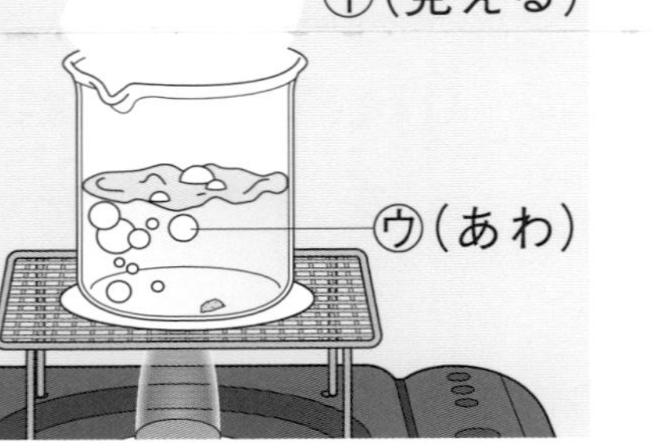

(1) 右の図のように、水が熱せられて100℃近くになり、水の中からさかんにあわが出ることを何といいますか。（　　）

(2) 図の㋐、㋑は何ですか。下の〔　〕からそれぞれ選びましょう。

㋐（　　）　㋑（　　）

〔 空気　湯気　水じょう気 〕

(3) 図の㋑、㋒は固体、液体、気体のどれですか。

㋑（　　）　㋒（　　）

(4) 水を冷やし続けると、何℃でこおり始めますか。（　　）

(5) 水は、こおり始めてから全部こおるまでの間、温度が変わりますか、変わりませんか。（　　）

(6) 水をこおらせると、体積はこおらせる前とくらべてどうなりますか。（　　）

3 水のゆくえについて、次の問いに答えましょう。 1つ5〔40点〕

(1) 水を入れたようきにラップフィルムでおおいをしたものとしないものを日なたに置いて、中の水がどうなるかを調べました。

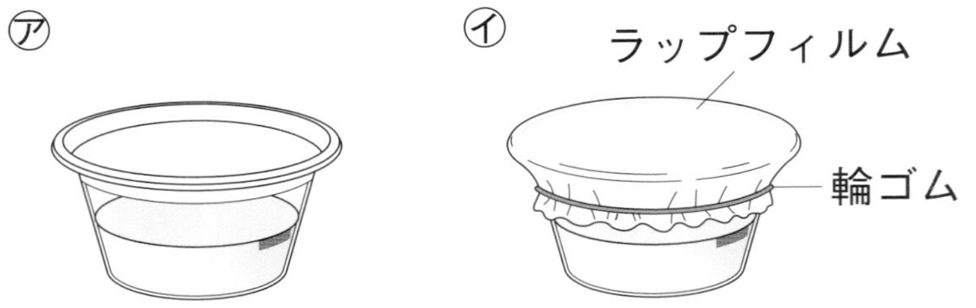

㋐　㋑　ラップフィルム　輪ゴム

① 2～3日後に、水の量がへっているのは、㋐、㋑のどちらですか。（　　）

② ㋐の水のようすについて、次の文の（　）にあてはまる言葉を書きましょう。

水は㋐（　　）となって、㋑（　　）へ出ていった。これを、㋒（　　）という。

(2) かんに氷水を入れてふたをしておくと、次の図のようにかんの表面に水てきがつきました。

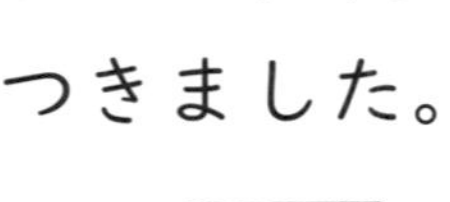

① この水てきは、何が変化してできたものですか。次のア、イから選びましょう。（　　）

ア　空気中の水じょう気

イ　かんの中の氷

② このげんしょうでは、水のすがたはどのように変わりましたか。次のア～ウから選びましょう。（　　）

ア　気体から固体に変わった。

イ　気体から液体に変わった。

ウ　液体から気体に変わった。

③ 冷たいものの表面で冷やされて、水のすがたが②のように変わることを何といいますか。（　　）

④ 氷水を入れた同じかんを屋外に持っていきました。上の図のように、水てきはつきますか、つきませんか。（　　）

●勉強した日　　月　　日

実力判定(はんてい)テスト　かくにん！実験器具の使い方

時間 30分

名前

できた数　／11問中

おわったらシールをはろう

実験器具の使い方をたしかめよう！

答え 31ページ

実験用ガスコンロの使い方

1 ①～⑤の（　）のうち、正しいほうを◯でかこみましょう。

火をつける

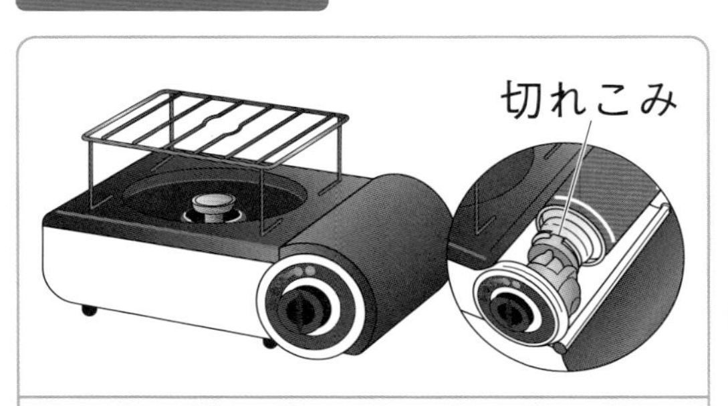

ガスボンベは、切れこみを①（ 上　下 ）にして、しっかりおしこむ。

つまみを、「点火」のほうへ音がするまで回して、火をつける。

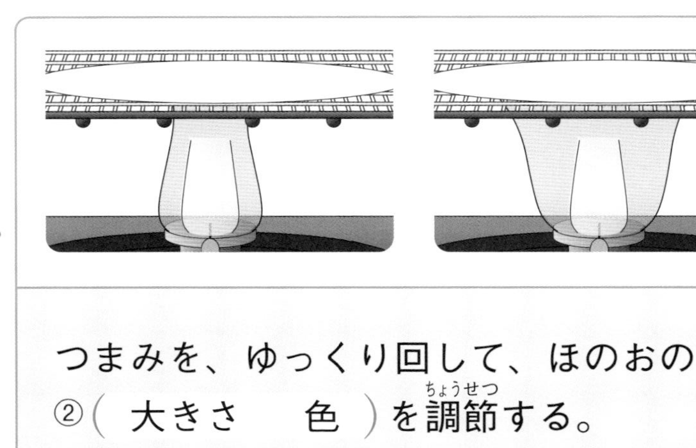

つまみを、ゆっくり回して、ほのおの②（ 大きさ　色 ）を調節(ちょうせつ)する。

火を消す

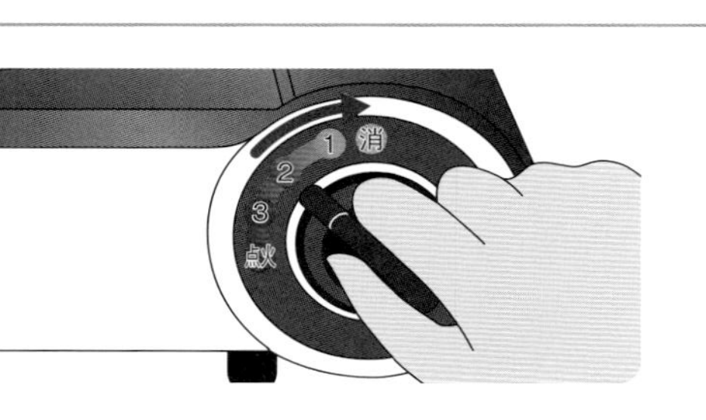

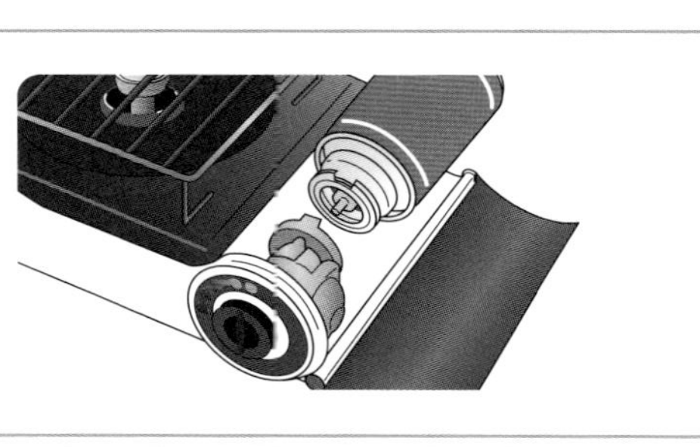

つまみを、③（ 「点火」　「消」 ）まで回して、火を消す。ガスコンロやガスボンベが④（ 冷(ひ)えた　あたたまった ）ら、ガスボンベを外す。

つまみを「点火」のほうへ回し、残(のこ)ったガスをもやしてから、つまみを⑤（ 「1」　「消」 ）まで回す。

検流計の使い方

2 ①～③の□や表の④～⑥にあてはまる言葉や矢印(やじるし)を書きましょう。

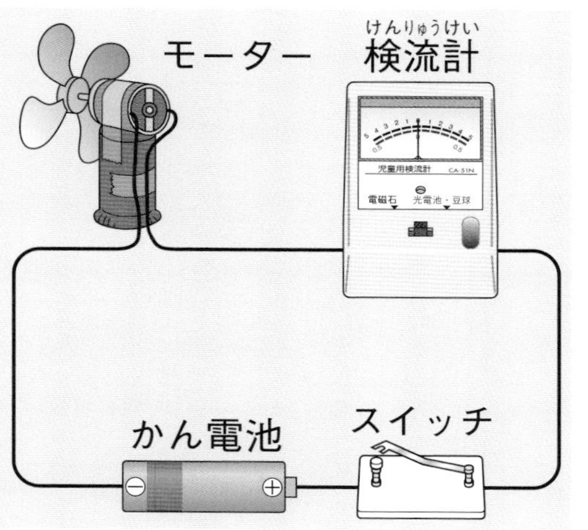

1．切りかえスイッチを、「電磁石(でんじしゃく)（5A）」側(がわ)に入れる。

2．電流(でんりゅう)を流し、はりのふれる①□と、はりのさす上の目もりを見る。

3．はりのふれが0.5より②□ときは、切りかえスイッチを「光電(こうでん)池(ち)・豆球（0.5A）」側にして、はりのさす③□の目もりを見る。

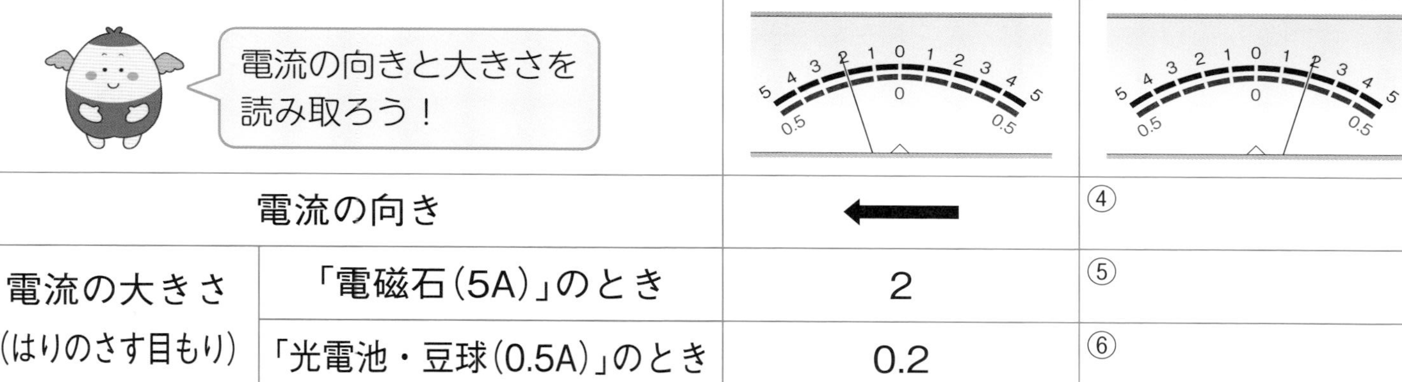

		（図）	（図）
電流の向き		←	④
電流の大きさ（はりのさす目もり）	「電磁石（5A）」のとき	2	⑤
	「光電池・豆球（0.5A）」のとき	0.2	⑥

たいせつ

検流計のはりのふれる向きが「電流の向き」、はりのさす目もりの大きさが「電流の大きさ」を表す。

●勉強した日　　月　　日

実力判定テスト かくにん！ 折れ線グラフ

時間30分

名前　　　できた数　／21問中

おわったらシールをはろう

グラフをかいて、変化を読み取る練習をしよう！

答え　31ページ

折れ線グラフのかき方・見方

観察や実験の結果を折れ線グラフで表して、変化を読み取ってみましょう。

例

時こく	午前9時	10時	11時	正午	午後1時	2時	3時
気温(℃)	20	21	22	22	24	26	25
天気	晴れ	晴れ	晴れ	晴れ	晴れ	晴れ	晴れ

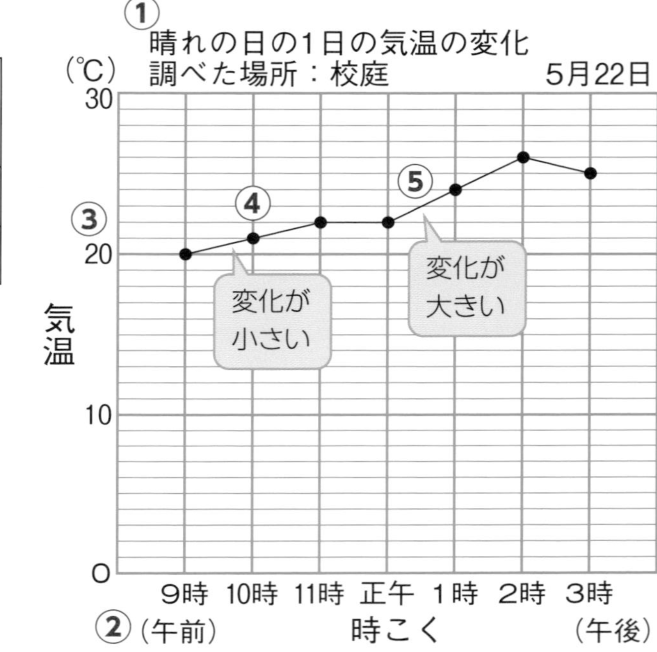

5年生になっても、結果の整理・まとめはとても大切だよ。

たいせつ

①表題や調べた場所、月日を書く。
②横のじくに「時こく」をとり、目もりをつける。
③たてのじくに「気温」をとり、目もりをつける。
④それぞれの時こくではかった気温を表すところに点を打つ。
⑤点と点を順に直線で結ぶ。

1 ある年の5月9日と12日の気温を調べたところ、次の表のようになりました。

	時こく	午前9時	10時	11時	正午	午後1時	2時	3時
㋐	5月9日 ☂	14℃	13℃	13℃	13℃	12℃	12℃	12℃
㋑	5月12日 ☀	15℃	16℃	18℃	20℃	22℃	23℃	20℃

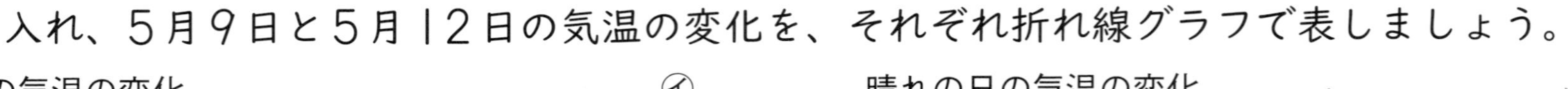

(1)　(　　)に数字を入れ、5月9日と5月12日の気温の変化を、それぞれ折れ線グラフで表しましょう。

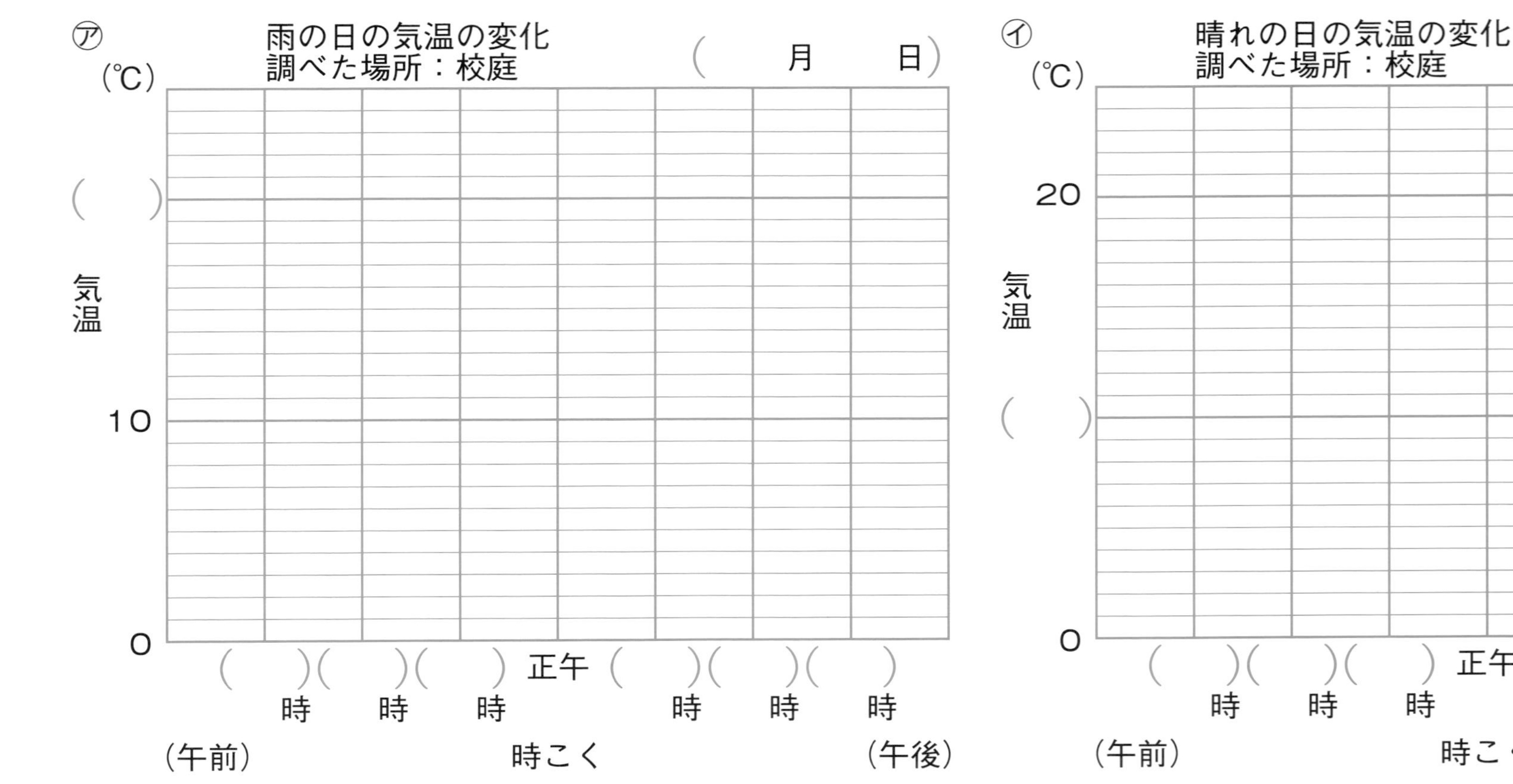

(2)　次の文の(　　)にあてはまる言葉を書きましょう。

天気によって、1日の気温の変化にはちがいが①(　　　　)。晴れの日は、1日の気温の変化が②(　　　　)、雨の日は、ふつう、1日の気温の変化が③(　　　　)。

教科書ワーク

答えとてびき

「答えとてびき」は、とりはずすことができます。

教育出版版

理科4年

使い方

まちがえた問題は、もう一度よく読んで、なぜまちがえたのかを考えましょう。正しい答えを知るだけでなく、なぜそうなるかを考えることが大切です。

1 季節と生き物

2ページ きほんのワーク

❶ (1)①季節
(2)②サクラ ③ツバメ

❷ ①名前 ②日時
③言葉で書く
④絵でかく
⑤さつえいする

まとめ ①季節 ②さつえい

3ページ 練習のワーク

❶ (1)①㋑ ②㋓ ③㋒ ④㋐
(2)大きさ(長さ)
(3)くらべる

❷ (1)日光(太陽の光)
(2)イ
(3)㋑

てびき ❶ 記録カードには、観察した日時や場所、天気、気温、気づいたことなどを書いたり、絵で表したりします。木全体のようすや花のまとまりなどは、タブレットパソコンのカメラやデジタルカメラなどでさつえいしておくとよいです。

❷ (1)(2)温度計にじかに日光が当たると、実さいの気温よりも高くなってしまうので、自分のかげを利用したり、下じきでかげを作ったりするなどしてはかります。気温は、温度計の高さが地面から1.2～1.5mになるようにして、風通しのよいところではかります。

4ページ きほんのワーク

❶ (1)①ヘチマ ②ツルレイシ
(2)③1
(3)④子葉

❷ (1)①「3～4まい」に◯
(2)②ひりょう
(3)③くき

まとめ ①子葉 ②葉

5ページ 練習のワーク

❶ (1)②に○
(2)春
(3)約1cm
(4)気温
(5)子葉

❷ (1)②に○
(2)ひりょう
(3)②に○
(4)①ぼう ②くき

てびき ❶ (2)(5)春にまいたヘチマのたねは、あたたかくなってくると子葉が出てきます。

わかる! 理科 ヘチマもツルレイシも、ウリ科とよばれる植物のなかまです。ウリ科の植物には、このほかに、ヒョウタンやメロンやカボチャ、キュウリ、スイカなどがあります。

また、ツルレイシは、沖縄(おきなわ)ではゴーヤとよばれ、よく食べられます。食べるとにがい味がするため、ニガウリともよばれます。

❷ (1)(2)ヘチマは、子葉が出てから葉が3～4まいになったころ、土にひりょうをまぜた花だんに植えかえます。

(3)植えかえるときは、根をきずつけないように土ごと植えかえます。

わかる！理科 ひりょうとは、植物のえいようとなるものです。植物は、ひりょうをまぜた土のほうがよく育ちます。

6ページ きほんのワーク

❶ (1)①よう虫
(2)②葉
(3)③「たまご」に⬭

❷ (1)①巣
(2)②たまご
(3)③「巣」に⬭

まとめ ①よう虫 ②巣 ③たまご

7ページ 練習のワーク

❶ (1)①㋑ ②㋐
(2)さつえいする。(写真にとる。、動画にとる。)
(3)③ウ ④イ
(4)⑤㋓ ⑥㋒
(5)ショウリョウバッタ
(6)イ (7)エ

丸つけのポイント

❶ (2)タブレットパソコンのカメラやデジタルカメラなどでさつえいすることが書かれていれば正かいです。

てびき ❶ (1)サクラは、花がさいてから約2週間後には、花が散り、葉が出てきます。

(3)ツバメは、春のころ、屋根の下などに巣を作り、その中にたまごを産みます。

(4)ナナホシテントウは、よう虫→さなぎ→成虫とすがたが変わります。㋒はさなぎ、㋓はよう虫のすがたです。

わかる！理科 ナナホシテントウは、よう虫も成虫も、アブラムシを食べます。アブラムシは、はりのような口(くち)を植物にさして、しるをすう生き物で、アブラムシのいそうな草をさがすと、ナナホシテントウを見つけることができます。

(7)ショウリョウバッタは、よう虫→成虫とすがたが変わります。よう虫も成虫も草の葉を食べます。

8・9ページ まとめのテスト

1 (1)①○ ②× ③× ④○
(2)花が散って、葉が出てくる。

2 (1)㋒ (2)㋔
(3)つけたままにする。
(4)②に○
(5)ぼうで(くきを)ささえる。

3 (1)ツバメ (2)巣
(3)②に○ (4)たまご

4 (1)アゲハ (2)エ (3)イ (4)②に○

てびき 1 (1)②は秋から冬のようす、③は夏のようすです。

2 (1)㋐はツルレイシのたね、㋑はヒョウタンのたねです。

(2)～(4)ヘチマは、子葉が出た後、葉が3～4まいになったときに、なえの根の周りに土をつけたまま、ひりょうをまぜた花だんの土に植えかえます。

(5)ヘチマはまきひげをほかのものにまきつけて大きくなるので、くきをささえるためのぼうを立てます。

わかる！理科 ヘチマやヒョウタン、ツルレイシは、ホウセンカなどのように、自分のくきだけで体をささえることができません。そのため、くきの先のまきひげとよばれる部分をほかのものにまきつけてのびていきます。まきひげがまきつくと、その部分より下の部分はのびなくなり、上の部分が次にまきつくところをさがして、のびていきます。アサガオも、ものにまきついてのびていきますが、アサガオは、まきひげではなく、くきをまきつけてのびていきます。

3 ツバメは、集めてきた土や草などをかためて巣を作り、そこにたまごを産みます。

4 アゲハは、葉のうらにたまごを産みます。そして、たまごから㋑の小さなよう虫が出てきます。よう虫はたまごのからを食べてから、葉を食べて育っていきます。

2 天気による気温の変化

10ページ きほんのワーク

1 (1)① 1
(2)② 「同じ」に○
(3)③折れ線

2 (1)①晴れ　②くもり
(2)③上がっている
④下がっている
⑤あまり変化しない

まとめ　①晴れ　②大きい

11ページ 練習のワーク

1 (1)㋑
(2)㋑
(3)午後2時(14時)
(4)ア

2 (1)自記温度計
(2)百葉箱(ひゃくようばこ)
(3)時こく…5時(午前5時)
気温…14℃
(4)時こく…14時(午後2時)
気温…27℃
(5)13℃
(6)晴れ

てびき 1 (1)(2)ふつう、1日の気温の変化は、くもりの日よりも晴れの日のほうが大きくなっています。

(3)(4)気温がいちばん高くなっているのは、午後2時です。晴れの日の気温は、朝から昼にかけて上がり、午後になってしばらくすると下がります。

2 (3)(4)自記温度計の記録を読むときは、記録用紙にある、時こくや温度を表すいちばん近い目もりを読みます。

(6)記録を見ると、昼ごろ(午後2時くらい)までは気温が上がり、午後2時くらいにいちばん気温が高くなっていて、それより後は気温が下がっているので、晴れの日のグラフであることがわかります。

12・13ページ まとめのテスト

1 (1)百葉箱　(2)当たらない。
(3)イ　(4)温度計

2 (1)右図
(2)24℃
(3)晴れ

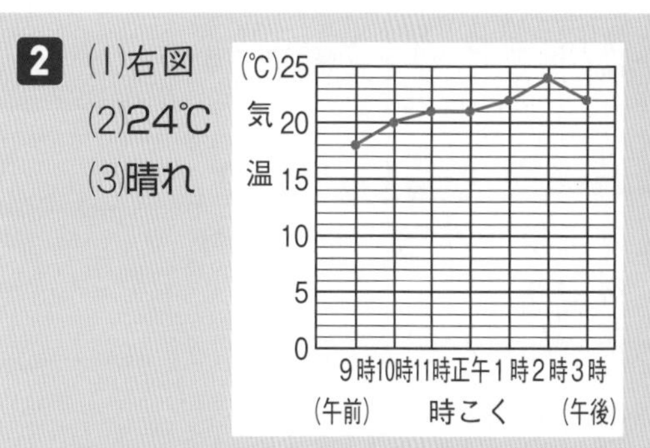

(4)1日の気温の変化が大きいから。

3 (1)②　(2)晴れの日
(3)㋐　(4)8℃　(5)②に○

4 (1)自記温度計
(2)自動的に連続して記録できる。
(3)晴れ　(4)20℃　(5)(午前)6時

丸つけのポイント

4 (2)自分で気温をはかるのではなく、何もしないでも連続して気温を記録できるということが書かれていれば正かいです。

てびき 1 (2)温度計にじかに日光が当たると、温度計自体の温度が高くなってしまうため、正しい気温がはかれません。

2 (2)～(4)午前中から午後2時にかけて気温が上がり、その後気温が下がっています。さらに、気温の変化が大きく、いちばん高い気温が午後2時になっていることなどから、1日の気温の変化が大きい、晴れの日であるといえます。

3 (1)～(3)晴れの日は、1日の気温の変化が大きく、雨の日は、気温があまり変化しません。表の㋐は、午前9時から午後3時まであまり気温が変化していませんが、㋑は午後2時がいちばん高い気温となっていて、それより前は気温が上がって、午後2時より後は気温が下がっています。㋑のような大きな気温の変化は、晴れの日に見られます。

(4)㋑の日でいちばん気温が低いのは午前9時の15℃、いちばん気温が高いのは午後2時の23℃なので、その差は、23－15＝8(℃)となります。

(5)㋑の日で午前9時から10時の気温の差は16－15＝1(℃)、午前10時から11時の気温の差は19－16＝3(℃)なので、②のほうが変化が大きいといえます。

4 (1)(2)自記温度計は、自動的に連続して1日の気温の変化をグラフに記録するそうちです。

3　体のつくりと運動

14ページ　きほんのワーク

1 (1)①ほね　②関節　③きん肉
④関節
(2)⑤「曲がらない」に⬭
⑥「ある」に⬭

2 (1)①㋑
(2)②ちぢむ
③ゆるむ

まとめ　①ほね　②きん肉

15ページ　練習のワーク

1 (1)㋐エ　㋑イ　㋒オ　㋓ア
(2)関節

2 (1)④に○
(2)ゆるんでいる。
(3)㋒ほね　㋓関節
(4)㋓
(5)ある。
(6)①きん肉　②関節

てびき 1 わたしたちの体には、たくさんのほねがあります。ほねとほねのつなぎ目を関節といい、関節で体が曲がります。

2 (1)(2)うでを曲げたとき、㋐のきん肉はちぢんでかたくなり、㋑のきん肉はゆるんでやわらかくなります。うでをのばしたときは、このぎゃくになります。

(3)(4)㋒の部分はほねで、ほねとほねのつなぎ目である㋓を関節といいます。人は関節で体が曲がるようになっています。

(5)(6)人以外の動物も、人と同じように、ほねやきん肉、関節があり、それらを使って体を動かしています。

わかる! 理科　ほねは、体を動かすのに役立っているだけでなく、体をささえるはたらきがあります。また、頭やむねのほねのように、のうやはい、心ぞうなど、ほねの内側にあるものを守るはたらきもあります。

16・17ページ　まとめのテスト

1 ①きん肉　②ほね
③ほね　④関節

2 (1)ほね
(2)ほね
(3)①㋓、㋕
②㋐、㋑、㋒、㋔
(4)関節
(5)①、③に○

3 (1)㋑　(2)Ⓘ
(3)㋐(あ)　(4)③に○

4 (1)㋑、㋓
(2)①、③、⑤に○
(3)きん肉

てびき 1 ほねは、体をさわったときに、かたく感じる部分です。ほねとほねのつなぎ目を関節といい、体は関節で曲げることができます。体は、ほねにつながったきん肉がゆるんだりちぢんだりすることによって、関節で曲がり、動かすことができます。

2 (2)レントゲン写真をとると、ほねが白く写って見えます。

3 (2)～(4)うでを曲げるときは、上側のきん肉(あ)がちぢみ、下側のきん肉(い)がゆるみます。うでをのばすときは、下側のきん肉(い)がちぢみ、上側のきん肉(あ)がゆるみます。

4 (2)(3)人以外にもほねときん肉をもつ動物はたくさんいて、人と同じように、ほねやきん肉のはたらきで体を動かしています。一方、タコのように、ほねがなく、体がきん肉だけでできている動物もいます。

4　電流のはたらき

18ページ　きほんのワーク

❶ (1)①＋　②－
(2)④に○

❷ ①反対　②反対

まとめ　①＋　②－　③反対

19ページ　練習のワーク

❶ (1)電流の向き、電流の大きさ
(2)あ
(3)切りかえスイッチをい(光電池・豆球)のほうにする。
(4)う
(5)ウ、カに○

❷ (1)

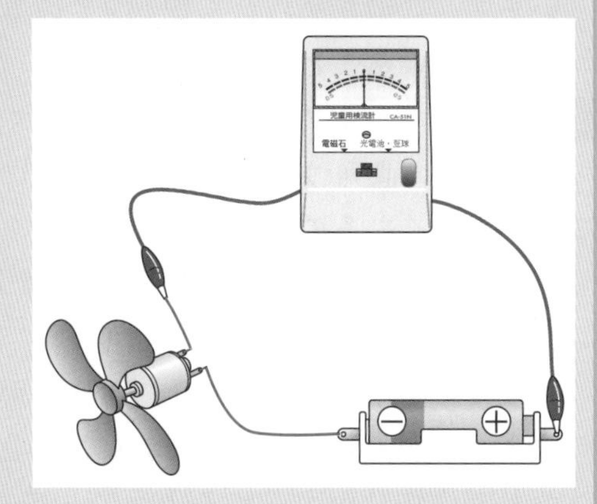

(2)ア
(3)反対。
(4)反対向きになっている。
(変わっている。)

てびき ❶ (1)～(3)検流計を使うとき、切りかえスイッチは、最初は「電磁石(でんじしゃく)(5A)」のほうにしておきます。はりのふれが0.5Aより小さいときは、切りかえスイッチを「光電池(こうでんち)・豆球(0.5A)」のほうに変えます。検流計を使うと、回路に流れる電流の向きや大きさを調べることができます。

(5)検流計は、必ず回路のとちゅうにつなぎます。検流計をかん電池だけにつないではいけません。

❷ (1)回路は、電流の流れる道すじが輪になるようにつなぎます。

(2)～(4)電流は、かん電池の＋極から出て、モーターを通り、かん電池の－極に入る向きに流れます。かん電池の向きを反対にすると、電流の流れる向きも反対になるため、モーターも反対向きに回ります。

20ページ　きほんのワーク

❶ (1)①直列
②へい列
(2)③速い　④同じくらい
⑤大きい　⑥同じくらい

❷ (1)①変わる
②変わる
(2)③「下がる」に○

まとめ　①大きい　②変わらない

21ページ　練習のワーク

❶ (1)検流計
(2)ア直列つなぎ
イへい列つなぎ
(3)ア
(4)イ

❷ (1)イ
(2)ウ
(3)電流(電流の大きさ)

❸ (1)イ
(2)直列つなぎ

てびき ❶ (3)(4)かん電池2この直列つなぎにしたほうが、かん電池2このへい列つなぎにしたときよりも、モーターに大きい電流が流れ、検流計のはりのふれが大きくなります。

❷ (1)かん電池の＋極、－極の向きがアと同じものを選びます。

(2)(3)かん電池2このへい列つなぎのイと、かん電池1このアでは、モーターに流れる電流の大きさがあまり変わらないので、プロペラカーの進む速さはあまり変わりません。しかし、かん電池2この直列つなぎのウは、かん電池1このアよりもモーターに流れる電流が大きくなります。このため、ウのプロペラカーが進む速さは、アよりも速くなります。

❸ アのクリップをイにつなぐと、かん電池2この直列つなぎになり、アのクリップをウにつなぐと、かん電池1この回路となります。かん電池2こを直列つなぎにすると、回路に流れる電流の大きさは、かん電池1このときよりも大きくなり、モーターに流れる電流も大きくなります。そのため、プロペラは速く回り、風も強くなります。

22・23ページ まとめのテスト

1 (1)電流
(2)反対向きになる。(変わる。)
(3)電流の向きが反対になるから。
(電流の向きが変わるから。)
(4)②に○

2 (1)ウ
(2)イ
(3)回る。
(4)ウ
(5)イへい列つなぎ
ウ直列つなぎ
(6)ウ

3 (1)う　(2)う　(3)い

4 (1)ア
(2)2このかん電池が直列つなぎになり、モーターに流れる電流が大きくなるから。
(3)ウ
(4)い

丸つけのポイント

1 (3)「電流の流れる向きが反対(ぎゃく)になる」ということが書かれていれば正かいです。

4 (2)「2こ」のかん電池が「直列つなぎ」になること、モーターに流れる電流が大きくなることが書かれていれば正かいです。

てびき **1** (2)(3)回路に電流が流れることによって、モーターが回ります。モーターの回る向きは、電流の流れる向きによって変わります。このため、かん電池の向きを変えると電流の流れる向きが変わり、モーターの回る向きも変わります。

2 (1)(4)ア～ウのうち、いちばん大きい電流が流れる回路は、かん電池2こを直列つなぎにしているウです。流れる電流が大きいほど、モーターは速く回ります。

(2)モーターは、大きい電流が流れるほど速く回ります。かん電池2こをへい列つなぎにすると、かん電池1このときとほとんど変わらない大きさの電流がモーターに流れます。

(3)かん電池を反対向きにつなぐと、電流の向きが反対になるので、モーターの回る向きも反対になります。

(5)かん電池の＋極と、別のかん電池の－極がつながっていて、回路が1つの輪になるようなかん電池2このつなぎ方を、直列つなぎといいます。また、2このかん電池の同じ極どうしがつながっていて、回路がとちゅうで分かれているかん電池2このつなぎ方を、へい列つなぎといいます。

3 (2)アとイは同じ速さで走っているので、イのモーターにはアと同じくらいの電流が流れています。このため、イはかん電池2このへい列つなぎになっていることがわかります。

(3)ウはいちばん速く走っているので、ウのモーターにはアやイよりも大きな電流が流れています。このため、かん電池2この直列つなぎになっていることがわかります。

4 (1)(2)切りかえスイッチをアにつなぐと、かん電池2この直列つなぎになり、回路に流れる電流が大きくなるので、プロペラが速く回ります。

(3)電気用図記号を使った図で、Ⓜはアの「モーター」を表しています。

(4)せんぷう機の回路では、切りかえスイッチによってかん電池1こと、かん電池2この直列つなぎに切りかえられるようにしているので、電気用図記号を使った回路の図はいです。あの回路の図では、切りかえスイッチによってモーターに流れる電流の向きが変わり、モーターの回る向きも反対になります。

わかる!理科 かん電池をたくさん直列つなぎにすると、それだけ大きい電流が流れますが、その分どう線の発熱も大きくなります。このため、大きい電流を流すときには、あまったどう線をたばねないようにします。あまったどう線をたばねると、高温になりやすく、きけんです。

夏と生き物

24ページ きほんのワーク

❶ (1)①「15」に〇
(2)②「よく」に〇
③「多い」に〇

❷ (1)①5　②6　③7
(2)④上がる

まとめ ①多く　②上がる

25ページ 練習のワーク

❶ (1)㋑
(2)③に〇
(3)エ

❷ (1)①に〇
(2)いえる。
(3)上がったため。(高くなったため。)
(4)㋑

てびき ❶ (1)(2)サクラは、春になると、冬ごししたえだの先に花をさかせ、その約2週間後には葉を出します。夏になると、えだものび、実(さくらんぼ)ができます。

(3)サクラは、春に花をさかせた後、新しいえだをのばして、葉をしげらせていきます。

❷ (1)~(3)夏のころになると、気温が上がってくるために、植物がよく成長するようになります。ヘチマもくきが長くなり、葉が大きくなって、数もふえます。

(4)ヘチマは黄色の花をさかせます。㋐はアジサイ、㋒はハスの花です。

5年生でくわしく学習しますが、ヘチマは、おばなとめばなの2種類の花をさかせ、めばなのつけ根がふくらんで実になります。

26ページ きほんのワーク

❶ (1)①ツバメ
②ヒキガエル
③ショウリョウバッタ
④ナナホシテントウ
(2)⑤夏　⑥春　⑦春　⑧夏　⑨春　⑩夏
(3)⑪「多く」に〇

まとめ ①数　②種類

27ページ 練習のワーク

❶ (1)②に〇
(2)㋐親　㋑子
(3)③に〇

❷ (1)ショウリョウバッタ
(2)②に〇
(3)①に〇
(4)よく成長する。
(5)活発になる。

てびき ❶ (1)子ツバメはじょうずに飛べないので、まだ自分でえさをさがすことができません。

(2)夏のころ、子ツバメは大きくなっていますが、まだ親ツバメといっしょにいるところを観察できます。

❷ (2)(3)夏のころのショウリョウバッタのよう虫は、体の大きさが春のころよりも大きくなっています。野原などによく見られ、植物の葉を食べて生活しています。

(4)(5)夏になると、気温が上がり、動物は体がよく成長し、活動も活発になります。そのため、多くの種類のこん虫などが見られるようになります。

わかる! 理科 こん虫さい集は、夏休みに行うと、たくさんの種類のこん虫を見つけることができます。セミ、カブトムシ、クワガタムシ、チョウなど、山や野原では、さまざまなこん虫が元気よく活動しています。

28・29ページ まとめのテスト

1 (1)上がった(高くなった)。
(2)②に〇

2 (1)①14cm　②33cm　③77cm
(2)③
(3)ふえている。
(4)大きくなっている。
(5)くきののび方は大きくなり、葉の数は多くなる。
(6)黄色

3 (1)①巣　②子　③親　④食べ物
(2)②に〇

4 (1)㋐カブトムシ
　㋑ショウリョウバッタ
(2)①に○
(3)イ
(4)大きくなっている。

丸つけのポイント

2 (5)くきののびや葉の数のふえ方で、ヘチマの成長がわかることが書かれていれば正かいです。

てびき **1** 夏のころになり、気温が上がってくると、植物はぐんぐん成長し、花をさかせる植物も多くなってきます。

2 (1)①は20－6＝14(cm)
　②は53－20＝33(cm)
　③は130－53＝77(cm)
(2)(3)夏に近づくほど、くきはよくのび、葉の数はふえていきます。
(6)ヘチマは黄色の花をさかせます。

わかる! 理科 ヘチマやカボチャ、キュウリ、ヒョウタンなどのウリのなかまのうち、ヘチマやカボチャ、キュウリは黄色の花をさかせますが、ヒョウタンは白色の花をさかせます。

3 (1)ツバメは夏のころになると、親も子も、巣からはなれて生活するようになります。

4 (2)カブトムシの成虫は木のしるをすって生活しています。
(3)(4)夏のころに見られるショウリョウバッタは、春のころより大きくなっていますが、まだよう虫のままです。ショウリョウバッタは、植物の葉を食べて生活しています。

わかる! 理科 ショウリョウバッタやオオカマキリは、ナナホシテントウやアゲハなどとちがって、よう虫は成虫ににたすがたをしています。たまごからかえったばかりのよう虫にははねがなく、成虫になる少し前から、はねをもったすがたになります。

夏の星

30ページ きほんのワーク

1 (1)①こと
(2)②夏の大三角
(3)③赤　④1
(4)⑤星ざ
(5)⑥「明るい」に◯

まとめ ①明るい　②夏の大三角

31ページ 練習のワーク

1 (1)㋐ベガ　㋑デネブ　㋒アルタイル
(2)①に○
(3)1等星
(4)③に○
(5)夏の大三角
(6)はくちょうざ

2 (1)星ざ早見　(2)7月15日
(3)南　(4)方位じしん

てびき **1** ことざのベガ、わしざのアルタイル、はくちょうざのデネブの3つの白っぽい1等星を結んでできる夏の大三角は、夏の夜、東の空に見られます。星は明るさによって、明るい順に、1等星、2等星、3等星、…と分けられています。

わかる! 理科 夜の空に見えるほとんどの星は、太陽のように自分で光を出している星です。それぞれの星のでき方や大きさ、地球からのきょりなどによって、色や明るさがちがって見えます。

わかる! 理科 七夕(たなばた)の物語に登場するおりひめ星はことざのベガ、ひこ星はわしざのアルタイルです。ベガとアルタイルは、天の川をはさむように位置しています。

2 星を観察するときは、星ざ早見を使い、まず、観察する月日(外側)と時こく(内側)の目もりを合わせます。次に、観察する方位を、方位じしんを使って調べ、その向きに立ちます。星ざ早見を、観察する方位が下になるように持ち、星をさがします。

32・33ページ まとめのテスト

1 (1)星ざ早見　(2)③に○
(3)②に○　(4)北

2 (1)さそりざ　(2)イ
(3)②に○

3 (1)夏の大三角　(2)星ざ
(3)③に○
(4)㊀　(5)㋑

てびき 1 (2)～(4)星ざ早見を使うときは、星ざ早見の月日(外側)と時こく(内側)の目もりを合わせた後、方位じしんを使って観察する方位を調べ、その向きに立ちます。次に、観察する方位が下になるように星ざ早見を持ち、頭の上にかざして観察します。

2 さそりざは、夏の夜の南の空で観察することができます。㋐はアンタレスで、赤っぽい色をした1等星です。

3 (1)(3)夏の大三角は、㋐のことざのベガ、㋑のはくちょうざのデネブ、㋒のわしざのアルタイルで形づくられます。この3つの星はすべて1等星です。

(4)はくちょうざは、夏の夜の東の空に見られるので、星ざ早見の東(㊀)を下にして持ち、頭の上にかざして観察します。

5 雨水と地面

34ページ きほんのワーク

1 ①「小さい」に○
②「ゆっくり」に○
③「大きい」に○
④「速く」に○

2 (1)①高い　②低い
(2)③高い　④低い

まとめ　①大きい　②高い　③低い

35ページ 練習のワーク

1 (1)㋐→㋑→㋒
(2)㋐→㋑→㋒
(3)①に○

2 (1)㋐　(2)⟶

てびき 1 同じ量の水を注いでから同じ時間がたったとき、ペットボトルの底にたまる水の量が多いということは、水が土を通りぬける速さが速い、つまり、水がしみこみやすいということになります。㋐、㋑、㋒のつぶを、つぶの大きさが大きい順にならべると、水がしみこみやすい順と同じになるので、地面のつぶの大きさが大きいほど、水は速くしみこむと考えられます。

2 平らなように見える地面でも、ビー玉の転がり方などで、高いところや低いところがあることがわかります。雨水は高い場所から低い場所へと流れていくので、雨水の流れにそってビー玉が転がるとき、転がっていく向きが、雨水が流れていく向きと同じになります。

36・37ページ まとめのテスト

1 (1)いちばん大きいもの…㋑
いちばん小さいもの…㋒
(2)いちばん速いもの…㋑
いちばんゆっくりのもの…㋒
(3)ア
(4)①「小さい」に○
②「にくい」に○
③「やすい」に○

2 (1)低くなる。
(2)同じ。

3 (1)㋑
(2)①「高い」に○
②「低い」に○
③「高い」に○

4 (1)イ
(2)小さい

5 (1)しみこみにくいところ
(2)低い場所

てびき 1 (2)同じ量の水を注いだとき、水のしみこむ速さが速いほど、同じ時間のうちに、ペットボトルの底にたまる水の量は多くなります。

(3) つぶが大きいほど水のしみこむ速さは速く、つぶが小さいほど水はゆっくりしみこみます。これは、大きいつぶどうしがならんだときにできるすきまのほうが、小さいつぶどうしがならんだときにできるすきまよりも大きく、水がつぶの間を通りぬけやすいからです。そのため、同じ時間では、速く通りぬけた分、ペットボトルの底にたまる水の量も多くなります。

(4)つぶが大きくて、水がつぶのすきまを通りぬけやすいと、つぶの上には水がたまりにくくなります。反対に、つぶが小さいと、つぶのすきまを水が通りぬけにくくなり、水たまりができにくくなります。

2 ビー玉は、地面の高さが高い場所から低い場所へ向かって転がっていきます。雨水も、地面の高さが高い場所から低い場所へ向かって流れていきます。そのため、雨水が地面を流れた向きを調べるときには、調べたい場所の地面にビー玉を置いてみて、転がっていく向きをたしかめてみるとよいです。

3 水たまりは、雨水が低い場所に集まってできたものなので、といが置かれた地面の高さのほうが、水たまりのできた地面の高さよりも高いことになります。そのため、といの上にのせたビー玉は、水たまりのほうに向かって転がっていきます。

4 水田には、水のしみこみにくい、つぶの小さな土が使われます。イネのなかまには、水をためた水田ではなく、畑のような水をためない場所で育つ種類もあります。

5 (1)校庭にふって、そのまま地面にしみこんだ雨水は、やがて、地面の中の、水のしみこみにくい部分(Ⓘ)につき当たります。それ以上しみこめなくなった水が集まって、そのしみこみにくい部分のすぐ上を地下水(Ⓐ)となって流れていきます。その後、がけなどから地面の外へわき水となって流れ出し、池や川などに流れこみます。

(2)校庭にふった雨水は、地面の高い場所から低い場所へと流れていき、校庭や学校の周りにあるみぞ(側こう)やあな(雨水ます)に集まります。みぞやあなに集まった雨水は、地下にうめられた雨水管(うすいかん)を通って水路や川に流されます。

わかる! 理科 ふろのゆかや手あらい場のように、水がたまったままではこまるところにははいい水口(こう)がもうけられています。ふろのゆかや手あらい場のそこをかたむけ、はいい水口をいちばん低くしておくことによって、水がたまらないようになっています。

6 月の位置の変化

38ページ きほんのワーク

1 (1)①場所 ②目印
(2)③半月(上(じょう)げんの月、午後の半月)
④高 ⑤南

2 (1)①満月
(2)②東 ③南 ④西
(3)⑤「同じ」に⬭

まとめ ①形 ②太陽

39ページ 練習のワーク

1 (1)Ⓐ (2)②に○
(3)満月 (4)東
(5)Ⓚ (6)①に○

てびき **1** (1)(2)午後に見える半月は、時間がたつと、東の空から南の空に向かって、高くのぼっていきます。

(3)～(6)午後に見える半月を観察してから7日ぐらいたつと、㋑のような満月を観察することができます。満月は夕方に東のほうからのぼり、真夜中に南の空高くを通って、朝方に西のほうへしずみます。太陽も月も、位置は同じように変化します。

わかる! 理科 月の形は、およそ1か月で満ち欠けをくり返しており、1か月の間に新月(見えない。)→三日月→上げんの月(午後の半月)→満月→下(か)げんの月(朝の半月)→三日月→新月、と形が変化していきます。これは、月が地球の周りをおよそ1か月で1周(しゅう)しているために起こります。

40・41ページ まとめのテスト

1 (1)半月(上げんの月、午後の半月)
(2)㋐東 ㋑西
(3)④に○ (4)Ⓘ
(5)㋒に○ (6)①東 ②西
(7)月を観察するときの目印とするため。

2 (1)満月
(2)①東 ②西 ③同じ

3 (1)㋐
(2)㋓

(3)㋑

4 ①×　②○　③×　④○

丸つけのポイント

1 (7)月の位置の変化を調べやすくすることが書かれていれば正かいです。

てびき **1** (3)(5)月は、太陽と同じように、東のほうからのぼって南の空の高いところを通り、西のほうへしずみます。午後6時の月から見て、午後8時の月は低くなっているので、この月は南から西へしずんでいくとちゅうだといえます。午後10時には、午後8時の位置よりもさらに西へしずみます。このとき、月の平らに見える部分を上に向けるようにしてしずんでいきます。

2 (3)月は、形によらず、東のほうからのぼって南の空の高いところを通り、西のほうへしずみます。

3 (1)(2)南の空の高いところに見える半月の位置は、時間がたつと、西の空の低いところへ向かって、下がっていきます。

(3)午前に見える半月は、夜明けごろには、南の空の高いところで、平らに見える部分がたてにまっすぐに見えます。その後、月の平らに見える部分を、少しずつかたむけていき、西のほうへしずむ正午ごろには、ほぼ真下に向けています。

4 ①月の方位を調べるときは、方位じしんを水平にして持ち、観察する月の方向に指先を向けます。

③月の高さを調べるときは、むねの高さではなく、目の高さをきじゅんとします。

わかる！理科 月や星を観察するときは、目印になるものが必要です。木や建物などの動かないものを目印にして観察します。また、観察する場所がちがうと月や星の位置を正しくくらべることができません。このため、いつも同じ場所で観察します。

7　とじこめた空気や水

42ページ　きほんのワーク

1 (1)①「小さくなる」に◯

②「変わらない」に◯

(2)③空気　④水

まとめ　①空気　②水

43ページ　練習のワーク

1 (1)㋑水　㋒空気

(2)③に○

(3)①×　②×　③×　④○

⑤○　⑥×

2 ②に○

てびき **1** (1)とじこめた空気はおしちぢめることができるので、体積が変わります（小さくなります）が、とじこめた水はおしちぢめることができないので、体積は変わりません。

(3)①②空気も水も、力を加えても、重さは変わりません。

2 つつに水を入れても、前玉はいきおいよく飛びません。

わかる！理科 つつの中に空気を入れた場合には、空気でっぽうの玉がよく飛びますが、水を入れてもあまり飛びません。空気を入れておしぼうをおすと、つつの中の空気はおしちぢめられます。ぼうをおすにつれて、おしちぢめられた空気が元にもどろうとする力がしだいに大きくなり、この力が前玉をおすため、前玉がいきおいよく飛びます。水を入れても前玉があまり飛ばないのは、水はおしちぢめることができないので、おしぼうをおすと、すぐに前玉がおし出されるからです。

44ページ　きほんのワーク

1 (1)①小さく

(2)②㋒　③㋑　④㋐

(3)⑤㋒

(4)⑥元にもどろうとする

(5)⑦「大きく」に◯

まとめ　①小さく　②大きく

45ページ **練習のワーク**

1 (1)①に○
(2)空気（の体積）　(3)②に○
(4)②に○

2 ①、③に○

てびき **1** (1)(2)とじこめた空気をおすと、空気の体積は小さくなります。空気をおしちぢめるほど、空気が元にもどろうとする力が大きくなるため、手ごたえも大きくなり、ピストンはとちゅうで止まります。

(3)(4)ピストンをおすほど、空気が元にもどろうとする力が大きくなるため、ピストンをおすのをやめると、ピストンは元の位置までもどります。

2 空気でっぽうでおしぼうをおすと、空気がおしちぢめられ、空気が元の体積にもどろうとする力が大きくなります。空気でっぽうや空気の重さは変わりません。

わかる! 理科 おしちぢめられた空気は、元の体積にもどろうとします。この力は、空気でっぽうのつつの中であらゆる向きにはたらきますが、このうち、前玉のほうに向かってはたらく力が前玉をおし出します。

46・47ページ **まとめのテスト**

1 (1)㋑
(2)㋑
(3)元（の体積）にもどろうとする力
(4)②に○
(5)①に○
(6)②に○
(7)空気はおしちぢめることができるが、水はおしちぢめることができないから。

2 (1)下がる。
(2)おしちぢめられる。
(3)下がらない。
(4)おしちぢめられない。
(5)空気
(6)①空気　②元の体積にもどろう

3 (1)㋐
(2)水はおしちぢめることができないが、空気はおしちぢめることができるから。
(3)（ピストンは）元(の位置)にもどる。
(4)空気が元の体積にもどるから。

丸つけのポイント

1(7)　**3**(2)「空気はおしちぢめられること」「水はおしちぢめられないこと」の両方が書かれていれば正かいです。

3(4)「空気の元の体積にもどろうとする力がはたらいたから。」でも正かいです。

てびき **1** (1)おしぼうをおすと、空気はおしちぢめられます。おしちぢめられた空気は元の体積にもどろうとするため、手ごたえを感じます。空気は、おしぼうを強くおすほど体積が小さくなるため、おし返す力が大きくなります。

(2)(3)前玉は、おしちぢめられた空気が元の体積にもどろうとする力で飛ばされます。

(4)前玉が飛び出すとき、あと玉はおしぼうからはなれることはなく、おしぼうが止まった位置にあります。

(5)空気をおしちぢめたときに、空気がもれないように、玉はきつくつめます。

(6)(7)空気でっぽうに水を入れておしぼうをおしても、水の体積は変わりません。そのため、おしぼうをおすと、すぐに前玉がおし出され、水といっしょに落ちてしまいます。

2 (1)ピストンを指でおすと、ちゅうしゃ器の中の空気がおしちぢめられるため、ピストンは下がります。

(2)空気は、力を加えるとおしちぢめられて体積が小さくなります。

(3)(4)水に力を加えても、おしちぢめることができないので、ピストンは下がりません。

(5)(6)空気はおしちぢめられると、元の体積にもどろうとします。

3 とじこめた水は、おしちぢめることができないので、体積は変わりません。しかし、とじこめた空気は、おしちぢめることができるので、体積が小さくなります。ピストンから指をはなすと、水の体積は変わりませんが、空気の体積は元にもどります。このとき空気が元の体積にもどろうとする力がはたらいています。

秋と生き物

48ページ きほんのワーク

1 (1)①「下がってきた」に⬭
(2)②「のびなくなって」に⬭
③実

2 ①サクラ
②イヌタデ
③ツルレイシ

まとめ ①下がる ②大きくなる

49ページ 練習のワーク

1 (1)イ
(2)えだから落ちる。
(3)イ
(4)芽

2 (1)イ
(2)大きくなっている。
(3)イ
(4)下がった(低くなった)から。
(5)イ

てびき 1 (1)～(3)秋になり、気温が下がってすずしくなってくると、サクラの葉は少しずつ黄色くなっていき、やがて葉が落ち始めます。

(4)サクラの葉はかれ落ちますが、木全体がかれたわけではありません。えだの先には小さい芽ができています。

2 (1)(2)(4)秋になり、気温が下がってすずしくなってくると、ヘチマのくきはあまりのびなくなり、実がどんどん大きくなっていきます。実の大きさは40～60cmぐらいになり、この実の中には、たねができています。ヘチマの実は、秋が深まるにつれて、緑色から茶色へと変化していきます。

わかる! 理科 ヘチマのなかまであるツルレイシは、じゅくす前の実は緑色をしていますが、じゅくすと赤っぽいオレンジ色になり、その先がさけてめくれ、赤い皮につつまれたたねが見えるようになります。わたしたちが食べているのは、じゅくす前の実です。

50ページ きほんのワーク

1 (1)①「見られなくなる」に⬭
(2)②オナガガモ
③アキアカネ
④ショウリョウバッタ
⑤エンマコオロギ
⑥ヒキガエル
(3)⑦たまご ⑧鳴いて
⑨動かない

まとめ ①夏 ②たまご

51ページ 練習のワーク

1 (1)②に○
(2)②に○
(3)オナガガモ(カモ)

2 (1)㋐ヒキガエル
㋑ナナホシテントウ
㋒アキアカネ
㋓シジュウカラ
(2)①㋒ ②㋓ ③㋐
(3)ちがう。

てびき 1 (1)(2)秋のころ、ツバメは、あたたかい南の国へわたっていくので、日本では見られなくなります。

わかる! 理科 ツバメは、春になると、あたたかい南の国から日本にわたってきます。そして、日本で巣作りをしてたまごを産み、子を育てます。秋になると、ふたたびあたたかい南の国にわたっていきます。このように、たまごを産んで子を育てるための土地と、冬をこすための土地を、季節ごとに行き来する鳥を、わたり鳥といいます。

(3)秋になると、池などにはカモのなかまなどの鳥が、多く見られるようになります。

わかる! 理科 オナガガモなどの鳥は、春から夏の間はシベリアなどの北のほうで子を育てますが、秋になると日本にわたってきて、冬の間を日本ですごし、春になるとシベリアなどに帰っていきます。このような鳥を冬鳥といいます。一方、ツバメなどのように、春になると日本にやってくる鳥を夏鳥といいます。

❷ ⑵秋が深まり気温が下がると、ナナホシテントウは草の上などにとまってじっとしていることが多くなります。アキアカネはたまごを産んで、その後は死んでしまいます。

わかる! 理科 トノサマバッタなどのバッタのなかまやオオカマキリ、コオロギ、アキアカネなどは、秋になるとたまごを産みます。アキアカネは水面にたまごを産みます。ショウリョウバッタのめすは、土の中にはらを入れてたまごを産み、エンマコオロギのめすは、はらの先にあるさんらん管(かん)を土にさしてたまごを産みます。土の中にたまごを産むのは、冬の寒さからたまごを守るためです。その後、たまごを産んだ親は死んでしまいます。

52・53ページ まとめのテスト

1 ⑴㋐ア
　㋑エ
⑵②に○
⑶㋐
⑷下がった(低くなった)から。
⑸②に○

2 ⑴エンマコオロギ
⑵鳴いているところ。
⑶たまごを産んでいる。
⑷③に○

3 ②、③に○

4 ⑤に○

丸つけのポイント

2 ⑵こん虫が「音を出していること」が書かれていれば正かいです。

てびき **1** ⑴ヘチマは、実をつけるころになると、くきがのびなくなってきます。
⑵ヘチマの実は、じゅくす前は緑色、じゅくしてくると茶色になります。
⑶㋑はツルレイシのたねです。
⑷夏が終わって秋になると、すずしくなります。
⑸秋が深まると、ヘチマは、実の中にたねを残して、全体が茶色くなり、やがてかれていきます。

わかる! 理科 ヘチマやツルレイシなどの、冬になると根までかれる植物は、たねで冬をこします。一方、イチョウやアジサイ、サクラなどは、秋になると葉が落ちますが、かれたわけではありません。これらは、えだに芽をつけ、春になるとふたたび成長を始めます。

2 ⑵⑶エンマコオロギは、秋になると㋐のように、はねをこすり合わせて鳴き、秋が深まると、㋑のようにたまごを産みます。

3 ①春から夏にかけてのようすです。
④⑤夏のころのようすです。

4 ①②春のころのようすです。親ツバメは、どろやかれ葉で巣を作った後、たまごを産み、ひながかえるまであたためます。
③春から夏にかけてのようすです。
④夏のころのようすです。

8 ものの温度と体積

54ページ きほんのワーク

❶ (1)①㋑ ②㋒

(2)③「大きく」に〇

④「小さく」に〇

(3)⑤温度

まとめ ①大きく ②小さく

55ページ 練習のワーク

❶ (1)①に○

(2)②に○

(3)㋐ア ㋑イ

(4)②に○

(5)体積

(6)温度

てびき ❶ (1)~(3)空気は、あたためると体積が大きくなり、冷やすと体積が小さくなります。㋐では体積の大きくなった空気がゼリーをおし、㋑では空気の体積が小さくなったため、ゼリーがガラス管の中に入ってきます。

(4)氷水で冷やされるので、空気の体積が小さくなり、ゼリーは㋑のほうに動きます。

(5)(6)あたためたり冷やしたりすることで、丸底フラスコ内の空気の体積が変わったことから、空気の体積は温度によって変わることがわかります。

56ページ きほんのワーク

❶ (1)①㋑ ②㋒

(2)③「変化する」に〇

(3)④小さい

まとめ ①変化する ②小さい

57ページ 練習のワーク

❶ (1)㋐ア ㋑イ

(2)あたためたとき…大きくなる。

冷やしたとき…小さくなる。

(3)温度

(4)空気

てびき ❶ (1)(2)水も、空気と同じように、あたためると体積が大きくなり、冷やすと体積が小さくなります。そのため、水の先が上下に動きます。

(4)空気も水も、温度によって体積が変化し、体積の変化は、水よりも空気のほうが大きいです。

わかる! 理科 水の、温度による体積の変化は、空気よりもとても小さいので、細いガラス管などを用いると、体積の変化が観察しやすくなります。

58ページ きほんのワーク

❶ (1)①のびる ②ちぢむ

(2)③変化する

(3)④空気 ⑤金ぞく

まとめ ①変化する ②小さい

59ページ 練習のワーク

❶ (1)②に○

(2)㋐

(3)㋑

(4)温度

(5)①大きく ②小さく

(6)②に○

てびき ❶ (2)(3)ほのおで熱すると、金ぞくのぼうはのびます。熱するのをやめると、ぼうの先は初めの位置にもどります。

(5)(6)金ぞくも水も空気も、あたためると体積が大きくなり、冷やすと体積が小さくなりますが、体積の変化は金ぞく、水、空気でちがいます。金ぞく、水、空気をくらべたとき、温度の変化による体積の変化がいちばん大きいのは空気で、いちばん小さいのは金ぞくです。

わかる! 理科 金ぞくも、空気や水と同じように、あたためると体積が大きくなり、冷やすと体積が小さくなります。しかし、金ぞくは体積の変化がひじょうに小さく、目でたしかめるのはとてもむずかしいので、金ぞくのぼうがのびるかどうかで、体積が変化したかどうかを調べます。

60・61ページ まとめのテスト

1 (1)上がる。
(2)㋐
(3)下がる。
(4)㋑
(5)②に○
(6)空気はあたためると体積が大きくなるので、へこんだピンポン玉を湯の中に入れてあたため、中の空気の体積を大きくすればよい。

2 (1)通らない。
(2)通る。
(3)①大きく　②小さく
(4)②、③に○

3 (1)イ　(2)②に○

丸つけのポイント

1 (6)空気はあたためると体積が大きくなることを理由として、ピンポン玉をあたためて中の空気の体積を大きくすることが書かれていれば正かいです。

てびき **1** (1)(2)空気も水も、あたためられて温度が高くなると、体積が大きくなりますが、体積の変化は空気のほうが大きいので、㋐のゼリーのほうが㋑の水の先より位置が上がります。

(3)(4)あたためた空気や水を冷やしていくと、体積はともに小さくなっていきます。体積が小さくなるときも、水より空気のほうがより大きく変化するので、㋐のゼリーと㋑の水の先では、㋐のほうがより下がります。

(6)空気の、あたためられると体積が大きくなるせいしつを利用します。

2 (1)～(3)金ぞくは、熱すると体積が大きくなり、冷やすと体積が小さくなります。そのため、金ぞくの球の体積が大きくなると輪を通らなくなり、金ぞくの球の体積が元にもどると輪を通るようになります。

3 (2)アルコールランプは、ななめ上からふたをした後、一度ふたをとって、火が消えたことをたしかめ、冷えるのをまってからふたをします。いきでふき消してはいけません。

9　もののあたたまり方

62ページ きほんのワーク

1 ①㋐→㋑→㋒→㋓

2 (1)①㋐→㋒→㋑→㋓
(2)②「広がる」に◯

まとめ　①熱したところ　②全体

63ページ 練習のワーク

1 (1)「ほのおを当てない側」に◯
(2)①青　②ピンク

2 (1)①に○
(2)㋑

3 ㋒

てびき **2** (2)金ぞくは、熱したところから近い順に、まるく周りに広がるようにあたたまっていきます。

3 金ぞくの板のまん中を熱すると、熱したところから円が広がるようにあたたまっていきます。

わかる! 理科 バーベキューなどで、鉄板のまん中を火で熱すると、鉄板のすみのほうまで早くあたたまります。また、金ぞくのぼうを肉にさして焼くと、肉の中まで金ぞくの熱が伝わるので、内側からも熱することができ、すみやかにむらなく焼くことができるのです。

64ページ きほんのワーク

1 (1)①㋐　(2)②上

2 ①「あたたかい」に◯
②「冷たい」に◯
③「上」に◯　④「上」に◯

まとめ　①上　②全体

65ページ 練習のワーク

1 (1)ピンク色の部分
(2)上

2 (1)②に○
(2)㋑に○
(3)①に○
(4)ちがう。

てびき **1** し温インクは温度が高くなると、青色からピンク色に変化します。あたためられた水は、上のほうに動いていきます。よって、試験管の中ほどを熱すると、上のほうが先にあたたまります。

2 (1)〜(3)熱してあたためられた水は、上のほうに動いていき、やがて全体があたたまります。し温インクは、あたたまった水がどのように動くかを見るために、入れます。

わかる! 理科 水はとう明なので、ただあたためただけでは、その動きをはっきり見ることができません。そのため、絵の具を水の底に入れたり、ビーカーの底に茶葉やみそ、おがくずなどを入れたりしてあたため、その動きから水があたたまっていくときのようすを調べます。

66ページ きほんのワーク

1 (1)①高い ②低い
(2)③上

2 ①上 ②「全体」に◯

まとめ ①上 ②全体

67ページ 練習のワーク

1 (1)同じ。
(2)㋐
(3)①上 ②上

2 (1)ア
(2)下
(3)①水 ②上 ③全体
(4)イ

てびき **1** (2)(3)あたたかい空気は、上のほうに動きます。そのため、空気をあたためたとき、上のほうと下のほうでは温度にちがいが見られます。これは、水のあたたまり方とにています。

2 (1)(3)ストーブで下のほうの空気をあたためると、あたためられた空気は上のほうに動きます。そして、上から順にあたたまり、しだいに部屋全体の空気があたためられます。

68・69ページ まとめのテスト

1 (1)①㋒ ②㋔ ③㋖
(2)②に◯
(3)㋓

2 (1)ピンク色
(2)㋐
(3)㋕

3 (1)上
(2)空気

4 (1)部屋の上のほう
(2)㋒ (3)②に◯

てびき **1** (1)(2)金ぞくは、熱したところから順に、周りに広がるようにあたたまっていきます。

(3)㋑と㋕のまん中の㋓をあたためれば、㋓からのきょりが同じである㋑と㋕は、ほぼ同時にし温インクの色が変わり始めます。

2 (2)(3)水を熱すると、あたためられた水が上のほうに動くため、上のほうから温度が上がります。㋑では、㋓→㋔→㋕の順にあたたまります。

3 (1)あたためられた水は、まず上のほうに動きます。また、上のほうにあった水はおされて下のほうに動き、あたためられて上のほうに動きます。これをくり返して、しだいにビーカーの中の水全体があたためられます。

(2)水と空気は、どちらもあたためられた部分が上のほうへ動いて、全体があたたまるので、水と空気のあたたまり方はにています。

4 空気は水と同じように、あたためられると上のほうに動きます。そのため、部屋の上のほうにはあたたかい空気がたまっています。ふつう天じょうの近くに取り付けてあるだんぼうのふき出し口は、下を向いていますが、これは、そのほうが部屋を早くあたためることができるからです。

冬の星

70ページ **きほんのワーク**

1 (1)①オリオン
(2)②ベテルギウス
③赤
④リゲル
⑤青
(3)⑥「変わらず」に◯
⑦「変わる」に◯

2 ①冬の大三角

まとめ ①ならび方 ②位置

71ページ **練習のワーク**

1 (1)㋐ベテルギウス ㋑リゲル
(2)㋐赤っぽい色 ㋑青っぽい色
(3)㋐1等星 ㋑1等星
(4)①に○
(5)冬の大三角
(6)②に○

2 (1)北極星
(2)カシオペヤざ
(3)㋒

てびき **1** (2)(3)オリオンざには、赤っぽい色をしたベテルギウスと、青っぽい色をしたリゲルの2つの1等星があります。

わかる! 理科 星はそれぞれの明るさにちがいがありますが、実際はとても明るくても、地球から遠くはなれているために暗く見えることがあります。星の色は赤、だいだい色、黄、白、青白などに見えます。これは星の温度に関係があり、温度が高い星は青白や白、温度が低い星は赤やだいだい色に見えます。リゲルは表面温度が1万℃以上ある高温の星で、青っぽい色に見えます。一方、ベテルギウスは、表面温度が3000℃ほどで、赤っぽい色に見えます。太陽もみずから熱を出す星ですが、表面温度は6000℃ほどで、だいだい色に見えます。

(4)星ざは、形は変わらないので、夜空に見つけることができますが、その位置は時こくによって変わって見えます。

(5)(6)冬の夜空に見られる冬の大三角は、夏には見られません。見える星ざは、季節によって変わります。

わかる! 理科 星は夜になると目だちますが、夜だけにあらわれるのではありません。星は昼でも出ていますが、太陽の光で明るいうちは観察できないのです。

2 冬の南の空に見られるオリオンざや冬の大三角などは、夏には見られませんが、カシオペヤざなど、北の空に見られる星は、1年中見られます。北の空では、北極星がほぼ真北にあり、その位置はほとんど変化しません。カシオペヤざやほかの星は、北極星のまわりを、北から西へ向かう方向に回っているように見えます。北極星をはさんで、カシオペヤざのほぼ反対側には、ひしゃくの形をしたほくと七星があり、どちらも、北極星をさがすときの手がかりとなります。

わかる! 理科 ほくと七星は、北の空に見られる星ざ「おおぐまざ」のこしからしっぽに当たる部分の7つの星です。7つの明るい星が、ひしゃくのようにならんでいるため、このようによばれています。このうち6つは特に明るい星なのでよく目だちます。

冬と生き物

72ページ きほんのワーク

❶ (1)①葉　②芽(冬芽)

(2)③「大きく」に○

❷ (1)①かれて

②茶

③たね

④くさって(かれて)

(2)⑤下がって(低くなって)

まとめ　①たね　②下がる

73ページ 練習のワーク

❶ (1)③に○　(2)芽(冬芽)

(3)大きくなっている。

❷ (1)①に○　(2)たね

(3)①に○　(4)③に○

てびき ❶ サクラは、冬のころには葉がすっかりかれ落ちていますが、えだに芽をつけています。この芽は、春になると花や葉になります。冬のサクラは、みきとえだしかないように見えますが、かれたわけではなく、生きています。

わかる! 理科 冬のころのサクラは、すっかり葉がかれ落ちていますが、植物の体全体がかれたわけではありません。よく見ると、えだには小さな芽がたくさんついています。この芽には2種類あり、細長くて小さいものを葉芽(ようが)、丸くて大きいものを花芽(かが)といいます。春になると、1つの花芽から3～5この花がさき、この花が散り始めると、葉芽から葉が出始めます。1つの葉芽からは、葉が1まい出てくるのではなく、えだがのびて、そのえだに何まいもの葉をつけます。

❷ 冬のヘチマは、根がくさったようになり、葉もくきも全部かれています。かれた実の中にはたねができていて、このたねが次の春、芽を出します。

74ページ きほんのワーク

❶ (1)㋐シジュウカラ

㋑オナガガモ(カモ)

㋒オオカマキリ

㋓ナナホシテントウ

㋔ヒキガエル

(2)①たまご　②成虫

(3)③土

(4)④「こん虫」に○

まとめ　①見られる　②見られない

75ページ 練習のワーク

❶ (1)㋐シジュウカラ

㋑オナガガモ（カモ）

(2)㋐

(3)㋑

(4)①○　②×　③○　④×

❷ (1)㋐ナナホシテントウ

㋑オオカマキリ

㋒カブトムシ

㋓ヒキガエル

(2)たまご

(3)ヒキガエルは、冬の間は土の中でとうみんしているから。

丸つけのポイント

❷ (3)ヒキガエルは冬の間は土の中にいるということが書けていれば正かいです。

てびき ❶ (1)～(3)シジュウカラは、日本では1年中見られます。オナガガモは、夏の間は北の国で生活していますが、冬になると日本にわたってくるわたり鳥です。

(4)冬に見られるわたり鳥は主に北の国で夏をすごしますが、冬に見られる鳥のすべてがわたり鳥というわけではありません。

❷ (1)㋐はナナホシテントウの成虫、㋑はオオカマキリのたまご、㋒は土の中で冬をこすカブトムシのよう虫、㋓は土の中で冬をこすヒキガエルです。

わかる! 理科 ㋑はあわのようなものがかたまってできたもので、らんのうとよばれます。たまごは、らんのうの中にあります。

(2)オオカマキリはたまごで冬をこします。オオカマキリの成虫は、秋にたまごを産みます。

わかる! 理科 こん虫は、寒さのきびしい冬を、いろいろなすがたでこしています。
〈成虫で冬をこすもの〉
アシナガバチ、スズメバチ、
キチョウ（チョウ）、ハナアブ、
ナミテントウなど
〈さなぎで冬をこすもの〉
アゲハ、モンシロチョウなど
〈よう虫で冬をこすもの〉
オオムラサキ（チョウ）、セミ、カブトムシなど
〈たまごで冬をこすもの〉
トノサマバッタ、オビカレハ（ガ）、
ショウリョウバッタ、カマキリ、
エンマコオロギなど

(3)ヒキガエルは、土の中でとうみんして冬をこします。

わかる! 理科 カエルは、気温が低くなると活動できなくなります。このため、温度があまり下がらない土の中にもぐって寒さをさけ、あたたかくなるまで活動しなくなります。これを、とうみんといいます。ヘビやトカゲ、カメなども、とうみんをする動物です。

76・77ページ まとめのテスト

1 (1)かれていない。
(2)①芽　②秋　③冬

2 (1)㋐ヘチマ
㋑ツルレイシ
(2)茶色
(3)③に○
(4)たね
(5)㋐

3 (1)㋐
(2)③に○
(3)③に○

4 ①○　②○　③×　④×　⑤×　⑥×

5 (1)14℃
(2)㋑
(3)いちばん気温が低いから。

丸つけのポイント
5(3)　4つの温度計をくらべて、「いちばん」「温度が低い（気温が低い）」ことが書かれていれば正かいです。

てびき **1** サクラは冬になるとすっかり葉を落とし、えだだけが残りますが、かれているわけではありません。えだの先には芽がついていて、この芽は次の春、葉や花になります。

2 (1)～(3)ヘチマもツルレイシも、実は冬になると茶色くなり、実の中にたねを残してかれていきます。
(4)(5)㋐はヘチマのたねです。ヘチマもツルレイシも、たねのすがたで冬をこします。

3 (1)㋑はエンマコオロギ、㋒はナナホシテントウのたまごです。
(2)(3)植物のくきに産みつけられたオオカマキリのたまごからは、春によう虫がかえります。

4 ①ヘチマは、たねのすがたで冬をこします。
②ヒキガエルは、土の中でとうみんをして冬をこします。
③ツバメは春のころに巣を作ります。
④は夏、⑤は春のころのようすを表しています。
⑥ナナホシテントウは、成虫のすがたで落ち葉の下などに集まって冬をこします。

5 温度計の目もりは、えき面からいちばん近い位置の目もりを読みます。㋐は28℃、㋑は7℃、㋒は14℃、㋓は18℃です。いちばん温度が低い㋑が冬の気温です。

10 水のすがたの変化

78ページ きほんのワーク

1 (1)①食塩
(2)②大きく
(3)③氷
(4)④0
(5)⑤液 ⑥固

まとめ ①変わらない ②氷 ③大きく

79ページ 練習のワーク

1 (1)食塩
(2)（水の）体積
(3)記号…㋑
温度…0℃
(4)イ
(5)読み方…マイナス5ど
書き方…－5℃
(6)㋓

てびき 1 (1)ビーカーの中に氷と食塩を入れて、水を加えると、とても冷たくなります。

わかる！理科 氷を入れただけでは、試験管の中の水はこおりません。しかし、氷水に食塩をまぜると0℃より低い温度に下がるので、水をこおらせることができるようになります。水をこおらせるときの食塩をまぜた氷水のようなはたらきをするものを寒(かん)ざいといいます。

(3)(4)水がこおるとき、こおり始めてからこおり終わるまで、温度は0℃のまま変わりません。このため、水がこおっている間のグラフは平らになります。すべての水が氷になると、ふたたび温度が下がっていきます。

(5)0℃よりも低い温度を「－□℃」と書き、「マイナス□ど」と読みます。

(6)水は、氷になると体積が大きくなります。ペットボトルに入れた水をこおらせると、ペットボトルの形がふくらんだように変わってしまうのは、液体の水が固体の氷になるときに、体積が大きくなるためです。

80ページ きほんのワーク

1 (1)①「へって」に◯
(2)②ふっとう
③100℃

2 (1)①「水じょう気」に◯
(2)②水てき（水）
③気

まとめ ①ふっとう ②水じょう気 ③気体

81ページ 練習のワーク

1 (1)湯気
(2)㋐液体 ㋑気体 ㋒液体
(3)100℃(近く)
(4)①× ②○ ③○
(5)ふっとう
(6)②に○
(7)③、④に○

てびき 1 (1)(2)(4)水をあたため続けると、大きいあわが出てきますが、これは液体の水が気体の水じょう気にすがたを変えたものです。水じょう気は目には見えませんが、湯気は目に見える液体で、水の小さいつぶです。気体ではないので、注意しましょう。

(3)～(5)水がふっとうするとき、温度は100℃近くになっています。ふっとうしている間、温度は変わりません。

(6)水が水じょう気となって空気中へ出ていくため、ビーカーの中の水の量は、初めにくらべてへっています。

(7)あたためられてふっとうした水が水じょう気になるのは、液体から気体への変化、水じょう気が冷やされて湯気になるのは、気体から液体への変化です。

わかる！理科 水をあたためたときに最初に出てくる小さいあわは、水にとけていた空気です。そのまま続けてあたためると出てくる大きいあわは、水が水じょう気にすがたを変えたものです。

82・83ページ まとめのテスト

1 (1)食塩
(2)0℃
(3)③に○
(4)ⓐア　ⓘイ
(5)固体
(6)ⓤ
(7)大きくなる。
(8)下がる。

2 (1)ふっとう石
(2)ふっとう
(3)100℃(近く)
(4)ウ
(5)水が水じょう気になって空気中に出ていったから。

3 (1)㋐、㋒
(2)㋑、㋓
(3)水（水てき）

4 (1)固体
(2)㋒、㋓

丸つけのポイント

2 (5)「気体(水じょう気)にすがたを変えたこと」と「空気中へ出ていったこと」のどちらも書かれていれば正かいです。水から水じょう気へすがたが変化した後にどうなったのかまで注目することが大切です。

てびき **1** (1)温度を0℃より下げるために、氷水に食塩をまぜます。

(2)(3)(8)水がこおる温度は0℃で、こおり始めてから全部こおるまで温度は変わりません。すべての水が氷になると、ふたたび温度が下がっていきます。

(4)水がこおっているとちゅうでは、まだこおっていない水と、できた氷とがまざっています。

(6)(7)水は、固体(氷)になると、体積が大きくなります。

2 (1)ふっとう石を入れずに液体を熱し続けると、とつぜんふっとうして液体が飛び散ったり、ふきこぼれたりすることがあり、きけんです。このためふっとう石を入れて、これをふせぎます。

(3)(4)水は100℃近くでふっとうし、ふっとうしている間は温度が変わりません。そのため、水の温度の変化のグラフで、水がふっとうしている間の部分は平らになります。

わかる! 理科 ものの種類によってふっとうする温度はちがっていて、エタノール（アルコール）はおよそ78℃でふっとうします。

3 (1)(2)液体は目に見えますが、気体は見えません。㋑の湯気は、液体の水の小さいつぶが集まっているので白く見えます。湯気は水のつぶなので、ふたたび気体の水(水じょう気)になって見えなくなります(㋐)。

(3)湯気は液体の水です。湯気にスプーンを近づけると、スプーンに水がついて、水てきになって落ちます。

4 (1)氷のように目に見えて、形が変わらないものを固体、水のように、目に見えて、形が自由に変わるすがたのものを液体、水じょう気のように、目には見えず、形が自由に変わるすがたのものを気体といいます。

(2)氷をあたためると、氷→水→水じょう気と変化します。水じょう気を冷やすと、水じょう気→水→氷と変化します。

11　水のゆくえ

84ページ　きほんのワーク

1 (1)①水てき(水)
(2)②同じ(変わらない)
③低くなる(下がる)
④水じょう気　⑤空気
(3)⑥じょうはつ

まとめ　①水じょう気
②じょうはつ

85ページ　練習のワーク

1 (1)水じょう気
(2)イ
(3)じょうはつ
(4)③に○

2 (1)①に○
(2)ウ
(3)①に○

てびき 1 水たまりの水は、じょうはつして水じょう気になり、空気中に出ていくだけでなく、地面にしみこむことによってもなくなっていきます。しかし、地面にしみこんだ水も、地表に近いところからしだいにじょうはつしていきます。

2 ふたをしないと、水そうの水面から水がじょうはつし、水じょう気となって空気中に出ていくので、水の量はへります。ふたをすると水じょう気が空気中に出なくなるので、水の量はへらなくなります。

86ページ　きほんのワーク

1 (1)①つかなかった
(2)②水じょう気
(3)③気体　④液体
⑤けつろ

まとめ　①水じょう気　②水　③けつろ

87ページ　練習のワーク

1 (1)水てき（水）
(2)②に○
(3)けつろ
(4)イ
(5)見られる。
(6)①に○

2 ①×　②×　③○　④○
⑤×　⑥×

てびき 1 (1)(2)(5)(6)びんに入っている水と氷によってびんの周りの空気中の水じょう気が冷やされて、水になります。水じょう気は空気中に必ずふくまれているので、ちがう場所でも同じようなことが見られます。

(3)(4)けつろによってできた水てきは、気体の水じょう気が冷やされて、液体に変わったものです。

2 けつろは、空気中の水じょう気が冷やされて液体の水になることです。①、⑥はあたためられたことによる固体（雪や氷）から液体（水）への変化を表し、②は冷やされたことによる液体（水）から固体（氷）への変化を表しています。⑤は、じょうはつによるものです。

わかる！理科　氷水を入れたコップやよく冷えた飲み物のようきの表面に水てきがつくのは、コップやようきの中の水がしみ出てきたからではありません。けつろで生じる水は、空気中の水じょう気が冷やされて水に変わったものです。そのため、けつろはあたたかいものの表面では起こりません。寒い日に外からあたたかい部屋に入ると、めがねがくもりますが、これは、冷たいめがねの表面でけつろが起こったからです。やがて、部屋のあたたかさで、けつろで生じた水はじょうはつして、めがねのくもりは消えます。

88・89ページ　まとめのテスト

1 (1)㋐
(2)水てき（水）
(3)水が水じょう気になって、空気中に出ていった。
(4)じょうはつ

2 ①×　②○　③○　④×

3 (1)①水　②じょうはつ　③空気中
(2)つく。
(3)（液体→）気体→液体

4 (1)水てき（水）がつく。

(2)㋐水じょう気
㋑水てき（水）
(3)①水じょう気
②冷やされ
③水
(4)けつろ
(5)空気中のあらゆるところにある。
(6)水じょう気

丸つけのポイント

1 (3)「水が水じょう気になったこと」と「空気中へ出ていったこと」のどちらも書かれていれば正かいです。

4 (5)「空気中のどんなところにもある。」でも正かいです。空気中の一部ではなく、あらゆるところにあるということに注目することが大切です。

てびき **1** (1)(2)水は水面からたえずじょうはつしていますが、おおいをすると、水じょう気が空気中に出ていかなくなり、ようきの内側に水てきとしてつきます。

(4)ようきの内側に水てきがつくのは、地面からじょうはつした水が、水じょう気となった後、水てきに変わったからです。

2 ①水は、たえず地面からじょうはつしています。

③水は、川の水面からもじょうはつしています。

④水は、水そうの水面からもじょうはつしています。

3 (1)ぬれたせんたく物にふくまれる水がじょうはつすると、せんたく物がかわき、水が空気中に出ていった分だけ軽くなります。

(2)ぬれたせんたく物にふくまれる水はじょうはつした後、ふたたび水てきに変わってふくろの内側につきます。

(3)水てきは液体です。

4 (1)〜(3)空気中の水じょう気は、冷やされると水に変わります。ペットボトルの表面についている水てきは、空気中にあった水じょう気がペットボトルの表面で冷やされて、液体の水になったものです。

(6)雲は、空気中の水じょう気が冷やされてすがたを変えたものです。

わかる! 理科　雲は、空気中の水じょう気が空の高いところまで上がっていって冷やされ、小さい水や氷のつぶとなってうかんでいるものです。

雲の中で、水や氷のつぶが大きくなると、地上に落ちてきます。このとき、水として落ちてくると雨になり、氷がとけずに落ちてくると雪になります。

水じょう気は、冷える場所や冷え方のちがいで、いろいろなものにすがたを変えます。

地面の近くで冷やされた水じょう気が、小さい水のつぶとなってうかんだものが「きり」です。また、ものの表面にふれて冷やされ、水のつぶになったものが「つゆ」で、氷のつぶになったものが「しも」です。

生き物の1年

90ページ きほんのワーク

1 ①夏　②秋　③春　④冬
⑤秋　⑥春　⑦夏　⑧冬
⑨夏　⑩秋　⑪春　⑫春
⑬冬　⑭秋

まとめ ①上がる　②下がる

91ページ 練習のワーク

1 (1)㋐
(2)春…ⓚ、ⓚ
夏…ⓤ、ⓞ
秋…ⓐ、ⓔ
冬…ⓘ、ⓚ
(3)気温

てびき **1** (1)秋のころ、サクラの葉は黄色っぽくなり、えだの先には小さな芽が見られます。

(2)ⓐは、たまごを産むショウリョウバッタです。秋になると、ショウリョウバッタのめすは、土の中にはらを入れてたまごを産みます。土の中にたまごを産むのは、冬の寒さからたまごを守るためです。

ⓚは、たまごからかえったオオカマキリのよう虫、ⓚは、オオカマキリのたまごです。オオカマキリがたまごを産むのは秋、よう虫がたまごからかえるのは春であり、オオカマキリはたまごのすがたで冬をこすことから、ⓚは春、ⓚは冬です。

ⓘは、土の中でとうみんするヒキガエルのようすです。ヒキガエルは土の中で動かずに冬をこすので、ⓘは冬です。

ⓔは、たまごを産むエンマコオロギです。エンマコオロギがたまごを産むのは秋なので、ⓔは秋です。

ⓤは、木のみきにとまるセミです。ⓞは、木のみきにとまるカブトムシで、セミやカブトムシの成虫が見られるのは夏なので、ⓤとⓞは夏です。

ⓚは、サクラの花のみつをすいにきたハチで、サクラの花がさくのは春なので、ⓚは春です。

(3)春から夏にかけては、気温が上がるため、植物はよく成長し、虫もさかんに活動するようになります。

92・93ページ まとめのテスト

1 (1)ヘチマ…㋑→㋐→㋒
サクラ…㋔→㋕→㋓
(2)③に○
(3)③に○
(4)下がって(低くなって)いく。
(5)ヘチマ…イ
サクラ…ウ

2 (1)㋐夏　㋑春　㋒冬　㋓秋
(2)緑色の葉がしげっている。

3 (1)夏…㋐
冬…㋑、㋒、㋖
(2)ツバメ
(3)カエル（ヒキガエル）
(4)夏
(5)種類…ちがう。
すがた…ちがう。

丸つけのポイント

2 (2)ほかの季節にくらべて葉がしげっているということが書かれていれば正かいです。「緑色の葉の数が多い。」などでも正かいです。

てびき **1** (2)ヘチマは、気温が上がる春から夏にかけてどんどん成長し、夏に花をさかせます。やがて実をつけ、気温が下がってくると、くきはあまり成長しなくなり、実はしだいに大きくなります。冬には全体が茶色くなってかれますが、茶色になった実の中にはたねが残っていて、たねは地面に落ちると、次の年の春に子葉が出てきます。

(3)サクラは春に花をさかせ、気温が上がる春から夏にかけて次々に葉を出し、夏には葉をしげらせます。秋になって、やがて気温が下がってくると成長しなくなり、葉が少しずつ黄色くなって落ち始めるようになります。冬になると葉がすっかり落ちてえだだけになりますが、えだには秋のころより大きくなった芽がついていて、春になるとふたたび成長するようになります。

(5)ヘチマのたねからは春になると子葉が出てきます。冬をこしたサクラの芽は春になると花をさかせたり、葉を出したりします。

わかる! 理科　ヘチマやツルレイシなどの、たねから子葉が出て、成長し、花がさいて実ができ、かれるまでが１年以内の植物を一年草（一年生植物）といいます。

2　写真の木はサクラです。サクラやイチョウなどの木は、春から夏にかけて葉がしげり、秋になると色づいて、冬には葉が落ちてえだだけになります。しかし、木の種類によっては、１年中、葉をつけているものもあります(マツ、スギなど)。

3　(1)� は秋、㋔・㋕は春のようすです。

(4)多くの動物は、気温が上がる夏に活発に活動し、気温が下がる冬には、さまざまな方法やすがたで冬ごしをして、あたたかくなるのを待ちます。

(5)動物は、気温が上がる季節には、数や種類が多く見られます。特(とく)に鳥や虫は、見られる数や種類が季節によって大きくちがいます。また、同じ種類の動物でも、季節によってすがたがちがいます。

わかる! 理科　生き物の寒い冬のこし方はさまざまです。カエルやカブトムシのよう虫は、地上よりも温度の変化がおだやかな土の中でじっとしています。ツバメやオナガガモは、季節によって生活するところを変えるために、たいへん長いきょりをわたっていきます。このため、わたり鳥とよばれます。

プラスワーク

94~96ページ　プラスワーク

1　温度計が日光であたたまると、気温が正しくはかれないため。

2

時こく	気温	時こく	気温
午前９時	17℃	午後１時	24℃
午前10時	18℃	午後２時	24℃
午前11時	20℃	午後３時	23℃
正午	22℃		

3

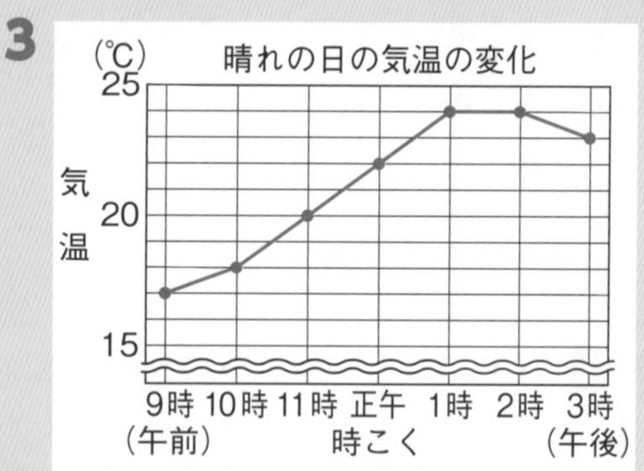

4

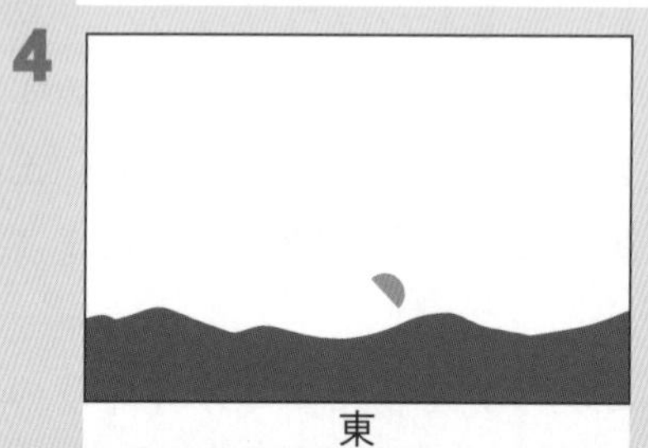

5　ふたの体積が大きくなり、ふたがゆるくなったので、開けることができた。

6

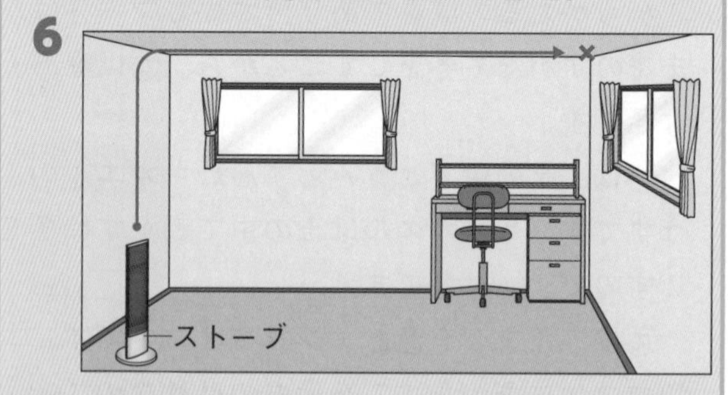

7　田んぼの土から水がじょうはつしたため。

8　前の年に育てたホウセンカのたねが落ち、土の中にあったから。

丸つけのポイント

1　日光が温度計に当たると温度計があたためられてしまうため気温が正しくはかれないということが書かれていれば正かいです。

8　前の年に育てたホウセンカのたねが土に散らばっていたことについてふれていれば正かいです。

てびき **1** 気温は、温度計にじかに日光を当てないように、建物からはなれた風通しのよいところで、地面から1.2～1.5mの高さではかります。温度計に日光が当たったり、手で温度計の下のほう（液だめ）にふれたりすると、中の液があたためられ、温度が上がりすぎてしまいます。このため、正しい気温がはかれません。温度計を持つときには、液だめからはなれた部分を持ち、紙などで日光をさえぎってはかります。日光をさえぎる紙などが、温度計にふれないように注意しましょう。

2 温度計の目もりを読むときは、液の先にいちばん近い目もりを、真横から見て読みます。

3 晴れた日には、日光によって地面があたためられ、あたたまった地面によって空気があたためられます。このため、太陽がのぼってから昼すぎにかけて気温は上がっていきます。気温は、昼すぎごろに1日のうちで最も高くなり、その後は下がっていきます。このような気温の変化を朝から夕方まで調べ、折れ線グラフに表すと、変化のようすがよくわかります。晴れた日の気温のグラフは山のような形になります。

折れ線グラフは、次の手順(てじゅん)でかきます。

①グラフの上に題名を書く。

②横のじくには時こく、たてのじくには気温の目もりをとる。このとき、目もりは同じかんかくでとるようにする。

③それぞれの時こくでの気温を、グラフ上に点で表す。

④点と点を順に直線で結ぶ。

④のとき、点と点を結んだ直線のかたむきが急なほど、気温の変化が大きいことを表します。

4 月は、太陽と同じように、東のほうからのぼって、南の空の高いところを通り、西のほうへしずみます。右側が明るく見える半月（上げんの月、午後の半月）は、太陽が南の空にあるときに東のほうからのぼり、日の入りごろに南の空の高いところを通り、真夜中に西のほうへしずみます。このときの月は、半月の平らに見える部分を下に向けてのぼります。南の空の高いところを通るときは、平らに見える部分はたて向きになります。西のほうへしずむときは、平らに見える部分を上に向けています。

5 金ぞくも、空気や水と同じように、あたためられると体積が大きくなります。また、ジャムを入れているのはガラスのびんです。ガラスは、温度による体積の変化が金ぞくよりも小さいので、あたためてもほとんど体積が大きくなりません。このため、高い温度の湯にふたをつけると、金ぞくでできたふたの体積が大きくなってゆるみ、開けやすくなることがあります。

6 空気は、あたたまると上のほうに動きます。このため、ストーブをつけると、あたためられた空気は部屋の上のほうに動いて、上から順にあたたまり、部屋全体の空気がだんだんあたたまります。このため、部屋の下のほうはなかなかあたたまりません。ふろの水をあたためるときに水をまぜるのと同じように、部屋の中の空気をせん風機などでまぜるようにすると、部屋全体がはやくあたたまります。

7 水は、地面からもたえずじょうはつしています。田んぼの水がひあがったのは、土の中に水がしみこんだせいもありますが、おもに田んぼやどろにふくまれていた水がじょうはつしたためと考えられます。

わかる! 理科 夏に晴れの日が続くなどして水不足となることを「かんばつ」といいます。かんばつは、気温が高い地いきでよく見られます。

かんばつになると、田んぼや畑の土にふくまれる水がかわききってしまいます。イネなどの植物は水がないと生きていけないため、土がかわききってしまうとかれてしまいます。田んぼの周りにある人工の農業用水路(のうぎょうようすいろ)は、かんばつによるこうしたひ害をなくすためにもうけられたものです。

8 ホウセンカは秋になると実をつけますが、この実はじゅくしてくるとはじけ、まわりにたねを飛ばします。飛ばされて地面に落ちたたねは、次の春に芽を出します。

実力判定テスト　夏休みのテスト①

1 春から夏のころの生き物のようすについて、次の問いに答えましょう。　1つ5〔40点〕

(1) 次の①～④のうち、春のころの生き物のようすには○、そうでないものには×をつけましょう。

①(○)　②(×)

サクラ

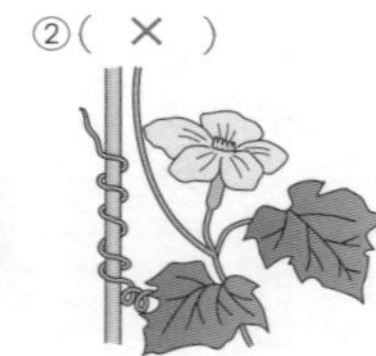
ヘチマ

③(○)　④(×)

ヒキガエル

カブトムシ

(2) 夏のころの生き物のようすについて、次の文の(　)にあてはまる言葉を、下の〔　〕から選んで書きましょう。

夏になると、春とくらべて気温は
①(高く)なっている。
動物は、春のころよりも
②(活発に活動するようになる)。
植物は、春のころよりもくきが
③(のびたり)、葉が
④(しげったり)して、よく成長するようになる。

〔 高く　低く　しげったり　かれたり
のびたり　ちぢんだり
活発に活動するようになる
すがたが見られなくなる 〕

2 晴れの日と雨の日の1日の気温の変化を調べました。あとの問いに答えましょう。　1つ7〔21点〕

㋐
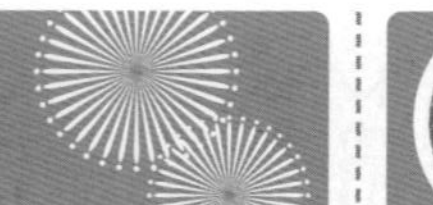

㋑
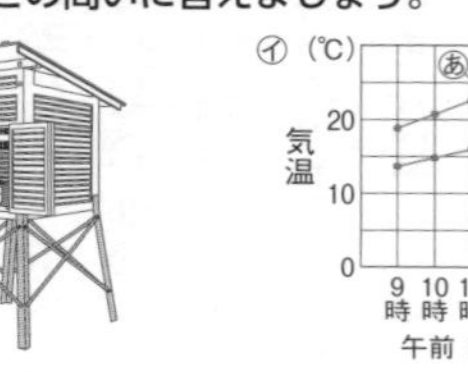

(1) 気温をはかるために作られた㋐の箱を何といいますか。　(百葉箱)

(2) ㋑で、晴れの日の気温の変化を表しているものを、あ、いから選びましょう。　(あ)

(3) (2)のように選んだのはなぜですか。
(1日の気温の変化が大きいから。)

3 人のうでのつくりと動くしくみについて、次の問いに答えましょう。　1つ6〔24点〕

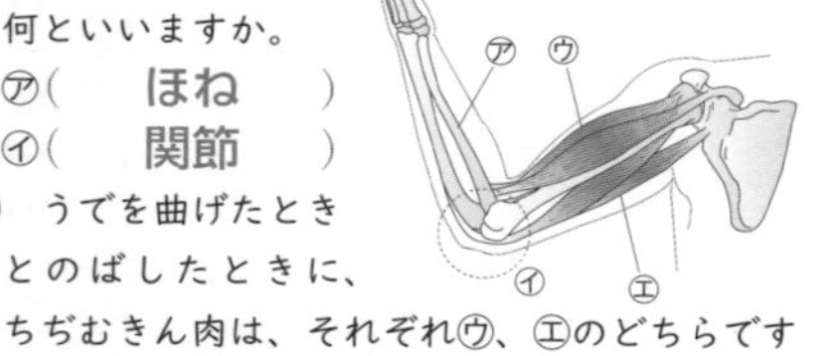

(1) ㋐、㋑のつくりを何といいますか。
㋐(ほね)
㋑(関節)

(2) うでを曲げたときとのばしたときに、ちぢむきん肉は、それぞれ㋒、㋓のどちらですか。　曲げたとき(㋒)　のばしたとき(㋓)

4 ウサギのような人以外の動物の体のつくりについて、次の文のうち、正しいものには○、まちがっているものには×をつけましょう。　1つ5〔15点〕

①(○)ウサギの体にも、ほねやきん肉、関節がある。

②(×)ウサギの体には、きん肉はあるが、ほねはない。

③(×)ウサギは、ほねだけのはたらきで、体を曲げたりのばしたりしている。

実力判定テスト　夏休みのテスト②

1 電流のはたらきについて、次の問いに答えましょう。　1つ5〔40点〕

(1) 右の図のように、回路に流れる電流の向きを調べました。

左　右　あ　㋐　㋑　かん電池

① 回路に流れる電流の向きや大きさを調べる器具あを何といいますか。
(検流計)

② 図の回路では、あのはりは右と左のどちらにふれますか。　(左)

③ 図の回路では、電流が流れる向きは㋐、㋑のどちらですか。　(㋑)

④ かん電池の向きを変えると、電流が流れる向きは、㋐、㋑のどちらになりますか。
(㋐)

(2) 次の図のように、かん電池をモーターにつないで、モーターの回る速さと向きについて調べました。

㋐　モーター　㋑

① ㋐、㋑のかん電池2このつなぎ方を、何といいますか。
㋐(へい列つなぎ)
㋑(直列つなぎ)

② かん電池1このときよりもモーターが速く回るつなぎ方を、㋐、㋑から選びましょう。
(㋑)

③ ㋐と㋑のモーターの回る向きは、同じですか、反対ですか。　(反対)

2 夏の夜、東の空と南の空に見られる星について、あとの問いに答えましょう。　1つ5〔60点〕

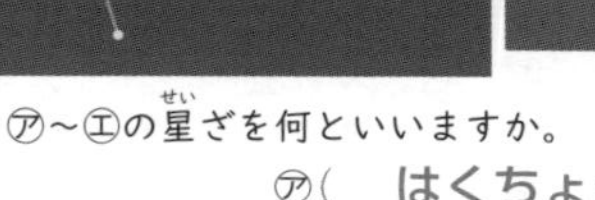

(1) ㋐～㋓の星ざを何といいますか。
㋐(はくちょうざ)
㋑(ことざ)
㋒(わしざ)
㋓(さそりざ)

(2) あ～えの星を何といいますか。
あ(デネブ)
い(ベガ)
う(アルタイル)
え(アンタレス)

(3) あ～うの星を結んでできる三角形を何といいますか。　(夏の大三角)

(4) 星の明るさや色は、すべて同じですか、星によってちがいがありますか。次の文のうち、正しいものに○をつけましょう。

①(　)明るさも色もすべて同じ。

②(　)明るさはすべて同じだが、色はちがう。

③(　)明るさはちがうが、色はすべて同じ。

④(○)明るさも色も、星によってちがう。

(5) えの星は何等星ですか。また、どのような色をしていますか。
明るさ(1等星)
色(赤(っぽい)色)

もんだいのてびきは32ページ

実力判定テスト　冬休みのテスト①

1 雨水と地面のようすについて、次の問いに答えましょう。 1つ8〔16点〕

(1) 雨がふった次の日の運動場で、右の図のように、雨水の流れたあとの近くにビー玉をのせたといを置きました。ビー玉が━▶の向きに転がったとき、地面が高いのは、㋐、㋑のどちらですか。（ ㋐ ）

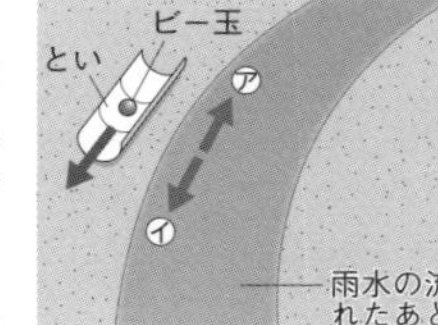

(2) (1)より、雨水は㋐、㋑のどちらの向きに流れていたとわかりますか。（ ㋑ ）

2 運動場の土、すな場のすなをペットボトルで作ったそうちにそれぞれ入れて、水のしみこみ方をくらべました。次の図は、同じ量の水を同時に注いでから3分後のようすです。あとの問いに答えましょう。 1つ7〔21点〕

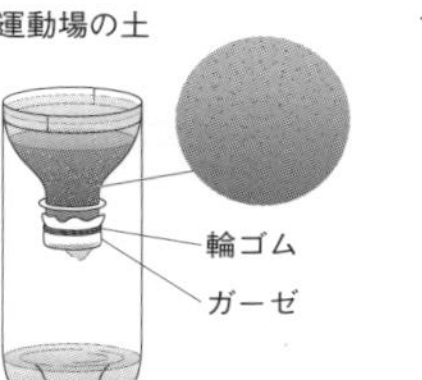

すな場のすな

(1) つぶが大きいのは、運動場の土と、すな場のすなのどちらですか。
（ すな場のすな ）

(2) 水が速くしみこむのは、運動場の土と、すな場のすなのどちらですか。
（ すな場のすな ）

(3) 水のしみこみ方は、土のつぶの大きさによってちがいますか、同じですか。
（ ちがう。 ）

3 右の図は、午後4時ごろに月を観察したときのものです。次の問いに答えましょう。 1つ7〔35点〕

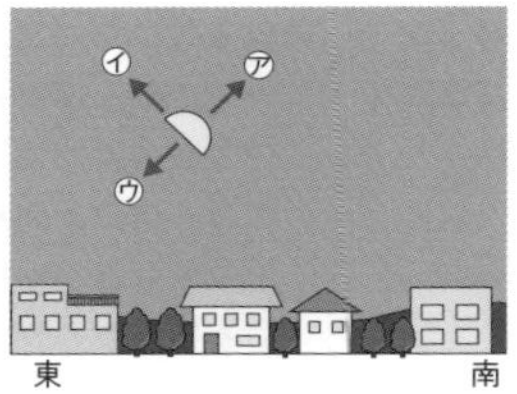

㋐ ㋑ ㋒ 東 南

(1) 図のような形に見える月を何といいますか。
（ 半月(午後の半月、上げんの月) ）

(2) 午後5時には、月は㋐～㋒のどの位置に見えますか。（ ㋐ ）

(3) 月の形と位置の変化について、次の文の( )にあてはまる方位を書きましょう。

月は、日によって見える形がちがうが、太陽と同じように、①(東)のほうからのぼり、②(南)を通って、③(西)のほうへとしずむ。

4 次の図のように、ちゅうしゃ器を2本用意して、㋐には空気、㋑には水を入れて、ピストンをおしました。あとの問いに答えましょう。 1つ7〔28点〕

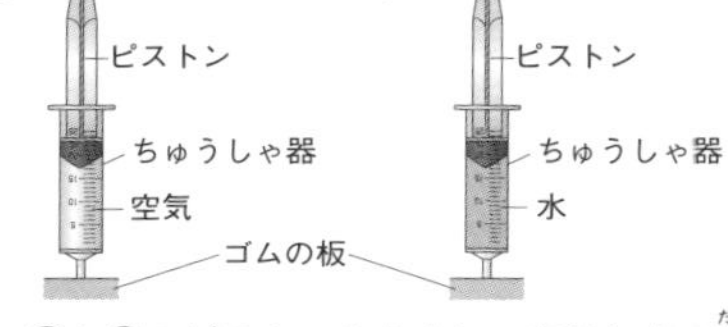

(1) ㋐と㋑のピストンをおすと、空気と水の体積は、それぞれどうなりますか。
空気（ 小さくなる。 ）
水（ 変わらない。 ）

(2) (1)より、とじこめた空気や水は、おしちぢめられますか、おしちぢめられませんか。
空気（ おしちぢめられる。 ）
水（ おしちぢめられない。 ）

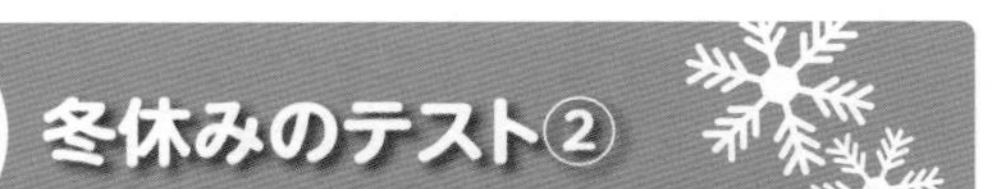

実力判定テスト　冬休みのテスト②

1 秋のころの生き物のようすについて、次の問いに答えましょう。 1つ6〔30点〕

(1) 次の①～④のうち、秋のころの生き物のようすには○、そうでないものには×をつけましょう。

①（ ○ ）サクラ　②（ × ）ヘチマ
③（ × ）ヒキガエル　④（ ○ ）エンマコオロギ

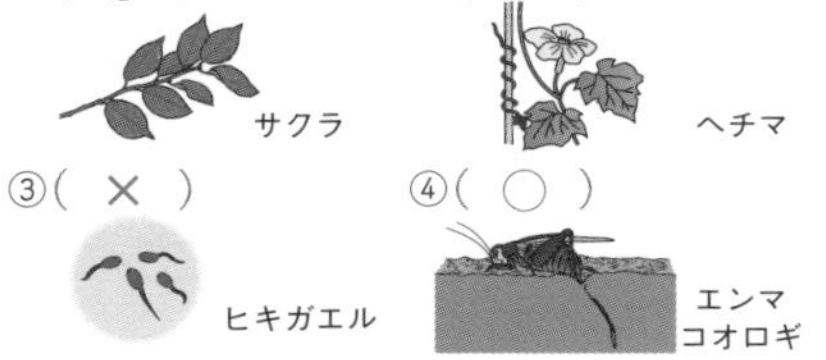

(2) 秋が深まると、動物の活動はどうなりますか。
（ にぶくなる。 ）

2 ものの温度と体積について、あとの問いに答えましょう。 1つ7〔28点〕

㋐ ゼリー あ い ビニル管 空気　㋑ 水面 水

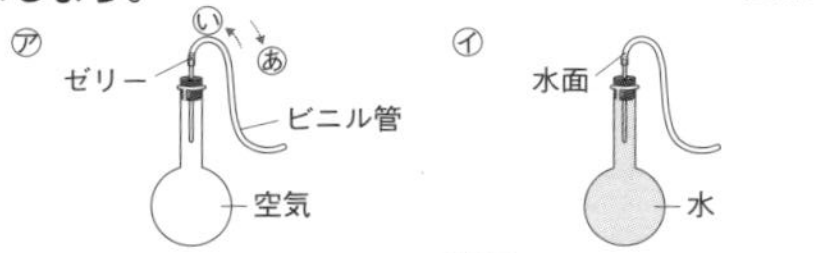

(1) 上の図のような2つの丸底フラスコを60℃の湯や氷水につけて、空気や水の体積の変わり方を調べました。

① ㋐の丸底フラスコを湯につけると、ゼリーは、あ、いのどちらに動きますか。（ あ ）

② ㋐、㋑の丸底フラスコを氷水につけると、㋐のゼリーや㋑の水面の位置は、初めの位置より上がりますか、下がりますか。
ゼリー（ 下がる。 ）
水面（ 下がる。 ）

(2) 金ぞくのぼうを実験用ガスコンロで熱し、ぼうの体積の変わり方を調べました。金ぞくをあたためると、体積は変わりますか、変わりませんか。
（ 変わる。 ）

3 もののあたたまり方について、次の問いに答えましょう。 1つ7〔42点〕

(1) 次の図のように、し温インクをぬった金ぞくのぼうのはしを熱しました。㋐～㋒を、金ぞくのぼうがあたたまる順にならべましょう。
（ ㋒ → ㋑ → ㋐ ）

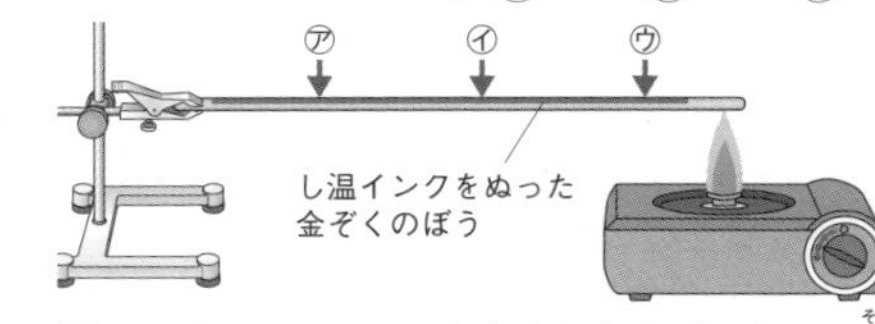

(2) し温インクが入った水を入れたビーカーの底のはしをガスコンロで熱しました。水があたたまってきたときのし温インクの色の変化のようすを、㋐～㋒から選びましょう。（ ㋑ ）

(3) 次の文の( )にあてはまる言葉を書きましょう。

水は、下のほうを熱すると、あたためられた水が①(上)のほうに動いて、②(上)から順にあたたまる。

(4) 図のように、水そうの中の●の部分をあたためて空気の温度をはかったところ、あたためられた空気は━▶のように動いたことがわかりました。次の文の( )のうち、正しいほうを◯でかこみましょう。

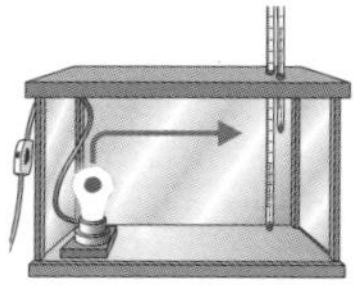

空気は、①(金ぞく・水)と同じように、熱せられてあたためられた空気が②(上・下)のほうへ動いて、やがて全体があたたまっていく。

もんだいのてびきは 32 ページ

実力判定テスト　学年末のテスト①

1 **冬の空の星ざについて、次の問いに答えましょう。** 1つ5〔20点〕

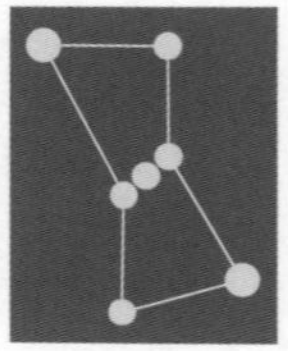

(1) 右の図の星ざを何といいますか。（ オリオンざ ）

(2) (1)の星ざの星は、色や明るさにちがいがありますか、ないですか。（ ある。 ）

(3) 星ざの位置や星のならび方は、時間がたつと変わりますか、変わりませんか。

位置（ 変わる。 ）

ならび方（ 変わらない。 ）

2 **水をあたためたり、冷やしたりしたときの水のすがたの変化について、次の問いに答えましょう。** 1つ5〔40点〕

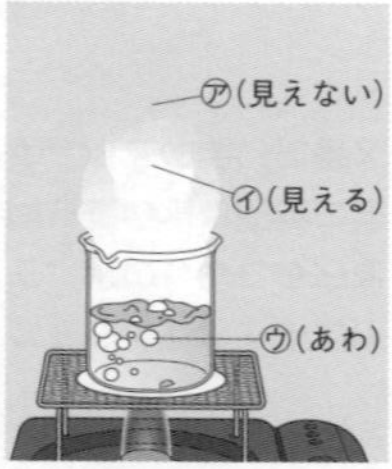

(1) 右の図のように、水が熱せられて100℃近くになり、水の中からさかんにあわが出ることを何といいますか。（ ふっとう ）

(2) 図の㋐、㋑は何ですか。下の〔 〕からそれぞれ選びましょう。

㋐（ 水じょう気 ） ㋑（ 湯気 ）

〔 空気　湯気　水じょう気 〕

(3) 図の㋑、㋒は固体、液体、気体のどれですか。

㋑（ 液体 ） ㋒（ 気体 ）

(4) 水を冷やし続けると、何℃でこおり始めますか。（ 0℃ ）

(5) 水は、こおり始めてから全部こおるまでの間、温度が変わりますか、変わりませんか。（ 変わらない。 ）

(6) 水をこおらせると、体積はこおらせる前とくらべてどうなりますか。（ 大きくなる。 ）

3 **水のゆくえについて、次の問いに答えましょう。** 1つ5〔40点〕

(1) 水を入れたようきにラップフィルムでおおいをしたものとしないものを日なたに置いて、中の水がどうなるかを調べました。

① 2～3日後に、水の量がへっているのは、㋐、㋑のどちらですか。（ ㋐ ）

② ㋐の水のようすについて、次の文の（ ）にあてはまる言葉を書きましょう。

水は㋐（ 水じょう気 ）となって、㋑（ 空気中 ）へ出ていった。これを、㋒（ じょうはつ ）という。

(2) かんに氷水を入れてふたをしておくと、次の図のようにかんの表面に水てきがつきました。

① この水てきは、何が変化してできたものですか。次のア、イから選びましょう。（ ア ）

ア　空気中の水じょう気
イ　かんの中の氷

② このげんしょうでは、水のすがたはどのように変わりましたか。次のア～ウから選びましょう。（ イ ）

ア　気体から固体に変わった。
イ　気体から液体に変わった。
ウ　液体から気体に変わった。

③ 冷たいものの表面で冷やされて、水のすがたが②のように変わることを何といいますか。（ けつろ ）

④ 氷水を入れた同じかんを屋外に持っていきました。上の図のように、水てきはつきますか、つきませんか。（ つく。 ）

実力判定テスト　学年末のテスト②

1 **サクラ、ショウリョウバッタの1年間のようすをまとめました。それぞれどの季節のようすを表しているかを春、夏、秋、冬で書きましょう。** 1つ6〔42点〕

(1) サクラ

①（ 春 ） ②（ 秋 ）

③（ 夏  ） ④（ 冬 ）

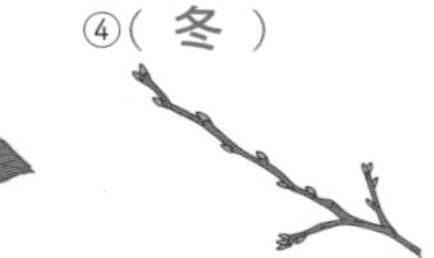

(2) ショウリョウバッタ

①（ 秋 ） ②（ 夏 ）

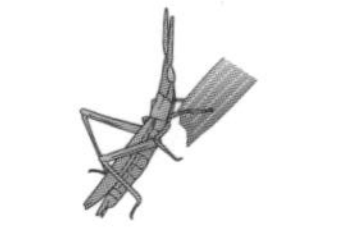
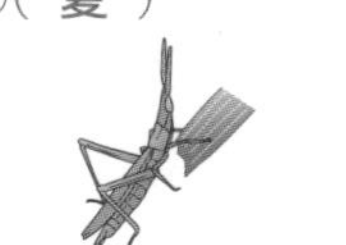

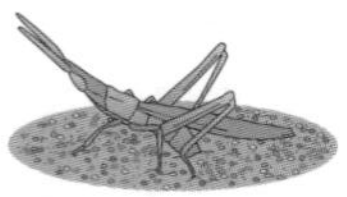

③（ 春 ）

2 **右の図は、ある日の夏の大三角を表しています。次の問いに答えましょう。** 1つ6〔12点〕

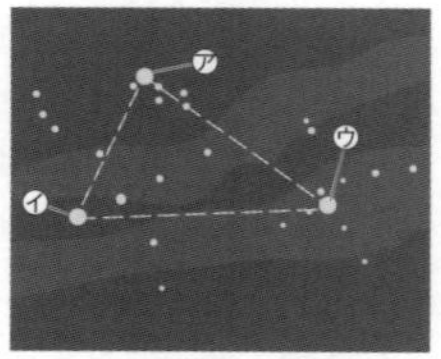

(1) ㋐の星をふくむ星ざを何といいますか。（ ことざ ）

(2) ㋐～㋒の3つの星は、ほぼ同じ色に見えます。何色に見えますか。（ 白色(白っぽい色) ）

3 **晴れの日と雨の日の1日の気温の変化を調べました。次の文のうち、正しいものには○、まちがっているものには×をつけましょう。** 1つ6〔18点〕

①（ × ）気温は、風通しのよい、温度計にじかに日光が当たるところではかる。

②（ ○ ）晴れの日のほうが雨の日より、1日の気温の変化が大きい。

③（ × ）晴れの日の気温は、朝や夕方に高くなる。

4 **電流のはたらきについて、次の問いに答えましょう。** 1つ7〔28点〕

(1) 右の図のように、かん電池とモーターをつなぐと、モーターが回りました。

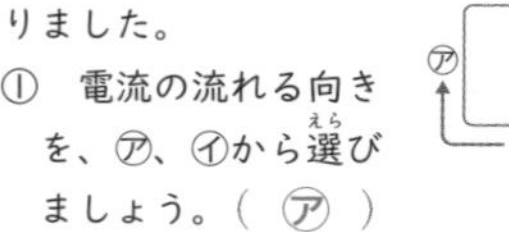

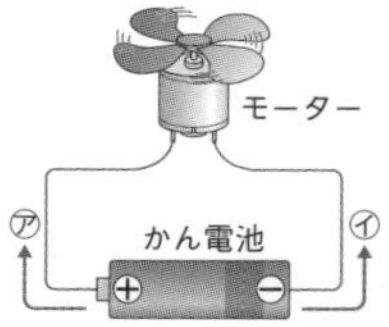

① 電流の流れる向きを、㋐、㋑から選びましょう。（ ㋐ ）

② かん電池の向きを反対にしてモーターにつなぐと、モーターの回る向きはどうなりますか。（ 反対になる。 ）

(2) 次の図のように、かん電池2ことモーターをつなぎました。

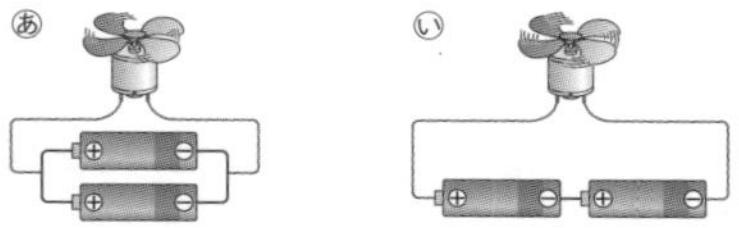

① モーターに流れる電流の大きさについて、正しいものを、ア～ウから選びましょう。（ イ ）

ア　㋐のほうが大きい。
イ　㋑のほうが大きい。
ウ　同じ。

② モーターが速く回るのは、㋐、㋑のどちらですか。（ ㋑ ）

もんだいのてびきは32ページ

実験用ガスコンロの使い方

1 ①～⑤の(　)のうち、正しいほうを◯でかこみましょう。

火をつける

ガスボンベは、切れこみを①(㊤上　下)にして、しっかりおしこむ。

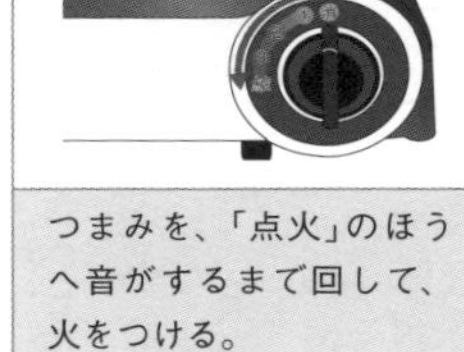

つまみを、「点火」のほうへ音がするまで回して、火をつける。

つまみを、ゆっくり回して、ほのおの②(㊀大きさ　色)を調節する。

火を消す

つまみを、③(「点火」　㊀「消」)まで回して、火を消す。ガスコンロやガスボンベが④(㊀冷えた　あたたまった)ら、ガスボンベを外す。

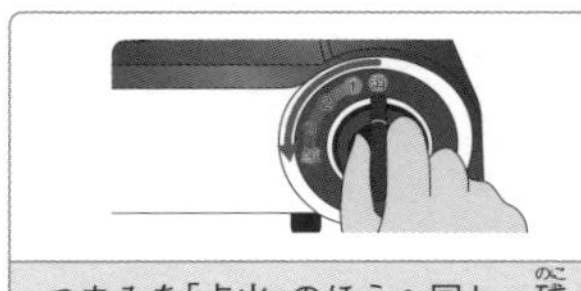

つまみを「点火」のほうへ回し、残ったガスをもやしてから、つまみを⑤(「1」　㊀「消」)まで回す。

検流計の使い方

2 ①～③の□や表の④～⑥にあてはまる言葉や矢印を書きましょう。

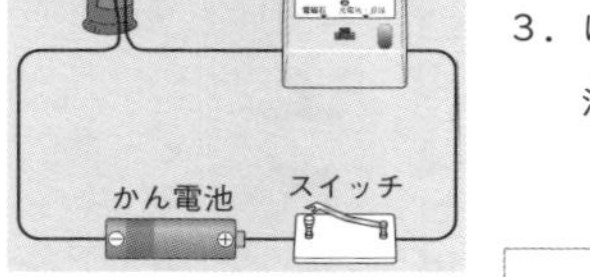

1．切りかえスイッチを、「電磁石(5A)」側に入れる。

2．電流を流し、はりのふれる①[向き]と、はりのさす上の目もりを見る。

3．はりのふれが0.5より②[小さい]ときは、切りかえスイッチを「光電池・豆球(0.5A)」側にして、はりのさす③[下]の目もりを見る。

たいせつ 検流計のはりのふれる向きが「電流の向き」、はりのさす目もりの大きさが「電流の大きさ」を表す。

電流の向きと大きさを読み取ろう!

電流の向き		←	④ →
電流の大きさ(はりのさす目もり)	「電磁石(5A)」のとき	2	⑤ 2
	「光電池・豆球(0.5A)」のとき	0.2	⑥ 0.2

折れ線グラフのかき方・見方

観察や実験の結果を折れ線グラフで表して、変化を読み取ってみましょう。

例

時こく	午前9時	10時	11時	正午	午後1時	2時	3時
気温(℃)	20	21	22	22	24	26	25
天気	晴れ	晴れ	晴れ	晴れ	晴れ	晴れ	晴れ

① 晴れの日の1日の気温の変化　調べた場所：校庭　5月22日
(℃) 30 ③ 20 10 0 気温　④ 変化が小さい　⑤ 変化が大きい
9時 10時 11時 正午 1時 2時 3時　② (午前) 時こく (午後)

5年生になっても、結果の整理・まとめはとても大切だよ。

たいせつ
①表題や調べた場所、月日を書く。
②横のじくに「時こく」をとり、目もりをつける。
③たてのじくに「気温」をとり、目もりをつける。
④それぞれの時こくではかった気温を表すところに点を打つ。
⑤点と点を順に直線で結ぶ。

1 ある年の5月9日と12日の気温を調べたところ、次の表のようになりました。

	時こく	午前9時	10時	11時	正午	午後1時	2時	3時
㋐	5月9日	14℃	13℃	13℃	13℃	12℃	12℃	12℃
㋑	5月12日	15℃	16℃	18℃	20℃	22℃	23℃	20℃

(1) (　)に数字を入れ、5月9日と5月12日の気温の変化を、それぞれ折れ線グラフで表しましょう。

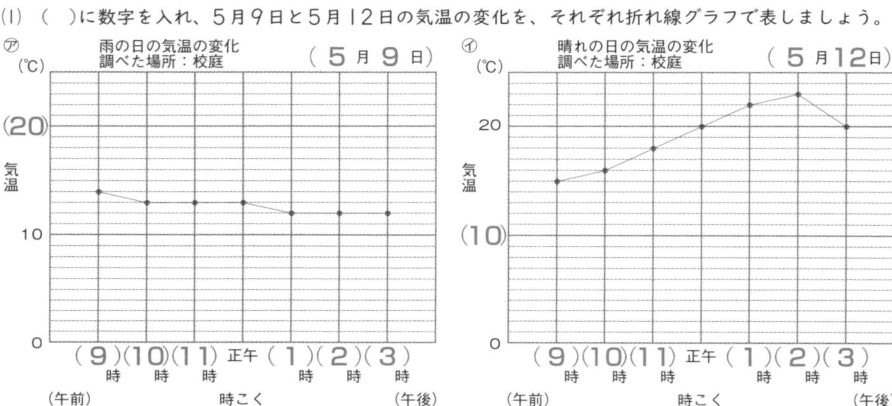

(2) 次の文の(　)にあてはまる言葉を書きましょう。

天気によって、1日の気温の変化にはちがいが①(ある)。晴れの日は、1日の気温の変化が②(大きく)、雨の日は、ふつう、1日の気温の変化が③(小さい)。

もんだいのてびきは 32 ページ

実力判定テスト もんだいのてびき

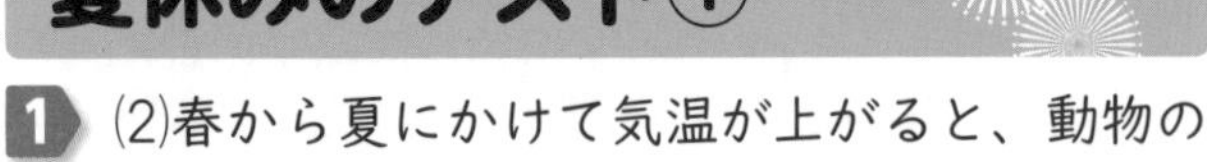

夏休みのテスト①

1 (2)春から夏にかけて気温が上がると、動物の活動は活発になり、植物はよく成長します。

2 (1)百葉箱は、温度計に日光がじかに当たらず、風通しがよく、温度計が地面から1.2～1.5mの高さになるように作られています。

3 (2)うでを曲げたときにちぢむきん肉は㋒、うでをのばしたときにちぢむきん肉は㋓です。

4 人以外の動物の体にも、ほねやきん肉、関節があります。

夏休みのテスト②

1 (2)③かん電池のつなぐ向きがちがうと、回路に流れる電流の向きが変わるため、モーターの回る向きも変わります。

2 (4)星の明るさや色は、星によってちがいます。

冬休みのテスト①

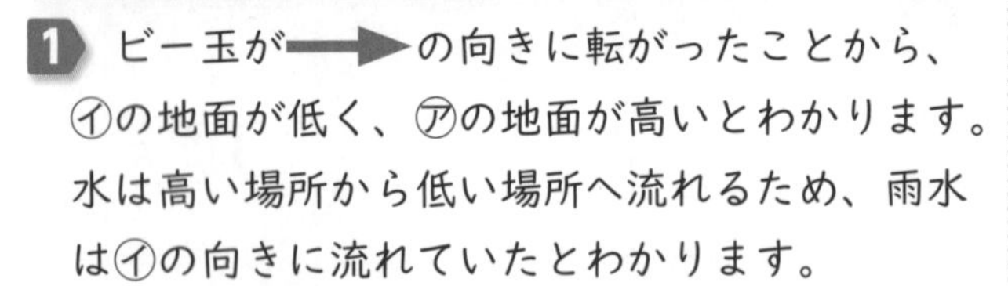

1 ビー玉が→の向きに転がったことから、㋑の地面が低く、㋐の地面が高いとわかります。水は高い場所から低い場所へ流れるため、雨水は㋑の向きに流れていたとわかります。

2 (2)同じ量の水を注いでから3分後にペットボトルの底にたまっている水は、すな場のすなを入れたほうが多いことから、すな場のすなのほうが速く水がしみこむことがわかります。

3 (2)(3)月は、太陽と同じように、東のほうからのぼり、南を通って、西のほうへしずみます。そのため、午後5時の月の位置は㋐になります。

4 とじこめた空気に力を加えると、空気の体積は小さくなります(おしちぢめられます)。体積が小さくなるほど、おし返す力(手ごたえ)は大きくなります。とじこめた水に力を加えても、水の体積は変わりません(おしちぢめられません)。

冬休みのテスト②

1 (1)②のヘチマは夏のころ、③のヒキガエルは春のころのようすです。

2 (1)空気は、あたためると体積が大きくなり、冷やすと小さくなります。水も、あたためたり冷やしたりすると、体積が変化します。

(2)金ぞくも、空気や水と同じように、あたためたり冷やしたりすると、体積が変化します。

3 (2)～(4)あたためられた水や空気は上のほうに動いて、上から順にあたたまり、やがて、全体があたたまります。

学年末のテスト①

1 (3)時間がたつと、星ざの位置は変わりますが、星のならび方は変わりません。

2 (1)～(3)水は、ふっとうして水じょう気になります。水じょう気は気体なので目には見えず、冷やされると湯気になります。湯気は液体の水の小さなつぶなので目に見えます。

3 (2)①②氷を入れたかんの表面にふれている空気中の水じょう気が冷やされて液体の水になります。

学年末のテスト②

1 (2)ショウリョウバッタは、たまごのすがたのまま冬をこします。

4 (2)㋑のかん電池2この直列つなぎでは、㋐のへい列つなぎのときよりも、モーターに大きい電流が流れ、モーターが速く回ります。

かくにん! 実験器具の使い方

2 切りかえスイッチを「光電池・豆球(0.5A)」側にしたとき、はりがさす上の目もりの数字の10分の1が、電流の大きさとなります。切りかえスイッチを「光電池・豆球(0.5A)」側にして、はりが「2」の目もりをさすとき、電流の大きさを表す目もりは「0.2」と読みます。

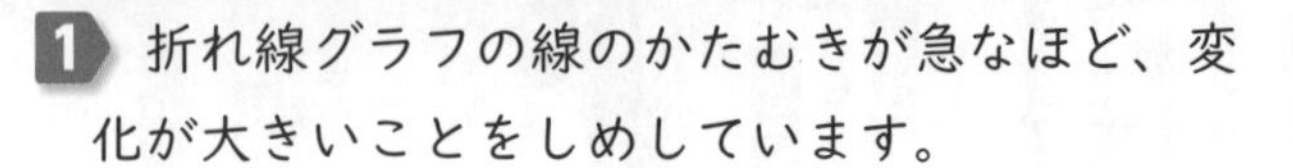

かくにん! 折れ線グラフ

1 折れ線グラフの線のかたむきが急なほど、変化が大きいことをしめしています。

3 2 1 0 9 8 7 6 5 4
＊ ＊ D C B A